식품학

신정규 · 박영희 · 김현정 · 우나리야 · 최은정 · 정주희

창지사

머리말

국민 생활 수준의 향상에 따라 식품과 건강에 대해 사회와 소비자들의 관심이 크게 증가하면서 이와 관련된 다양한 정보와 콘텐츠도 꾸준히 증가하고 있다. 그러나 증가하는 정보에 비해 콘텐츠에 포함되어야 할 정확한 정보와 과학적 지식이 뒷받침되지 못하고 있으며, 소비자들에게 잘못된 지식이 전달되는 문제점도 발생하고 있다. 이러한 이유로 식품의 영양, 기호, 경제 및 안전에 대한 소비자들의 정확한 정보 요구가 증가하면서 식품에 대한 올바른 이해와 전문적인 지식을 갖춘 인재가 필요하게 되었으며, 이는 식품을 다루는 모든 학생들에게도 요구되고 있다.

식품은 인간의 생활에 있어서 의(衣), 주(住)와 함께 중요한 요인 중 하나로서 사람이 직접 섭취하고 이를 통해 생활을 영위하기 때문에 식품에 대한 이해는 매우 중요하다. 식품은 식재료 그 자체, 식재료를 구성하고 있는 다양한 성분, 식품이 가지고 있는 성질, 사람이 느끼는 물성 등 다양한 측면을 가지고 있다. 식품학을 배우기 위해서는 기초적인 화학적 개념을 바탕으로 하여 식품 내 구성성분의 화학적 성질, 물리적 성질을 이해해야 하며, 식품을 구성하고 있는 특수성분의 변화도 함께 이해할 수 있어야 한다.

이 책은 식품학의 기본 이론을 중심으로 하여 식품 및 조리와 관련된 다양한 분야에서 활용할 수 있도록 구성하였으며, 식품학에서 기본적으로 다루어야 할 식품의 기본 구성 요소인 수분, 탄수화물, 지질, 단백질과 효소, 무기질 및 비타민의 물리화학적 성질 및 기능적 성질, 가공 · 조리 중의 변화 원리를 이해하도록 하였으며, 식품의 색, 냄새, 맛, 식품 속의 독성물질, 식품 첨가물, 식품의 물성 등을 다루어 식품을 공부하는 사람들에게 기초적인 지식을 충분히 전달하고자 하였다.

이 책을 집필하면서 여러 식품학 및 식품화학 관련 교재와 문헌, 그동안의 강의 자료를 정리하여 내용을 충실하게 담고자 하였으나 미흡한 점이 많을 것으로 생각된다. 미흡한 점은 앞으로도 지속적으로 수정 · 보완해 나갈 것을 약속드린다. 이 책이 식품학을 전공하는 학생들뿐만 아니라 식품의 기본적인 지식을 익히고자 하는 분들에게도 도움이 되기를 바란다. 더불어 이 책이 출간되기까지 많은 도움을 주신 창지사 대표님을 비롯한 편집진에게도 진심으로 감사드린다.

2021년 9월

저자 일동

CONTENTS

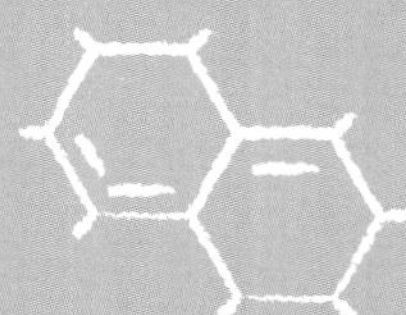

서론

1. 식품과 식품학
2. 영양소의 구분
3. 식품의 성분
4. 식품의 분류
5. 식품의 기능
6. 식품의 선택과 식품구성 자전거

FOOD SCIENCE 01

1. 식품과 식품학

식품은 한 종류 이상의 영양소를 가지면서 인체에 해가 없는 천연식품, 반조리식품, 조리식품 또는 가공식품이며, 동·식물과 같은 식재료를 직접 이용하거나 가공·조리 등의 과정을 거쳐 이용되고 있는 것으로서 생명유지와 생활을 유지하기 위한 각종 영양소와 기호성을 가지고 있는 천연물 또는 일부 가공한 가공품을 말한다. 우리나라의 「식품위생법」에서는 '식품이란 모든 음식물(의약으로 섭취하는 것은 제외한다)을 말한다'라고 정의하고 있으며, FAO/WHO 식품영양규격 위원회에서는 '인간이 섭취할 수 있도록 완전 가공 또는 일부 가공한 것 또는 가공하지 않아도 먹을 수 있는 모든 재료를 말하며, 식품을 제조·가공 처리하는 데 사용된 어떤 재료도 식품이 될 수 있으나 담배류를 비롯하여 화장품용, 의약용으로 사용된 것은 포함시키지 않는다'라고 규정하고 있다. 미국의 FDA에서는 '인간 또는 동물이 먹을 수 있는 모든 재료, 그리고 재료의 성분으로 사용될 수 있는 모든 물질을 식품으로 간주한다'라고 하였다.

식품학은 재료를 처리하여 제품을 만드는 일련의 과정, 과정 중의 변화, 재료 및 제품의 영양성, 관능성, 이화학적·생물학적 성질, 저장성, 상품성 등의 모든 내용을 연구하는 학문을 말한다. 따라서 식품학에서는 식품 재료 자체의 물리적, 생리적 특성, 식품재료가 가지고 있는 영양소, 일반적인 구성성분, 기능성을 가진 특수성분, 조리 또는 가공 중의 이화학적 변화, 저장 중 식품성분의 변화, 식품의 독성성분, 식품의 조리·제조·가공에 사용되는 식품첨가물 등 식품과 관련된 모든 것을 다룬다.

2. 영양소의 구분

식품은 한 가지 이상의 영양소를 가진 것으로, 영양소(nutrients)란 인체가 생명을 유지하는 데 필요한 모든 물질을 말한다. 영양소는 탄수화물(carbohydrate), 지질(lipid), 단백질(protein), 무기질(mineral) 및 비타민(vitamin)의 다섯 가지가 있으며, 이를 5대 영양소라 한다. 영양소는 기능에 따라 생체 내에서 산화 연소하여 에너지를 공급하는 영양소인 열량소, 생체 구성성분을 보충하여 생체조직을 구성하는 영양소인 구성소, 생체의 대사를 조절하는 영양소인 조절소로 나눌 수 있다([그림 1-1]).

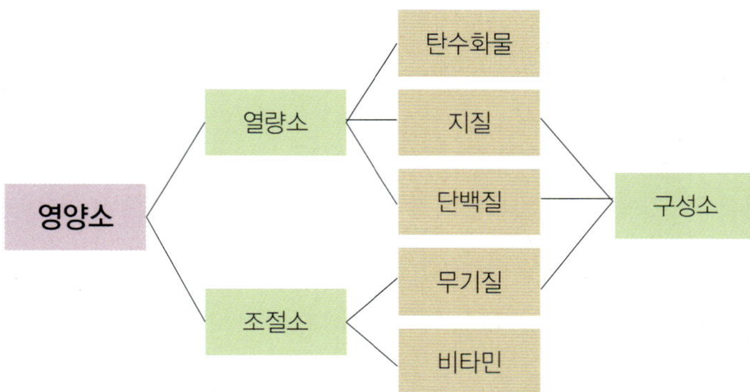

[그림 1-1] 영양소의 구분

영양소는 우리의 몸을 구성하는 성분이기도 하며, 구성성분의 비율을 보면 남녀가 다소 차이는 있지만 대개 단백질은 14~18%, 무기질은 5.5~6%, 체지방은 15~30%, 수분은 55~65%로 구성되어 있다([그림 1-2]).

[그림 1-2] 신체의 구성성분

3. 식품의 성분

식품의 성분은 크게 일반성분과 특수성분으로 나눌 수 있으며, 일반성분은 식품이 가지고 있는 영양성분을 일컫는 것으로 수분과 고형물로 나눌 수 있으며, 고형물은 유기질과 무기질(회분)로 나눌 수 있다. 유기질이란 탄소, 수소, 산소로 구성된 물질로서 식품 중 유기물은 탄수화물(당질+섬유질), 지질(조지방), 단백질(조단백), 비타민이 있으며, 무기물은 유기물을 제외한 무기질(회분) 성분을 말한다. 특수성분은 일반성분인 영양소를 제외한 식품이 가지고 있는 특성으로서 식품의 기능이나 관능적 특성을 표현하는 색, 향, 맛과 같은 성분과 식품에 존재하는 효소, 유독 성분 등으로 구분할 수 있다([그림 1-3]).

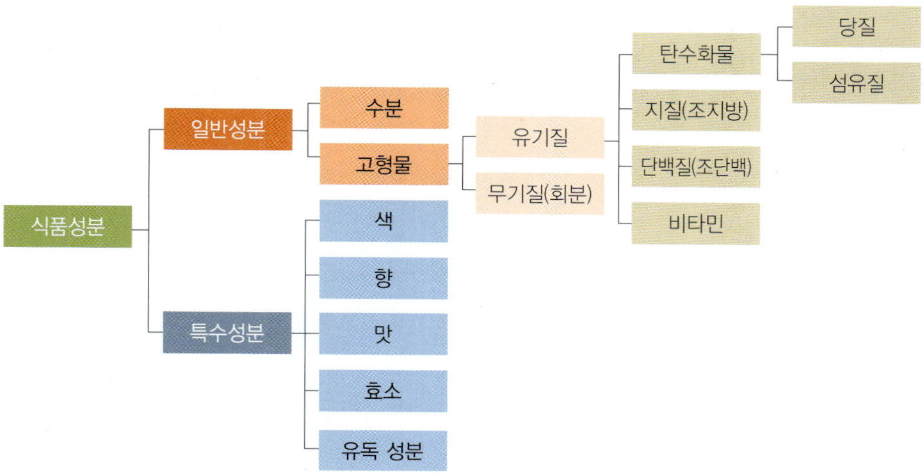

[그림 1-3] 식품의 성분

4. 식품의 분류

현재 우리나라에서 재배되고 있는 작물의 종류는 약 3,000여 종에 달하며, 먹는 것으로 이용되는 작물의 수는 약 1,070여 종 이상이 된다. 이 중에 우리가 일상적으로 섭취하는 중요한 작물은 약 300여 종 정도이다. 여기에 사육, 양식, 채취하는 동물성 식품까지 더하면 우리가 섭취하고 있는 식품의 종류는 훨씬 더 많다. 이러한 식품을 크게 분류하면 천연식품과 가공식품으로 분류할 수 있다. 천연식품은 공급원, 영양, 생산양식, 소비성 등에 따라 다시 분류할 수 있으며([표 1-1]), 가공식품은 생산방식, 구성성분, 보존방법, 유통방법, 포장방법 등에 따라 분류할 수 있다([표 1-2]). 그리고 가공식품을 품목별로 분류하는 방법도 있다([표 1-3]).

[표 1-1] 천연식품의 분류

분류방법	구분	종류
공급원	식물성식품	곡류, 서류, 두류, 채소류, 과일류, 해조류, 버섯류
	동물성식품	수조육류, 어패류, 난류, 우유 및 유제품
	광물성식품	소금
영양	열량공급원식품	곡류, 서류, 전분류, 설탕류, 유지류, 견과류
	단백질공급원식품	두류, 수조육류, 어패류, 난류, 우유 및 유제품
	비타민과 무기질 공급원식품	녹황색채소(비타민 A), 감귤류와 토마토(비타민 C), 그 밖의 과일류, 채소류, 해조류
	기호품류	조미료, 소금, 주류, 과자, 차, 커피, 청량음료
생산양식	농산식품	곡류, 두류, 서류, 과채류 등
	축산식품	식육류, 우유 및 유제품, 난류 등
	수산식품	어류, 갑각류, 조개류, 해조류 등
	발효식품	주류, 장류 등
소비성	영양강화식품, 인스턴트식품, 치료식품, 구황식품, 진공동결식품, 우주식품	

[표 1-2] 가공식품의 분류

분류방법	예
생산(지)방식	농산가공품(두부, 된장), 수산가공품(어묵), 축산가공품(치즈, 햄)
식품구성성분	단백질식품(치즈, 어묵), 탄수화물식품(면류), 지방질식품(버터)
식품보존방법	염장식품, 건조식품, 훈제식품(smoked food)
식품유통	레토르트식품, 냉장식품(chilled food), 냉동식품
식품포장방법	진공포장식품, 가스충전 포장식품, 무균화 포장식품
영양소, 맛 성분, 품질	스포츠음료, 특수영양식품, 건강식품

[표 1-3] 가공식품의 품목 분류

간편식(ready meal)	제과류(confectionary)
대용식(meal replacement)	설탕제과류(sugar confectionary)
아침대용식(breakfast cereals)	초컬릿가공품(chocolate confectionery)
유아식(baby food)	기타제과류(sweet biscuits, snack bars and fruit snacks)
과채가공품(processed fruit and vegetable)	제빵류(baked goods)
육·수산가공품(processed meat and seafood)	스낵류(snack bars)
유제품류(dariy)	과자류(sweet and savoury snacks)
치즈류(cheese)	면류(rice pasta and noodles)
버터류(butter and margarine)	식용유지류(edible oils)
아이스크림류(icecream and frozen desserts)	소스류(sauces, dressings, and condiments)
우유음료제품(drinking milk products)	수프류(soup)
요거트류(yoghurt and sour milk drink)	잼류(spreads)
기타유제품류(other dairy)	검류(gum)

출처 : Euromonitor International.

5. 식품의 기능

식품은 사람이 먹는 것이기 때문에 제일 중요한 것은 당연히 안전이다. 안전이 확인된 식품에는 3가지의 기능, 즉 1차 기능, 2차 기능, 그리고 3차 기능이 있다([표 1-4]). 식품은 생명을 유지하기 위한 영양소를 반드시 갖고 있어야 하는데 이를 1차 기능이라고 한다. 식품의 2차 기능은 사람의 감각과 관련된 것으로 식품의 색, 모양, 입 안에서 느껴지는 질감, 차갑고 따뜻한 온도, 식품이 가지고 있는 향, 음식을 조리할 때 나는 소리 등의 감각적인 것을 모두 종합한 것을 2차 기능이라고 한다. 대부분의 식품은 이렇게 1차, 2차 기능에 대해서만 이야기되어 왔으나 최근 들어서는 식품이 신체의 면역력 방어, 바이오리듬의 조절, 질병의 예방 및 회복, 노화 억제, 건강 유지 및 증진 등의 신체 조절 기능이 있는 것으로 밝혀지면서 이를 식품의 3차 기능이라고 한다. 3차 기능은 식품의 성분들이 가지고 있는 기능으로 이에 대해 지속적으로 연구되면서 식품의 3차 기능이 점차 강조되고 있다.

[표 1-4] 식품의 기능

기능의 분류	정의	예
1차 기능	생명 유지 기능	영양소, 탄수화물, 지질, 단백질, 비타민, 무기질
2차 기능	감각 기능	맛, 향기, 물성, 색
3차 기능	신체 조절 기능	생리활성 성분

6. 식품의 선택과 식품구성자전거

우리는 먹을 것을 선택할 때 '맛있고 안전한' 식품을 선택하게 된다. 또한 건강한 생활을 유지하기 위해서 다양한 요소를 고려하게 된다. 그러나 최근에는 환경 오염과 식품의 대량 생산 방식, 수입 식품의 증가로 식품의 불안 요소가 증가하고 있다. 농산물의 생산성을 높이기 위한 화학 비료, 농약, 유전자변형작물, 항생제 사용 등도 식품의 선택에서 고려할 요인이 되고 있다. 또한 식품의 제조 · 가공 · 유통 과정에서의 식품의 변질과 오염 등도 발생할 수 있어 우리의 건강을 위협하고 있다. 따라서 식품을 선택할 경우 영양성과 안전성을 모두 고려하여야 한다.

보건복지부에서는 2015년 우리가 주로 먹는 식품을 그 식품들의 종류와 영양소 함량에 따라 기능이 비슷한 식품들을 묶어 곡류, 고기 · 생선 · 달걀 · 콩류, 채소류, 과일류, 우유 및 유제품류, 유지 · 당류의 여섯 가지 식품군으로 분류를 하여 식품구성자전거로 표시하였다([그림 1-3]).

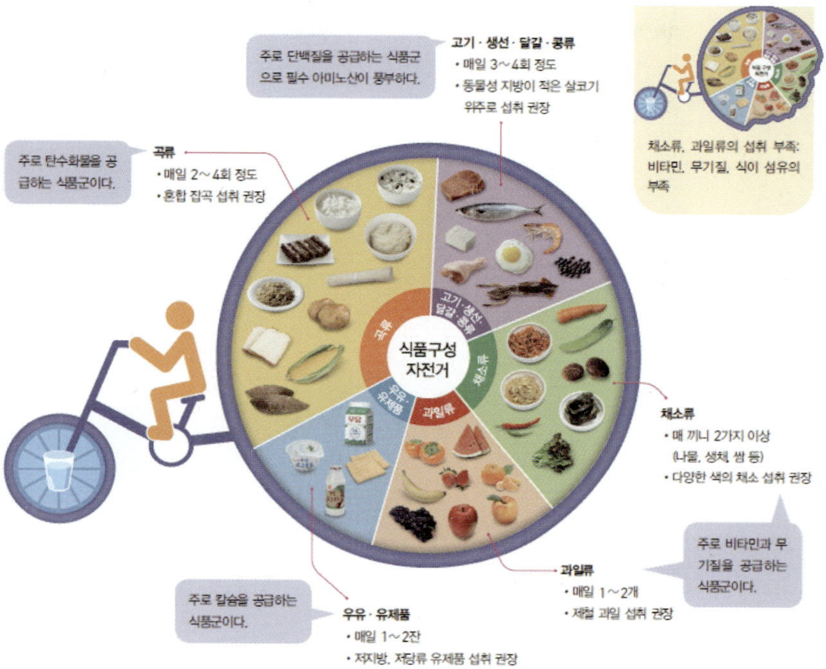

[그림 1-3] 식품구성자전거

출처: 보건복지부 · 한국영양학회(2015). 한국인 영양소 섭취기준.

식품구성자전거는 여섯 가지 식품군 중 과잉 섭취를 주의해야 하는 유지 · 당류를 제외한 다섯 가지 식품군을 나타낸 것으로, 균형 잡힌 식사를 계획하는 데 활용할 수 있다. 식품구성자전거는 식품의 섭취 횟수와 분량에 비례하여 바퀴 면적을 배분한 것으로 식사를 구성할 때는 식품구성자전거의 식품군이 골고루, 적절한 분량으로 포함되도록 하여 균형 잡힌 식사를 권장하고, 수분 섭취의 중요성, 적절한 운동도 함께 제안하고 있다.

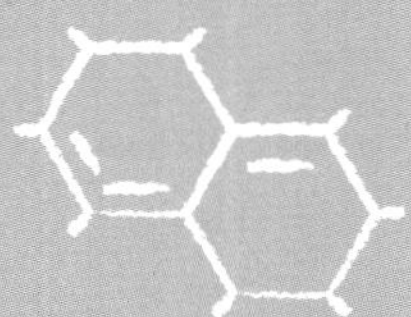

수분

1. 물의 구조와 성질
2. 자유수와 결합수
3. 수분활성도
4. 등온 흡습곡선 및 탈습곡선
5. 식품의 수분활성도와 저장성

FOOD SCIENCE 02

물은 생명 유지에 필수적인 물질이며 거의 모든 식품에 가장 많이 함유되어 있는 성분이다([표 2-1]). 식품 내에서 물은 물(액체), 수증기(기체), 얼음(고체)의 3가지 형태로 존재하며, 다양한 특성을 가지고 중요한 역할을 하고 있다. 물은 식품의 형태와 구조를 유지하고, 외관, 향미, 텍스처 등에 영향을 주며, 식품성분의 용매 혹은 분산매로 작용한다. 또한 수화와 가수분해 등 물리·화학적 변화 및 미생물학적 변화에서 반응물질이나 반응 매개체로 작용하여 식품의 조리성과 보존성에 영향을 준다.

[표 2-1] 여러 가지 식품의 수분함량

식품	수분함량(%)	식품	수분함량(%)
콩기름	0.0	쇠고기(한우, 등심)	55.3
황설탕	0.1	강낭콩(생것)	56.1
참깨(검정깨, 볶은 것)	3.3	멥쌀밥(백미)	63.6
멥쌀(백미)	13.4	연어(생것)	75.8
버터	15.3	달걀(생것)	75.9
물엿	16.9	닭고기(가슴, 생것)	76.2
딸기잼	24.0	감자(수미, 생것)	81.1
식빵	34.8	우유	87.4
감자튀김	39.3	수박	91.1
치즈케이크	42.9	토마토	93.9
모차렐라 치즈	46.0	커피(원두, 추출)	98.6

출처: 국가표준식품성분 DB 9.2, 농촌진흥청 국립농업과학원(2020).

1. 물의 구조와 성질

물은 산소원자 1개에 수소원자 2개가 공유결합을 하고 있다. 즉 산소 1개는 2개의 전자를 내놓고, 수소 2개는 각각 1개의 전자를 내놓아 전자쌍을 만들고 이 전자쌍을 함께 공유하고 있다([그림 2-1]). 공유결합에 참여하지 않은 산소의 비공유 전자쌍 간의 반발력은 산소와 수소 간의 공유 전자쌍을 강하게 밀기 때문에 휘어진 굽은형 구조를 이룬다. 산소와 수소의 결합각은 104.5°이며 거리는 0.096nm이다.

물 분자에서 산소원자는 수소원자보다 전기음성도가 커서 공유결합된 전자 분포가 산소원자 쪽으로 치우친다. 따라서 산소에서 결합에 참여하지 않은 두 개의 비공유 전자쌍은 부분 음전하(δ^-)를 나타내고, 수소원자는 부분 양전하(δ^+)를 나타내는 양극성(dipole) 물질이 된다. 물 분자 중에서 산소원자 두 개의 비공유 전자쌍은 각각 다른 물 한 분자의 수소원자를 당겨 0.3nm길이의 수소결합을 한다([그림 2-1]). 따라서 물은 분자량이 비슷한 다른 비극성 화합물에 비해 녹는점, 끓는점, 증발열, 잠염, 비열, 비중, 표면장력 등이 크다([표 2-2]). 물은 양극성 물질이므로 극성물질과는 수소결합으로 잘 섞이고, 염화나트륨과 같은 이온성 물질도 잘 녹이지만, 비극성 물질과는 잘 섞이지 않는다.

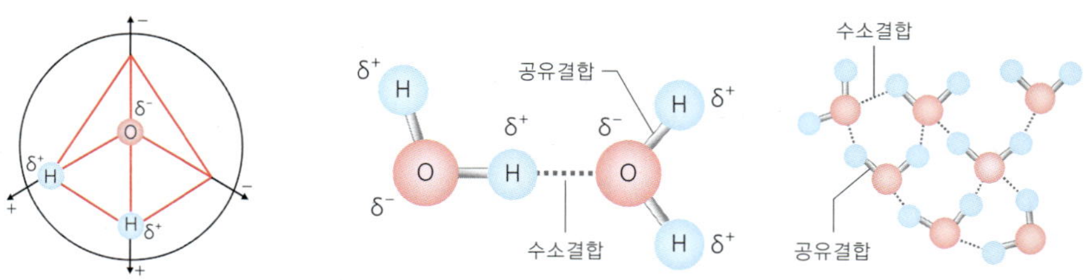

[그림 2-1] 물 분자의 분자구조 및 물 분자 간의 수소결합

[표 2-2] 물과 비슷한 분자량을 가진 화합물의 물리적 성질

화합물	분자식	분자량	융점(℃)	비점(℃)	증발열(kal/mol)
메탄	CH_4	16	−182	−161	2.20
암모니아	NH_4	17	−78	−33	5.60
물	H_2O	18	−0	−100	9.7
불화수소	HF	20	−84	−20	7.2
황화수소	H_2S	34	−82	−60	

2. 자유수와 결합수

식품 중의 수분은 탄수화물, 단백질 등의 성분과의 상호작용(결속 정도)에 따라 자유수(free water)와 결합수(bound water)로 나뉜다.

1) 자유수

자유수는 식품 중 구성성분과 결합하지 않아 자유롭게 존재하는 물이다. 따라서, 식품을 건조시키면 쉽게 건조되며, 0℃에서 동결하고, 염류, 당류, 수용성 단백질 등과 같은 수용성 물질들을 녹이는 용매로 이용될 수 있다. 자유수는 모세관을 자유롭게 이동하는 보통 형태의 물이다([표 2-3]).

2) 결합수

결합수는 식품 중 탄수화물, 단백질, 염류 등과 같은 친수성 성분과 수소결합, 이온결합 등으로 단단하게 결합되어 일반적인 방법으로는 분리시킬 수 없는 물이다([그림 2-2]). 결합수는 식품의 성분과 직접 결합하고 있는 결합수(단분자층 흡착수)와 단분자층 흡착수와 결합하고 있는 준결합수(다분자층 흡착수)로 나뉜다([그림 2-3]). 준결합수는 결합된 힘은 약하지만 자유롭게 운동할 수 없는 물이다. 결합수와 준결합수는 식품성분과 직접 또는 간접적으로 결합하므로 물질의 구조유지에 관여한다. 보통 −18℃를 기준으로 하여 그 이하의 온도에서도 얼지 않고 액체 상태로 존재하면 결합수라 한다. 결합수는 자유수와는 달리 일반적인 물의 특성을 나타내지 않는다([표 2-3]). 결합수와 자유수는 독립적으로 존재하는 것이 아니라 식품의 온도와 물에 녹아 있는 물질들의 종류와 양에 따라서 결합수가 자유수로, 자유수가 결합수로 가역적으로 존재할 수 있다.

[표 2-3] 자유수와 결합수의 성질

자유수	결합수
주위 환경에 따라 탈습, 흡습하는 동적인 물	식품성분과 결합되어 운동성이 없음
대기압에서 0℃ 이하에서 동결	0℃ 이하에서 잘 동결하지 않음
대기압에서 100℃에서 쉽게 증발	100℃ 이상으로 가열해도 잘 증발되지 않음
건조로 쉽게 제거 가능	건조로 쉽게 제거되지 않음
식품 조직을 압착하면 빠져 나옴	식품 조직을 압착해도 빠져나오지 않음
수용성 물질의 용매로 사용 가능	용매로 이용되지 않음
미생물의 생육과 번식에 이용됨	미생물의 생육과 번식에 이용되지 않음
화학반응에 관여함	화학반응에 관여하지 않음

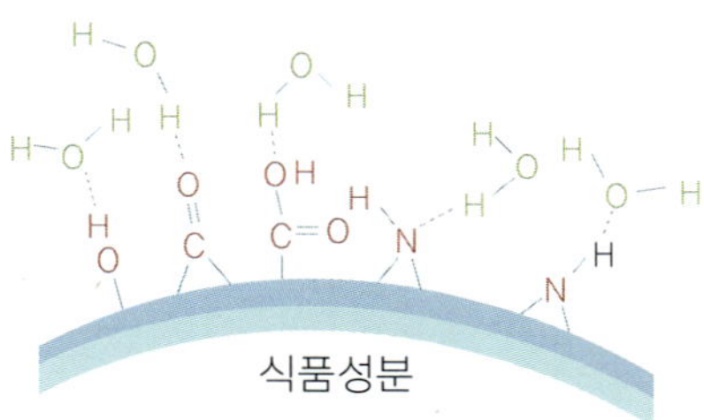

식품성분의 관능기의 종류

- □히드록실기(수산기): $-OH$
- □알데히드기: $-CHO$
- □카르보닐기(케톤기): ⟩CO
- □카르복실기: $-COOH$
- □니트로기: $-NO_2$
- □아미노기: $-NH_2$
- □술포기: $-SO_3H$
- □아미드기: $-CONH_2$
- □에스테르결합: $-COO-$
- □에테르결합: $-O-$

[그림 2-2] 식품성분의 관능기와 결합수의 수소결합

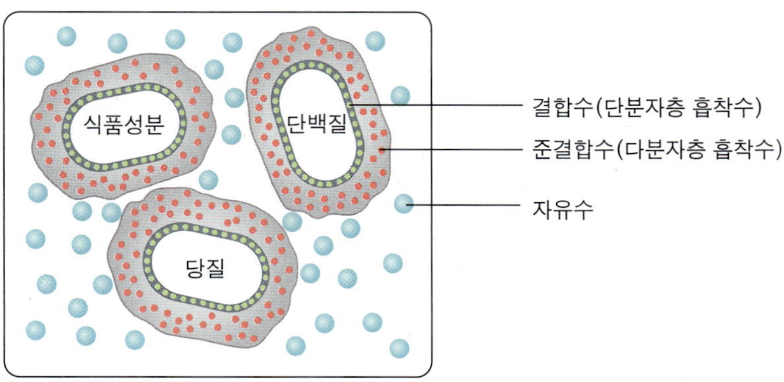

[그림 2-3] 식품 중 물 분자의 분포

3. 수분활성도

식품 중의 수분함량은 보통 백분율(%)로 나타내는 경우가 많지만, 밀폐된 식품을 제외하면 실제로 식품 중의 수분함량은 대기 중의 온도와 상대습도(relative humidity)에 의해 항상 변화한다. 즉 식품은 대기 중의 습도가 낮으면 건조되고, 높으면 흡습한다. 따라서 미생물 또는 화학반응에 의한 식품의 변패 등은 단순히 식품의 백분율(%) 수분함량보다는 대기 중의 상대습도와 식품의 수분함량을 함께 고려한 수분활성(water activity, Aw)에 의해 영향을 받는다. 수분활성(Aw)은 일정 온도에서 식품이 나타내는 수증기압(P)과 순수한 물의 수증기압(Po)의 비율이다. 수분활성도는 미생물이 실제로 이용할 수 있는 수분량, 즉 자유수의 구성비를 의미하므로 자유수의 비율이 높을수록 수분활성도의 값은 커진다.

$$\mathrm{Aw} = \frac{P}{P_0} = \frac{n_1}{(n_1+n_2)}$$

n_1: 식품 중의 물의 몰(mol) 수
n_2: 식품 중의 용질의 몰(mol) 수

$$\mathrm{Aw} = \frac{\frac{90}{18}}{\left(\frac{90}{18}+\frac{10}{58.5}\right)} = \frac{5}{(5+0.17)} = 0.97$$

10% 소금물의 수분활성도

순수한 물에서 $P=Po$이므로 Aw=1이다. 보통의 식품은 탄수화물, 지질, 단백질, 비타민과 무기질 등의 혼합물이므로 순수한 물에 비해 수분함량도 적고 수증기압도 적으므로 $P<Po$, Aw<1이다. 식품의 수증기압(P)은 식품 중에 녹아 있는 용질의 종류와 양에 의해 영향을 받는다. 예를 들어 10% 소금물의 수분활성도는 0.97이며, 30% 소금물의 수분활성도는 0.88이다. 평형상대습도(equlibrium relative humidity, ERH)는 수분활성도를 백분율(%)로 나타낸 것이며, 포화 상태(Aw=1)의 상대습도는 100이다. 식품 중 수분활성도와 수분함량은 [표 2-4]와 같다.

$$\text{ERH} = \frac{n_1}{(n_1+n_2)} = 100 = \frac{P}{P_0} \times 100 = \text{Aw} \times 100$$

ERH: 식품 주위의 평형상대습도(equilibrium relative humidity)
n_1: 식품 중 물의 몰(mol) 수
n_2: 식품 중 용질의 몰(mol) 수

[표 2-4] 식품 중 수분활성도와 수분함량

식품	수분활성도(Aw)	수분함량(%)
과일, 채소	0.98~0.99	74~96
주스	0.95~0.99	92
생선류	0.98~0.99	65~88
육류	0.96~0.98	70~80
달걀	0.90~0.97	72~78
식빵	0.90~0.95	38
건조과일	0.72~0.80	18~22
두류	0.60~0.64	13~15
곡류	0.60~0.64	13~16
젤리	0.64~0.69	18
국수	0.50	12

4. 등온 흡습곡선 및 탈습곡선

식품을 일정 온도에서 상대 습도가 다른 밀폐용기에 넣어두면 식품은 상대습도에 따라 흡습 또는 탈습이 일어나 수분함량이 변화한다. 즉 식품 중의 수분함량이 변화하여 용기 내의 상대습도와 평형을 이루는데, 이때의 수분함유량을 평형수분함량(equilibrium moisture content)이라 한다. 일정 온도에서 저장환경의 평형상대습도(또는 수분활성도)와 식품의 평형수분함량(%) 사이의 관계를 나타낸 것이 등온흡습곡선과 등온탈습곡선이다([그림 2-4]). 등온흡습곡선은 일정한 온도에서 대기 중의 수분이 식품으로 흡수될 때 상대습도와 평형수분함량과의 관계를 나타낸 것이고, 등온탈습곡선은 식품 중 수분이 대기 중으로 방출되어 건조될 때 얻어지는 곡선이다. 등온흡습곡선과 등온탈습곡선은 식품의 종류에 따라 다양한 형태를 나타내는데 대부분 역S자 형태(sigmoid)를 나타낸다. 등온흡습곡선의 경사와 굴곡점에 차이가 나타나는 것은 어떤 식품의 수분과 각 성분과의 결합력 또는 자유수와 결합수의 상대적인 양과 비율, 식품성분들의 조직구조 등이 다르기 때문이다. 식품에서 등온흡습과 등온탈습은 완전한 가역반응이 아니다. 예를 들어 물오징어를 건조시켜 마른 오징어를 만든 후에는 마른 오징어에 수분을 흡수시켜도 건조되기 전의 상태인 물오징어로 돌아가지 않는다. 즉 식품이 대기 중에서 수분을 방출하고 흡수할 때의 탈습곡선과 흡습곡선은 일치하지 않는다. 이렇게 탈습곡선과 흡습곡선이 일치하지 않는 것을 이력현상(hysteresis)이라 하는데, 일정한 온도에서 탈습시가 흡습시보다 더 높은 수분함량을 나타낸다. 이력현상은 식품의 종류에 따라 다르며 저장기간이 길어지면 주로 식품의 흡습능력이 감소되므로 이력곡선의 차이가 커진다.

등온흡습곡선과 등온탈습곡선은 기울기가 다른 3개의 구간으로 나뉘며 각 구간의 물은 서로 다른 특성을 보인다.

[등온흡(탈)습곡선의 구간에 따른 특징]

- 구간 I : 수분이 주로 식품 중의 조직 성분과 단단히 결합되어 있는 단분자층 흡착수 영역으로 물은 식품성분 중 카르복실기, 아미노기 등과 극성결합, 이온결합을 하고 있다. 이 영역에서의 물은 이동이 거의 없다. 물 분자층이 덮이지 않은 부분이 많을수록 식품은 햇빛이나 산소에 많이 노출된다. 물 분자가 균일하게 하나의 분자막을 형성하여 식품을 덮고 있는 것을 BET(Brunauer-Emmett-Teller) 단분자층이라 하며, 이는 구간 I과 구간 II의 경계에 해당된다. 대개 상대습도 10~30%(수분활성도 0.3~0.4) 정도에서 형성된다([그림 2-5]).

- 구간 Ⅱ : 단분자층 근처의 물 분자들이 수소결합, 비극성 결합을 하고 있는 영역으로 대개 상대습도가 30~80% 정도일때 나타난다. 수분함량이 높은 식품에서 구간 I과 구간 II의 물은 전체 수분함량의 5% 이하이다.
- 구간 Ⅲ : 수분이 주로 자유수로 존재하는 영역으로 모세관수(capillary water) 또는 다상수(bulk water)라고도 한다. 물은 모세관 응축현상(capillary condensation)을 보이며, 미생물의 성장, 화학반응 등에 이용되어 식품의 품질을 저하시킬 수 있다. 이 구간은 상대습도 80% 이상에서 많이 나타나며, 식품 전체 수분의 95% 이상을 나타낸다.

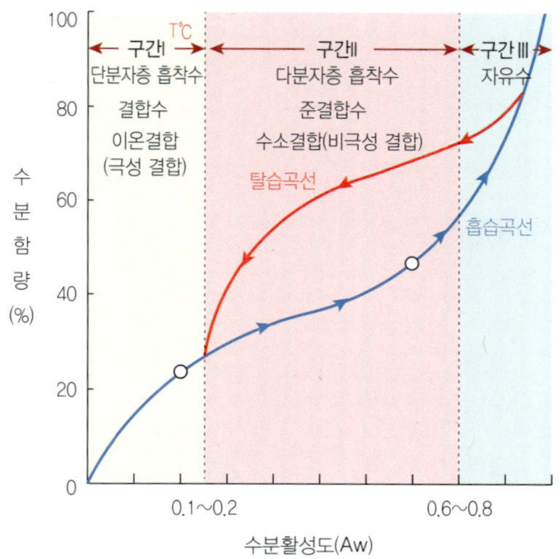

[그림 2-4] 식품의 전형적인 등온 흡습 · 탈습곡선과 이력현상

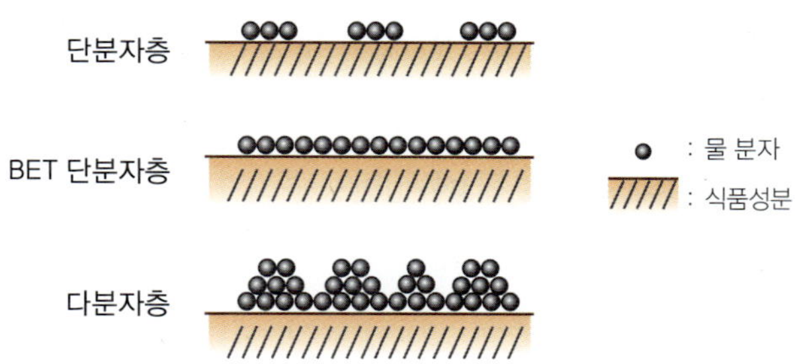

[그림 2-5] 단분자층과 다분자층에서 물의 분포

5. 식품의 수분활성도와 저장성

식품 저장성의 높고 낮음은 반드시 식품에 함유된 수분함량의 많고 적음에 의해 결정되지 않는다. 식품 내에서의 효소작용, 화학반응, 미생물의 생육 등과 밀접한 관계가 있는 것은 수분활성이다. 즉 수분활성도는 식품의 저장성과 밀접한 관계가 있다. 수분활성도가 증가하면 일반적으로 가수분해반응, 비효소적 갈변 반응, 효소 활성, 미생물의 성장 속도가 증가한다([그림 2-6]).

1) 수분활성도와 비효소적 갈변 반응

수분활성도가 매우 낮은 단분자층 영역에서는 비효소적 갈변 반응 중 하나인 메일러드 반응이 일어나기가 매우 어렵다. 수분활성도가 높아질수록 반응물의 이동이 활발해져 반응속도가 높아지는데 수분활성도 0.6~0.7에서 최대에 이른다. 수분활성도가 0.8~1.0 이상으로 높아지면 반응물의 희석효과로 인해 반응속도가 감소한다.

2) 수분활성도와 유지의 산화반응

단분자층 영역에서 유지의 산화는 수분활성도가 낮아질수록 속도가 증가한다. 즉 BET 단분자층에서 유지의 산화반응이 최소로 일어나며 BET 단분자층을 형성하는 수분의 함량보다 수분함량이 더 낮아질수록 산화속도가 증가한다. 따라서 식품을 지나치게 건조하면 식품조직과 결합한 단분자층의 수분이 파괴되어 식품조직이 직접 공기에 노출된다. 물분자층이 덮이지 않은 부분이 많을수록 햇빛이나 산소에 많이 노출되어 산화가 더 심하게 일어난다. 유지의 산화반응은 수분활성도 0.2~0.4(구간 I과 구간 II의 경계 부근)에서 반응속도가 가장 낮으며, 수분활성도가 0.4보다 높아지면 산화 반응속도가 다시 증가한다.

3) 수분활성도와 미생물 생육

미생물이 생육할 수 있는 최저수분활성도는 미생물의 종류에 따라 다르다. 보통 세균은 수분활성도 0.90~0.94, 효모는 0.81~0.85, 곰팡이는 0.70~0.75에서 생육 가능하며, 내건성곰팡이는 0.65 이상, 내삼투압성곰팡이는 0.60 이상에서도 생육이 가능하다.

4) 수분활성도와 효소반응

대부분의 효소는 수분활성도 0.3 부근에서 활성이 시작되어 수분활성도가 증가하면 효소반응도 증가한다. 수분활성도가 낮으면 기질과 생성물의 이동이 어렵기 때문에 효소의 활성화가 억제된다.

식품의 저장 안정성을 높이기 위해서는 수분활성을 낮추는 것이 바람직하다. 식품 중 수분활성을 낮추는 방법은 크게 3가지가 있다([표 2-5]).

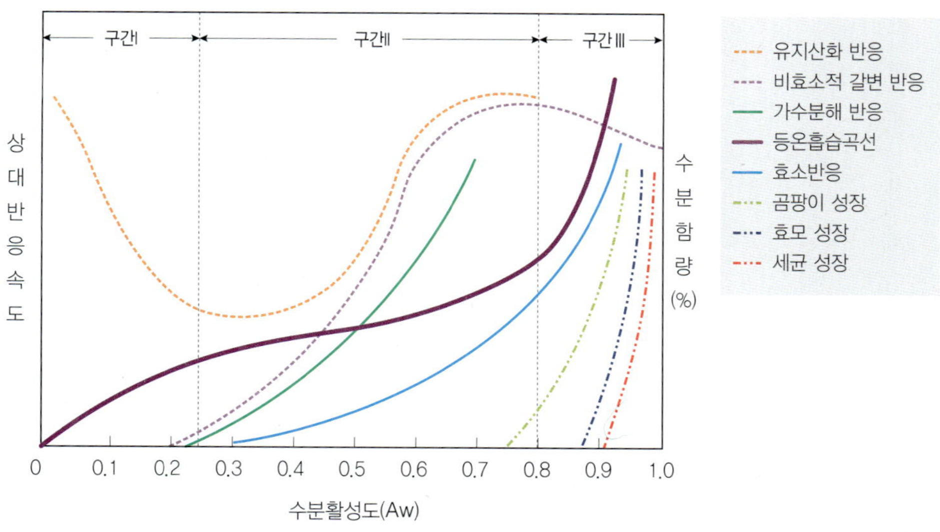

[그림 2-6] 식품의 수분활성과 안전성

[표 2-5] 식품 중 수분활성을 낮추는 방법

방법	원리	예
건조법	자유수를 제거한다.	건조과일, 건조어패류, 육포, 분유 등
냉동법	자유수를 동결시킨다.	냉동과일, 생선, 육류 등
용질첨가법	식품에 소금이나 설탕 등의 용질을 첨가하여 결합수의 양을 증가시킨다.	염장법 : 젓갈, 훈제생선, 채소절임 등 당장법 : 잼, 젤리, 마멀레이드 등

탄수화물

03

1. 탄수화물의 정의와 분류
2. 당의 화학적 구조 및 기능
3. 단당류
4. 이당류
5. 소당류(올리고당)
6. 다당류

탄수화물(carbohydrate)은 탄소(C), 수소(H), 산소(O)의 세 원소로 구성되어 있으며, 자연계에 널리 분포되어 있는 유기물로 녹색식물의 광합성에 의해 합성된다. 탄수화물은 지질, 단백질과 함께 3대 영양소 중 하나로 체내 대사활동에 필요한 에너지원으로 사용된다. 또한, 탄수화물은 단맛이 있어 당질(saccharides)이라고 불리며, 대표적인 탄수화물에는 당류, 식물체의 세포벽 성분 및 식이섬유 등이 포함된다. 한편, 탄수화물은 식품가공에서 감미료나 식품첨가제로 이용되기도 한다.

1. 탄수화물의 정의와 분류

1) 탄수화물의 정의

탄수화물은 $C_m(H_2O)_n$의 화학식으로 표기하며 보통 탄수화물을 나타내는 어미 '-ose(오스)'를 붙여 명명한다. 탄소의 수화물이라는 개념에서 유래되었기 때문에 포도당처럼 $C_6H_{12}O_6$ $(6C + 6H_2O)$로 표기하기도 한다. 탄수화물은 화학적으로 분자 내에 2개 이상의 히드록실기(hydroxyl group, -OH)와 1개의 알데히드기(aldehyde group, -CHO) 또는 1개의 케톤기(ketone group, >C=O)를 갖는 화합물로 정의한다.

2) 탄수화물의 분류

탄수화물은 구성된 당 분자 수에 따라 단당류(monosaccharides), 이당류(disaccharides), 소당류(oligosaccharides) 및 다당류(polysaccharides)로 분류한다([표 3-1]).

(1) 단당류

단당류는 포도당이나 과당(fructose)과 같이 그 구조를 변형하지 않고서 더 이상 가수분해되지 않는 당류로, 1개의 당으로만 구성되었으며 탄소의 수에 따라 3탄당(triose), 4탄당(tetrose), 5탄당(pentose), 6탄당(hexose)으로 구분한다.

(2) 이당류

이당류는 2개의 단당류로 구성된 당을 이당류라고 한다. 이당류에는 포도당 2개로 구성된 맥아당(Maltose), 포도당과 과당으로 구성된 설탕(Sucrose), 포도당과 갈락토오스로 구성된 유당(Lactose) 등이 있다.

(3) 소당류(올리고당)

소당류는 3~10개의 단당류로 구성된 당으로 구성 단당류의 수에 따라 삼당류(trisaccharides), 사당류(tetrasaccharides) 등으로 구분한다.

(4) 다당류

다당류는 수백 또는 수천 개의 단당류가 축합된 당으로 이때 축합된 단당류가 같은 것으로 구성된 단순다당류(simple saccharides)와 2종류 이상의 단당류들로 구성된 복합다당류(complex saccharides)로 구분한다.

(5) 당유도체

당유도체(sugar derivative)는 당의 산화, 환원반응에 의한 것과 아미노기, 술포기(sulfur, S)가 결합된 것 또는 비당류와 결합에 의하여 생성된 것 등이 있다. 종류로는 알돈산(aldonic acid), 우론산(uronic acid), 당산(sugaric acid), 당알코올(sugar alcohol), 데옥시당(deoxy sugar), 아미노당(amino sugar), 티오당(thio sugar) 등이 있다.

[표 3-1] 탄수화물의 분류

탄수화물		종류
단당류 (monosaccha-rides)	3탄당 (C_3, triose)	글리세르알데히드(glyceraldehyde), 디히드록시아세톤(dihydroxyacetone)
	4탄당 (C_4, tetrose)	에리트로오스(erythrose), 트레오스(threose)
	5탄당 (C_5, pentose)	리보오스(ribose), 데옥시리보오스(deoxyribose), 자일로오스(xylose), 아라비노오스(arabinose)
	6탄당 (C_6, hexose)	포도당(glucose), 과당(fructose), 갈락토오스(galactose), 만노오스(mannose)

이당류 (disaccharides)	이당류 (disaccharides)	설탕(sucrose), 맥아당(maltose), 유당(lactose), 겐티오비오스(gentiobiose), 셀로비오스(cellobiose), 트레할로오스(trehalose), 멜리비오스(melibiose)
소당류 (oligosaccha-rides)	삼당류 (trisaccharides)	라피노오스(raffinose), 겐티아노오스(gentianose)
	사당류 (tetrasaccharides)	스타키오스(stachyose)
다당류 (polysaccharides)	단순다당류 (simple polysaccha-rides)	전분(starch), 덱스트린(dextrin), 셀룰로오스(cellulose), 이눌린(inulin), 글리코겐(glycogen)
	복합다당류 (complex polysac-charides)	펙틴(pectin), 헤미셀룰로오스(hemicellulose)
당유도체 (sugar deriva-tives)	알돈산 (aldonic acid)	글루콘산(gluconic acid)
	우론산 (uronic acid)	글루쿠론산(glucuronic acid), 갈락투론산(galacturonic acid),
	당산 (saccharic acid)	글루코당산(glucosaccharic acid), 갈락토당산(galactosaccharic acid)
	당알코올 (sugar alcohol)	솔비톨(sorbitol), 자일리톨(xylitol), 리비톨(ribitol), 만니톨(mannitol), 이노시톨(inositol)
	데옥시당 (deoxy sugar)	데옥시리보오스(deoxylibose), 람노오스(rhamnose))
	아미노당 (amino sugar)	글루코사민(glucosamine), 갈락토사민(galactosamine)
	티오당 (thio sugar)	티오글루코오스(thioglucose)

2. 당의 화학적 구조 및 기능

1) 단당류의 화학적 구조

단당류는 카르보닐기(carbonyl group)의 종류와 탄소의 수에 따라 분류되는데, 카르보닐기가 알데히드인 것을 알도오스(aldose) 계열, 카르보닐기가 케톤기인 것을 케토오스(ketose) 계열 탄수화물로 분류한다. 가장 간단한 알도오스는 탄소 3개를 갖고 있는 글리세르알데히드(glyceraldehyde)이며, 가장 간단한 케토오스는 탄소 3개를 갖고 있는 디히드록시아세톤(dihydroxyacetone)이다.

(1) 부제 탄소와 이성질체

단당류는 카르보닐기(알데히드기, 케톤기)와 부제 탄소원자(asymmetric carbon atom, 비대칭 탄소원자)를 가지므로 분자식이 같아도 여러 개의 입체이성질체(isomer)가 있을 수 있고, 편광면을 회전시키는 광학적인 성질을 갖는다. 알도오스에서는 알데히드 탄소를 1번(C1)으로 시작하여 차례로 탄소 번호를 붙이면, 글리세르알데히드의 2번째 탄소(C2)는 부제 탄소이다([그림 3-1]). 부제 탄소를 가진 글리세르알데히드는 2개의 이성질체가 존재하는데 이들은 거울상 입체이성질체(enantiomers)이다([그림 3-2]).

글리세르알데히드 디히드록시아세톤

[그림 3-1] 글리세르알데히드와 디히드록시아세톤의 구조(* 부제 탄소)

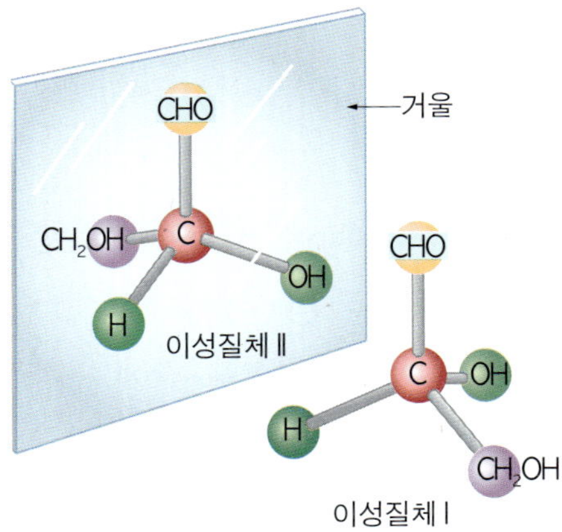

[그림 3-2] 글리세르알데히드의 입체구조와 이성질체

당의 입체 배열에 따른 명명법에서 알도오스는 글리세르알데히드를 기준으로 결합된 히드록실기(−OH)의 위치가 오른쪽에 있으면 D형, 왼쪽에 있으면 L형으로 결정된다. 탄소 수가 더 많은 당의 경우 1번 탄소에서 가장 멀리 있는 부제 탄소에 결합한 히드록실기의 위치가 오른쪽에 있으면 D형, 왼쪽에 있으면 L형으로 결정된다. 케토오스에서는 에리트룰로오스(erythrulose)를 기준으로 하여 케톤기로부터 가장 멀리 있는 부제 탄소에 결합된 히드록실기의 위치에 따라 D형과 L형으로 표시한다. 자연계에는 D형의 당이 많이 존재하며 D형 알도오스 계열의 당의 구조는 [그림 3-3]과 같고, 이와 같은 당의 구조를 피셔(Fischer) 구조식이라 한다. 포도당과 갈락토오스는 4번째 탄소에, 포도당과 만노오스는 2번째 탄소에 결합되어 있는 수소와 히드록실기의 위치가 서로 다르게 배치되어 있기 때문에 포도당과 갈락토오스, 포도당과 만노오스는 서로 에피머(epimer) 관계에 해당한다([그림 3-4]).

(2) 좌선성과 우선성

당 용액에 편광을 통과시키면 빛의 회전 방향이 회전하게 되는데, 당 용액의 빛의 회전 방향을 회전시키는 광학적 성질을 선광(rotation of light)이라 하며 이들 광학적 입체이성질체(optical isomer)는 선광이 서로 다르다. 편광면을 오른쪽으로 회전시키는 것을 우선성이라 하며 (+)로 표시하고, 편광면을 왼쪽으로 회전시키는 것을 좌선성이라고 하며 (−)로 표시하여 당의 이름 앞에 붙인다. 우선성의 D−포도당은 D−(+)−포도당으로 표시하며, 편광면을 회전시키는 크기를 선광도[α]로 나타낸다. 용액에 우선성과 좌선성의 이성질체가 동량으로 존재할 경우 광학적 활성(optical active)이 서로 상쇄되어 없어지게 되는데, 이렇게 우선성과 좌선성 이성질체가 동량 혼합된 혼합물을 라세미체(racemic mixture)라고 한다.

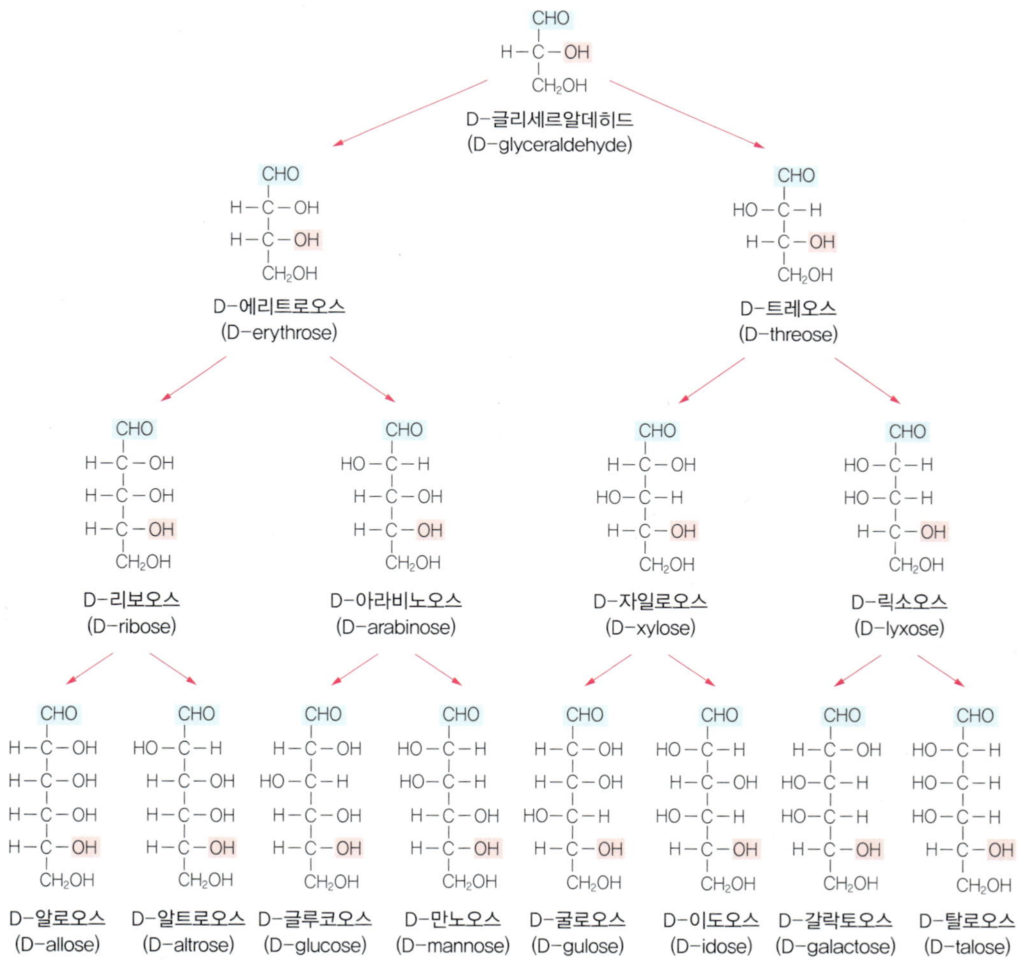

[그림 3−3] D형 알도오스 계열의 당의 피셔 구조식

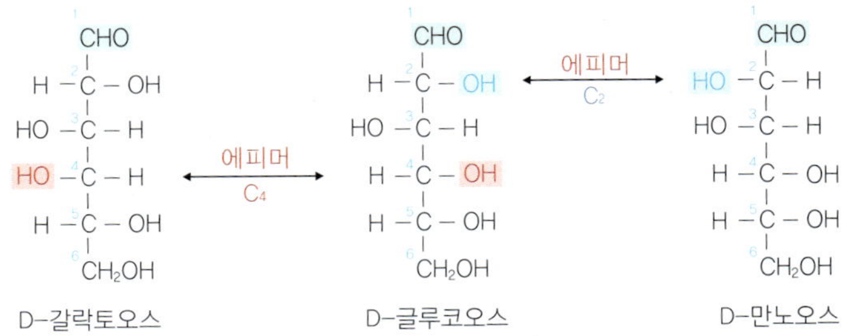

[그림 3-4] D-형 포도당과 갈락토오스, D-형 포도당과 만노오스의 에피머

2) 당의 사슬구조와 고리구조

단당류의 구조에는 사슬구조(chain structure)뿐만 아니라 고리구조(환상구조, cycle structure)가 있다([그림 3-5, 3-6]). 사슬구조의 당에 있는 알데히드기 또는 케톤기는 5번째 탄소(C5)에 결합된 히드록실기(–OH)와 반응하여 헤미아세탈(hemiacetal)과 헤미케탈(hemiketal)을 형성하여 고리 모양의 고리구조를 이룬다. 당이 고리구조를 형성함으로써 생긴 C1의 히드록실기를 글리코시드(glycoside) 히드록실기 또는 헤미아세탈 히드록실기라고 한다. 고리구조에는 오각형의 푸라노오스(furanose)와 육각형의 피라노오스(pyranose)의 두 가지가 있으며, 고리구조의 당을 표현하는 구조식을 하워드(Haworth) 투영식이라고 한다. 포도당을 고리구조로 나타내면 부제 탄소인 C1에 결합된 수소와 히드록실기의 입체배치에 따라 2개의 이성질체가 생길 수 있다.

즉, C1에 결합된 히드록실기가 평면 아래로 배치되면 α형, 평면 위로 배치되면 β형으로 이들 이성질체를 아노머(anomer)라고 하는데, α-D-포도당과 β-D-포도당은 아노머 관계에 해당한다. 일반적으로 당의 수용액에서는 α형과 β형이 평형상태를 이루고 있다.

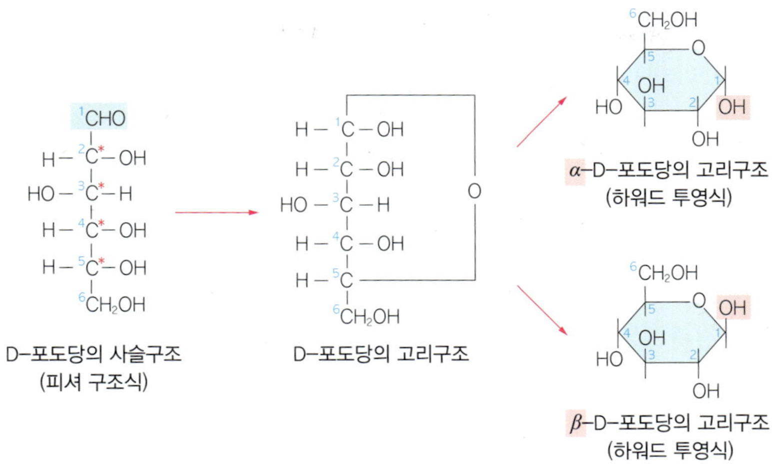

[그림 3-5] 포도당의 사슬구조와 고리구조

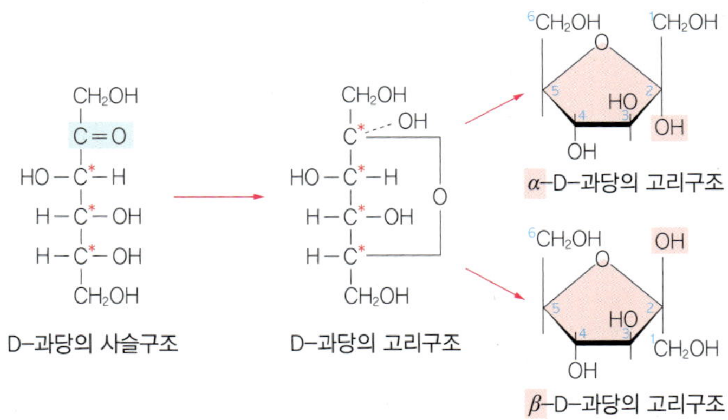

[그림 3-6] 과당의 사슬구조와 고리구조

3) 변선광

α형이나 β형의 당을 물에 녹이면 선광도가 변한다. 결정 포도당인 α-D-글루코피라노오스(α-D-glucopyranose)의 선광도는 +112.2°이며, β-D-글루코피라노오스의 선광도는 +18.7°이다. α-D-글루코피라노오스를 물에 녹이면 선광도가 점점 내려가 α형과 β형의 평형상태에 도달한다. α형과 β형이 37:63으로 평형을 이루

기 때문에 평형혼합용액의 선광도는 +52.7°에 이르러 일정하게 되는데 이런 현상을 변선광(mutarotation)이라 한다([그림 3-7]). 즉, 변선광은 결정성 환원당을 수용액 상태로 방치하면 천천히 이성질체 사이에 평형을 이루게 되어 일정한 값의 선광도를 나타내는 현상을 말한다.

당류 용액에서 변선광이 일어나는 이유는 수용액에서 당의 고리구조가 사슬구조를 거쳐서 고리구조의 이성질체로 전환하기 때문이다. D-과당(D-fructose)의 경우 α형의 선광도는 -64°이고, β형의 선광도는 -134°이며, 과당을 물에 녹여 평형상태에 도달하면 선광도는 -92°가 된다.

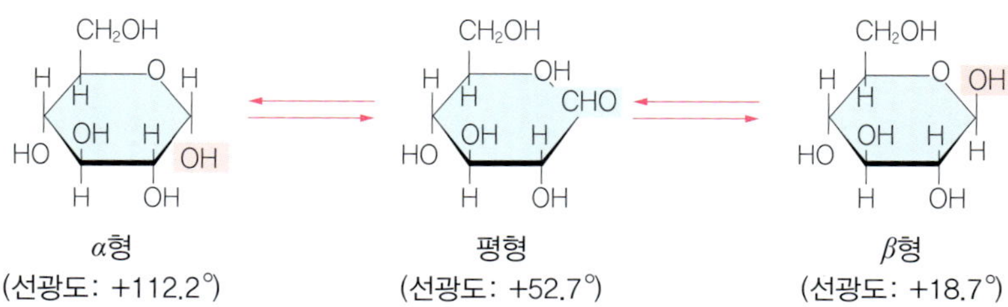

[그림 3-7] 포도당의 변선광

4) 환원당과 비환원당

단당류와 이당류는 글리코시드 히드록실기 유무에 따라 환원당(reducing sugar)과 비환원당(nonreducing sugar)으로 구분된다. 글리코시드 히드록실기는 환원성을 가지므로 글리코시드 히드록실기를 가진 당을 환원당이라고 하고, 이를 갖지 않은 당을 비환원당이라고 한다. 모든 단당류와 이당류 중 맥아당(말토오스, maltose)과 유당(젖당, 락토오스, lactose)은 환원당이며, 설탕(수크로오스, 자당, sucrose, saccharose)은 비환원당이다.

당의 환원성은 당류의 정성시험과 정량시험에 이용된다. 환원당은 펠링(Fehling) 반응 실험에서 황산구리($CuSO_4$)의 알칼리 용액에 환원당을 가하면 Cu^{2+}가 환원되어 Cu^{+}인 이산화구리(Cu_2O)의 붉은색 침전을 생성하지만, 비환원당은 이 반응을 나타내지 않는다.

3. 단당류

단당류는 가장 단순한 탄수화물로 물에 잘 녹는 결정형이다. 단당류는 탄소원자의 수에 따라 3탄당, 4탄당, 5탄당, 6탄당으로 구분된다. 3탄당과 4탄당은 유리상태로는 존재하지 않기 때문에 식품에서 중요한 단당류는 주로 5탄당과 6탄당이다.

1) 5탄당

5탄당(pentose)은 자연계에 유리 형태로는 거의 존재하지 않으며 주로 다당류나 핵산의 구성성분으로 존재한다. 5탄당으로 이루어진 다당류 펜토산(pentosan)은 초식동물의 중요한 사료 성분이나, 인체 내에는 소화효소가 없어서 열량원으로 이용되지 못한다. 리보오스(ribose), 자일로오스(xylose), 아라비노오스(arabinose) 등이 5탄당에 속한다([그림 3-8]).

(1) 리보오스

리보오스(ribose)는 알도오스 계열의 5탄당으로 자연계에서는 D-형만 발견되며 RNA나 DNA 등 핵산 구성의 기본 당이다. 세포 구성에 매우 중요한 당으로 인체 내에서는 포도당으로부터 합성된다.

(2) 자일로오스

자일로오스(xylose)는 알도오스 계열의 5탄당이며 나무로부터 분리되어 목재당으로 불린다. 나무껍질, 종자류의 껍질 등에 들어 있는 다당류인 자일란(xylan)의 구성성분이다. 설탕의 60% 정도의 단맛(sweet taste)을 가지고 있어 당뇨병 환자 등의 저칼로리 감미료의 원료로 사용되며, 목재에 함유된 헤미셀룰로오스를 가수분해해서 얻을 수 있다.

(3) 아라비노오스

아라비노오스(arabinose)는 알도오스 계열의 5탄당으로 아라비아 검(arabia gum)

의 성분인 아라반(araban)의 구성성분이다. 인체 내에서는 소화, 흡수되지 않고 비피더스균과 같은 세균에 의하여 분해된다. 묽은 산으로 가수분해하면 얻을 수 있으며 자연계에서 유일하게 L형으로 존재하는 당이다.

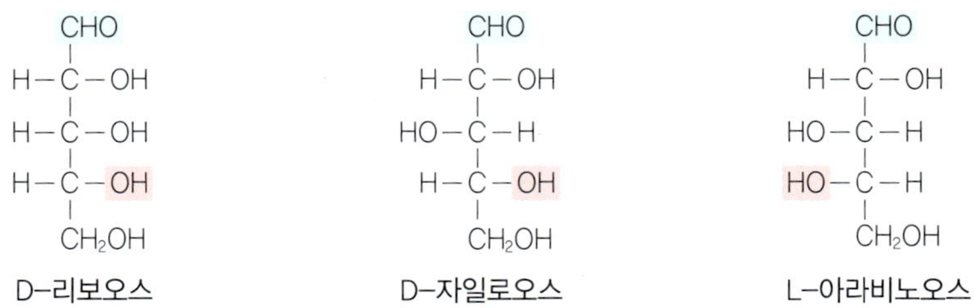

[그림 3-8] 5탄당의 구조

2) 6탄당

6탄당(hexose)은 자연식품에 널리 분포되어 있다. 식품성분으로 중요한 6탄당에는 포도당, 과당, 갈락토오스, 만노오스 등이 있다. 이들은 α형과 β형의 2개의 이성질체가 존재하며 모두 효모에 의해 발효되므로 지모헥소오스 (zymohexose)라고 부른다.

(1) 포도당

포도당(glucose)은 헥소오스 계열의 6탄당으로 혈당의 구성성분이고 전분을 가수분해하면 얻을 수 있다. 자연계에 유리형 또는 결합형으로 식물체에 널리 분포하며, 탄수화물 중에서 가장 기본적인 당으로 동물 체내에는 글리코겐(glycogen)의 형태로 저장되어 에너지원으로 사용된다. 유리상태로는 과일, 특히 포도에 많이 함유되어 있고 포유동물의 혈액에는 혈당으로 약 0.1% 정도 존재한다. 전분, 글리코겐, 셀룰로오스, 맥아당, 유당, 설탕, 배당체(glycoside) 등을 구성하는 단당류이다. α형과 β형 2개의 이성질체가 존재하는 환원당으로, α형이 β형보다 더 안정하며 단맛도 강하다. 포도당의 단맛은 설탕을 100으로 했을 때 70 정도에 해당한다.

(2) 과당

과당(fructose)은 케토오스 계열의 6탄당으로 과일, 꽃, 벌꿀 중에 유리상태로 널리 존재하며 특히 벌꿀에 많이 들어 있다. 천연 단당류 중 가장 단맛이 강하여 감미료로 사용되며, 용해도가 크므로 결정화되기 어렵다. 포도당과 결합하여 설탕을 이루며, 돼지감자와 다알리아 뿌리에 많이 들어 있는 다당류인 이눌린(inulin)의 구성성분이기도 하다. 결합상태일 때는 푸라노오스형으로 존재하며, 유리상태일 때는 푸라노오스와 피라노오스의 2가지 형으로 존재한다. 과당의 단맛은 설탕을 100으로 했을때 170 정도에 해당한다.

(3) 갈락토오스

갈락토오스(galactose)는 자연계에 D형과 L형이 있고, 유리상태로 거의 존재하지 않는다. 체내에서 단백질 또는 지방과 결합하여 동물의 뇌, 신경조직 내의 지질인 세레브로사이드(cerebroside)의 구성성분이 된다. 갈락토오스는 포도당과 결합하여 유당이 되며, 다당류인 한천, 아라비아고무의 구성 단당류이다. 갈락토오스의 단맛은 설탕을 100으로 했을 때 32 정도에 해당한다([그림 3-9]).

(4) 만노오스

만노오스(mannose)는 자연계에서 유리상태로는 거의 존재하지 않고 곤약의 주성분인 다당류 만난(mannan)의 구성 단당류이다. 만난이나 갈락토만난(galacto-mannan)의 형태로 감자나 백합 뿌리 등에도 들어 있다([그림 3-10]). 만노오스의 단맛은 설탕이나 포도당보다는 낮으며, 갈락토오스와 비슷하다.

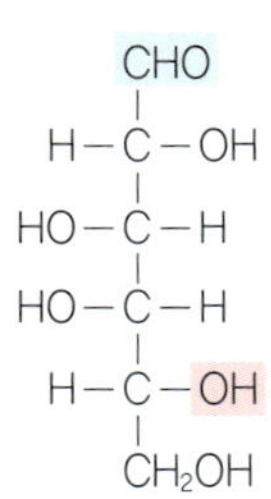

[그림 3-9] D-갈락토오스의 구조

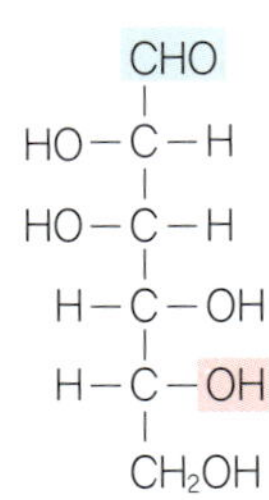

[그림 3-10] D-만노오스의 구조

3) 당유도체

당유도체(sugar derivatives)는 단당류가 지니고 있는 작용기의 산화, 환원, 치환, 배당체와 결합 등으로 그 구조와 성질이 변한 당을 말한다([그림 3-11], [표 3-2]).

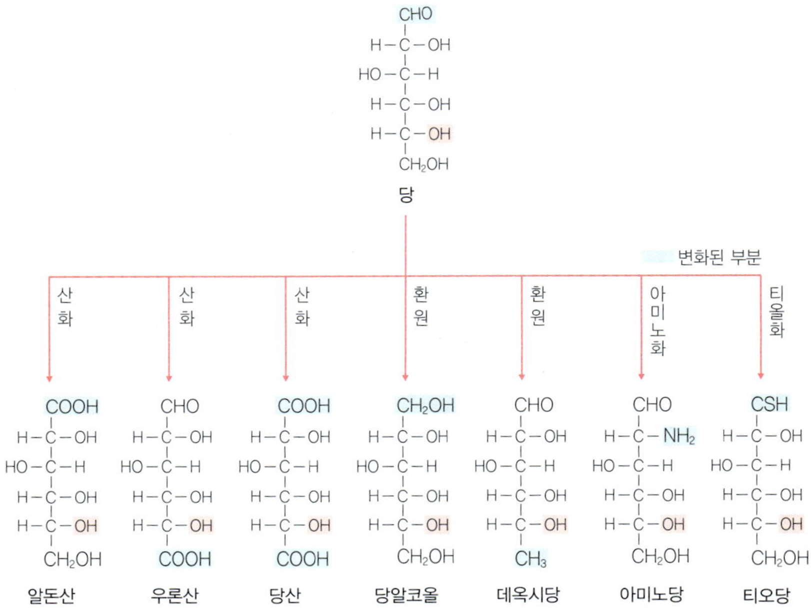

[그림 3-11] 당유도체

[표 3-2] 당유도체의 종류

당유도체	반응	작용기의 변화
알돈산	산화	CHO→COOH
우론산	산화	CH_2OH→COOH
당산	산화	CHO→COOH, CH_2OH→COOH
당알코올	환원	CHO→CH_2OH
데옥시당	환원	CH_2OH→CH_3
아미노당	치환(아미노화)	OH→NH_2
티오당	치환(티올화)	OH→SH

(1) 알돈산

알돈산(aldonic acid)은 단당류의 알데히드기(−CHO)가 산화되어 카르복실기(−COOH)로 변한 것으로, 포도당의 알돈산인 글루콘산이 대표적이다.

(2) 우론산

우론산(uronic acid)은 단당류 말단의 알코올기(−CH_2OH)가 산화되어 카르복실기(−COOH)를 형성한 당유도체로 갈락토오스의 우론산인 갈락투론산이 대표적이다.

(3) 당산

당산(saccharic acid)은 단당류의 알데히드기(−CHO)와 말단의 알코올기(−CH_2OH)가 모두 산화되어 카르복실기(−COOH)를 형성한 당유도체로, 포도당의 당산인 글루코당산과 갈락토오스의 당산인 갈락토당산이 대표적이다.

(4) 당알코올

당알코올(sugar alcohol)은 단당류에 있는 알데히드기(−CHO)가 알코올기(−CH_2OH)로 환원된 화합물이다. 단당류의 모체에 '−ol'을 붙여서 부르는데 솔비톨(D−sorbitol), 자일리톨(xylitol), 리비톨(ribitol) 등이 있다.

(5) 데옥시당

데옥시당(deoxysugar)은 단당류에서 산소원자 1개가 제거된 것으로 히드록실기(−OH)가 수소원자(H)로 치환된 당이다. 리보오스의 C2에서 산소가 제거된 2−데옥시 D−리보오스, 만노오스의 C6에서 산소가 제거된 람노오스, 갈락토오스의 C6에서 산소가 제거된 푸코오스 등이 있다.

(6) 아미노당

아미노당(amino sugar)은 6탄당에서 C2의 히드록실기(−OH)가 아미노기(−NH_2)로 치환된 당이다. 글루코사민(D−glucosamine)은 포도당의 아미노당으로 새우, 게 등 갑각류 껍질의 주성분인 키틴(chitin)의 구성성분이다. 갈락토사민(D-galactosamine)은 갈락토오스의 아미노당으로 연골이나 힘줄의 당단백질 중 콘드로이틴황산염(chondroitin sulfate)의 구성성분이다([그림 3-12]).

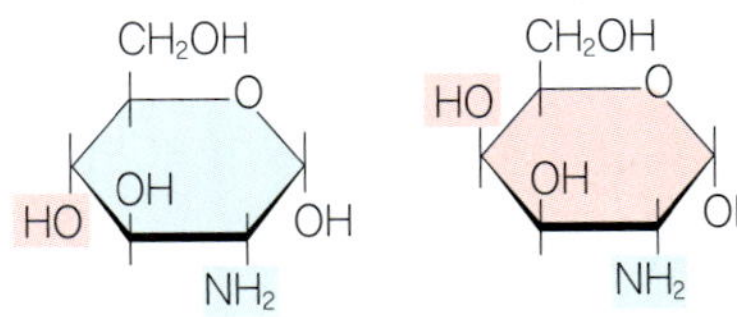

D-글루코사민 D-갈락토사민

[그림 3-12] 아미노당의 구조

(7) 티오당

티오당(thio sugar)은 단당류의 C1의 히드록실기(−OH)가 티올기(thiol group, −SH)로 치환된 당이다. 티오글루코오스(thioglucose)는 무, 마늘, 고추냉이의 매운 맛 성분인 시니그린(sinigrin)의 구성성분으로 배당체로 존재한다([그림 3-13]).

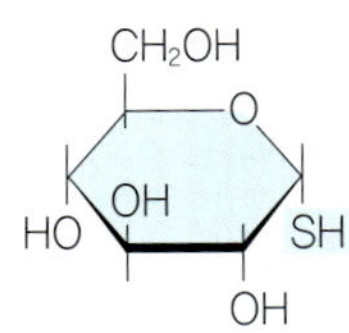

[그림 3-13] α-D-티오글루코오스의 구조

8) 배당체

배당체(glycoside)는 당류의 환원성 히드록실기와 비당류 부분의 히드록실기(−OH)나 티올기(−SH) 사이의 축합에 의해 글리코시드성 결합을 한 것을 말한다. 배당체의 비당류 부분을 아글리콘(aglycone)이라고 하며, 아글리콘의 종류에 따라 여러 가지 배당체가 있다. 감자의 싹에 있는 솔라닌, 가지와 포도의 안토시아닌, 청매실의 아미그달린, 고추냉이와 겨자의 시니그린, 밀감의 나린진과 헤스페리딘, 메밀의 루틴 등이 배당체로 알려져 있다([표 3-3]).

[표 3-3] 식품에 존재하는 주요 배당체

배당체	결합당	아글리콘	함유식품
솔라닌 (solanine)	포도당(glucose), 갈락토오스(galactose), 람노오스(rhamnose)	솔라니딘(solanidine)	감자의 싹
안토시아닌 (anthocyanin)	포도당, 갈락토오스	안토시아니딘(anthocyanidin)	가지, 포도, 검정콩
아미그달린 (amygdalin)	겐티오비오스 (gentiobiose)	벤즈알데히드(benz aldehyde), 시안화수소(hydrogen cyanide)	청매실, 살구
시니그린 (sinigrin)	포도당	알릴이소티오시아네이트 (allyl isothiocyanate)	고추냉이, 겨자
나린진 (naringin)	포도당, 람노오스	나린제닌(naringenin)	밀감
헤스페리딘 (hesperidin)	포도당, 람노오스	헤스페레틴(hesperetin)	밀감
루틴 (rutin)	포도당, 람노오스	퀘르세틴(quercetin)	메밀

4. 이당류

2개의 단당류가 글리코시드 결합(glycoside bond)을 한 것을 이당류(disaccharide)라 한다. 이당류에는 맥아당, 설탕, 유당 등이 있으며, 맥아당과 유당은 글리코시드 히드록실기가 유리상태로 있어 환원력을 가지므로 환원당이고, 설탕은 환원력이 없어 비환원당이다.

1) 맥아당

맥아당(maltose)은 2분자의 포도당이 α-1, 4 글리코시드 결합으로 연결되어 있다. 전분을 β-아밀라아제(β-amylase)로 가수분해시키면 맥아당이 생성된다. 맥아당은 엿기름(맥아) 속에 많고 엿의 주성분으로 엿당이라고도 하며 식물의 잎이나 싹에 많이 존재한다. 맥아당은 환원당으로 효모에 의해서 발효되고, 단맛은 설탕을 100으로 했을 때 50~60 정도에 해당한다([그림 3-14]).

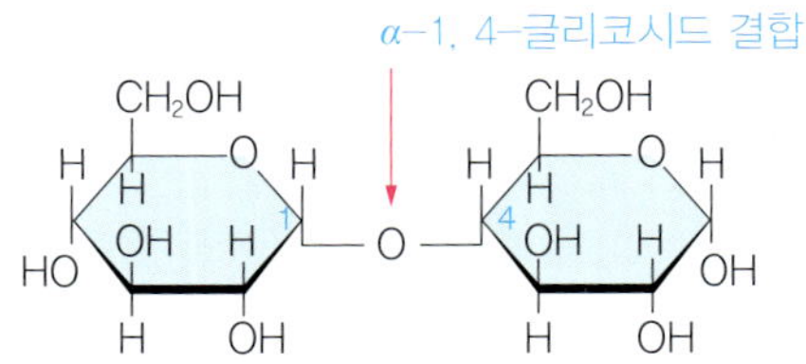

[그림 3-14] 맥아당의 구조

2) 설탕

설탕(sucrose)은 서당, 자당이라고도 하며, 포도당 1분자와 과당 1분자가 α-1, 2 결합한 당으로 비환원당이다([그림 3-15]). 설탕은 사탕수수 줄기나 사탕무에서 얻은 즙을 농축하여 결정화하고 정제하여 만든다. 설탕은 자연식품의 감미의 주요 성분이며, 당류 중에서 온도에 따른 단맛의 변화가 거의 없기 때문에 감미료의 표준물질로 사용한다. 주요 당류의 감미도를 비교하면 과당 > 전화당 > 설탕 > 포도당 > 맥아당 > 갈락토오스 > 유당의 순서대로 높다.

설탕은 산이나 효소(sucrase, invertase)로 가수분해되어 포도당과 과당을 1분자씩 생성하는데, 이때 우선성인 설탕($[\alpha]^{20}D=+66.5°$)은 가수분해되어 포도당($[\alpha]^{20}D=+52.2°$)과 과당($[\alpha]^{20}D=-92°$)이 동량으로 생성되므로 혼합물의 비선광도는 −19.9°가 된다. 이와 같이 우선성의 설탕이 가수분해되면 비선광도가 좌선성으로 변하므로 설탕의 가수분해를 전화(inversion)라고 하고, 포도당과 과당의 동량 혼합물을 전화당(invert sugar)이라고 한다. 전화당은 벌꿀에 많이 들어 있는데, 이는 벌의 타액에 있는 효소인 전화효소(invertase)에 의하여 설탕이 전화되기 때문이다. 전화당의 단맛은 설탕보다 강하고 환원력과 용해도가 크다.

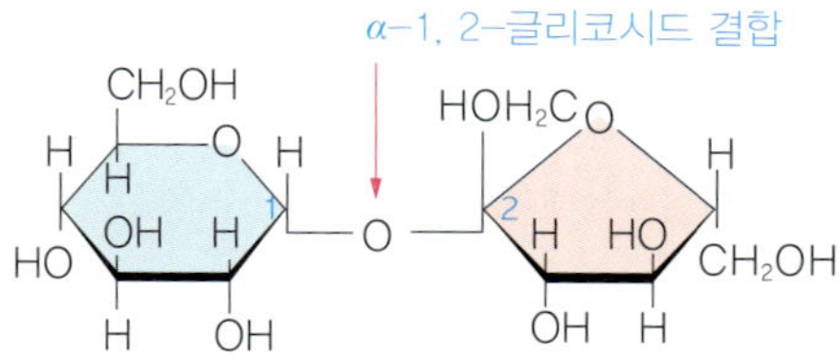

글루코오스-α-1, 2-프럭토오스

[그림 3-15] 설탕의 구조

3) 유당

유당(lactose)은 젖당이라고 하며, 1분자의 갈락토오스와 1분자의 포도당이 β-1, 4 결합한 당으로 환원당이다([그림 3-16]). 유당은 젖에 많이 함유되어 있는데 우유에는 약 4.5%, 모유에는 약 7% 들어 있으며, 유당 가수분해효소인 락타아제(lactase)에 의해 분해된다. 유당은 포유동물의 성장 및 뇌 신경조직에 중요한 역할을 하고 장내 유산균 번식을 도와 정장작용을 한다. 단맛은 설탕을 100으로 했을 때 16~28 정도로 매우 약한 단맛을 가지고 있다.

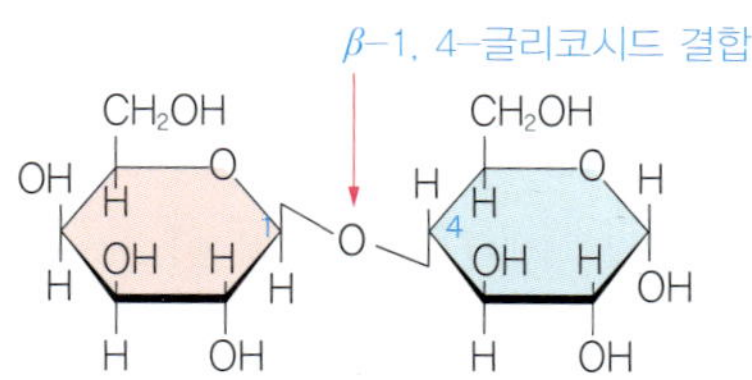

갈락토오스-β-1, 4-글루코오스

[그림 3-16] 유당의 구조

4) 기타 이당류

기타 이당류로는 전분의 가수분해 과정에서 생겨나는 이소말토오스(isomaltose)와 겐티오비오스(gentiobiose), 단맛이 없고 섬유소의 구성성분인 셀로비오스(cellobiose), 삼당류인 라피노오스(raffinose)의 구성성분인 멜리비오스(melibiose), 메밀의 배당체인 루틴의 구성성분인 루티노오스(rutinose), 비환원당이면서 세포의 보호물질로 이용되는 트레할로오스(trehalose) 등이 이당류로 분류된다.

5. 소당류(올리고당)

소당류(oligosaccharide)는 2~8개의 단당류로 구성된 당류이며, 삼당류인 라피노오스, 겐티아노오스와 사당류인 스타키오스 등이 존재한다.

1) 라피노오스

라피노오스(raffinose)는 갈락토오스, 포도당, 과당으로 구성된 비환원성 삼당류이며 대두, 면실 등과 같은 식물의 종자에 많이 존재한다([그림 3-17]).

2) 겐티아노오스

겐티아노오스(gentianose)는 겐티오비오스와 과당으로 구성된 삼당류로 사람에게는 분해효소가 없어 에너지원으로 이용할 수가 없다.

3) 스타키오스

스타키오스(stachyose)는 라피노오스와 갈락토오스로 구성된 사당류로 면실과 대두에 많이 존재하는 비환원당이다. 장내 세균에 의해 발효되어 가스를 형성하고 비피더스균의 활성을 증가시키는 것으로 알려져 있다([그림 3-17]).

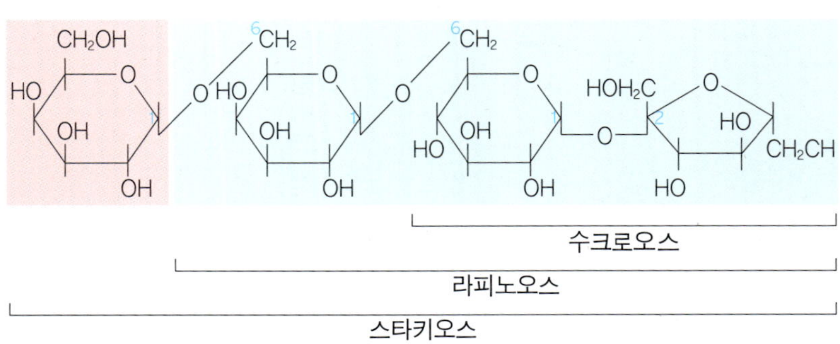

[그림 3-17] 라피노오스와 스타키오스의 구조

6. 다당류

다당류(polysaccharide)는 수많은 단당류나 그 유도체가 글리코시드 결합으로 연결된 고분자 탄수화물이며 자연계에 존재하는 탄수화물의 대부분을 차지하고 있다. 다당류에는 구성 단당류가 단일 종류로 되어 있는 단순다당류와 2가지 이상으로 되어 있는 복합다당류가 있다. 전분, 셀룰로오스, 글리코겐 등은 단순다당류에 속하고, 펙틴, 헤미셀룰로오스 등은 복합다당류에 속한다. 또한, 다당류는 출처에 따라 동물성 다당류와 식물성 다당류로 분류할 수도 있다. 다당류는 구성하고 있는 당의 종류 및 조성, 구조적 특성에 있어서 큰 차이를 나타낸다.

1) 전분

전분(starch)은 대표적인 식물성 저장 탄수화물로서, 포도당이 수백~수천 개가 중합되어 있다. 전분은 녹색식물의 엽록소에서 광합성 작용으로 만들어져서 씨앗, 뿌리 등에 저장되어 에너지원으로 사용된다. 전분은 곡류, 감자류의 주성분이며, 인간이 섭취하는 열량의 70~80%를 공급하는 다당류이다.

(1) 전분의 특성

전분은 녹말이라 불리며 흰색의 입자로 맛과 냄새가 없고 물에 녹지 않는다. 전분 입자를 광학현미경으로 보면 구형, 타원형, 렌즈형, 다각형 등 전분 입자의 크기 및 형태는 식물의 종류에 따라 매우 다르다([그림 3-18], [표 3-4]). 일반적으로 곡류 전분의 입자는 크기가 지름 2~40 μm 정도로 작고 균일한 편이며, 근경류 전분은 지름 5~100 μm 정도로 큰 것이 특징이다. 전분은 물보다 비중이 크기 때문에 물을 넣고 저어 주면 현탁액을 형성한 후 침전한다.

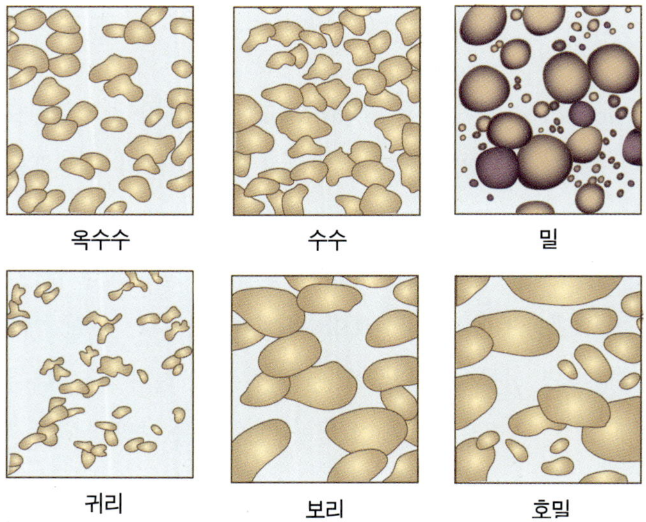

[그림 3-18] 전분 입자의 형태

[표 3-4] 전분 입자의 크기 및 형태

전분의 종류	전분의 분류	입자 크기(μm)	입자 형태
쌀	곡류	2~10	다각형
밀	곡류	5~10, 1~45	구형, 볼록렌즈형
호밀	곡류	12~40	볼록렌즈형
옥수수	곡류	5~25	다각형, 구형
감자	근경류	5~100	타원형
고구마	근경류	10~60	다각형, 타원형
타피오카	근경류	5~35	구형, 반구형

(2) 전분의 조성

전분은 포도당이 α-1, 4 결합으로 연결된 직선형의 아밀로오스(amylose)와 아밀로오스 사슬의 일부가 α-1, 6 결합에 의해 가지를 지닌 아밀로펙틴(amylopectin)으로 구성된다.

전분 중 아밀로오스와 아밀로펙틴의 함량 비율은 일반적으로 20 : 80 정도이나 전분의 종류에 따라 차이가 있다. 찹쌀, 찰옥수수, 차조, 차수수 등의 찰전분은 아밀로펙틴의 함량이 96~100% 정도이며, 아밀로오스는 거의 없다. 여러 전분의 아밀로오스와 아밀로펙틴의 함량은 [표 3-5]와 같다.

[표 3-5] 전분 속의 아밀로오스 함량(나머지는 아밀로펙틴 함량)

종류	아밀로오스 함량(%)	종류	아밀로오스 함량(%)
찹쌀	0	감자	20
찰보리	3	고구마	20
멥쌀	17	밀	24
타피오카	17	옥수수	25
바나나	20	보리	27

① 아밀로오스

아밀로오스는 구성단위인 α-포도당이 α-1, 4 결합으로 연결된 직선상의 긴 사슬 모양을 한 고분자 중합체이다([그림 3-19]). 평균 중합도는 전분의 종류에 따라 다르나 일반적으로 200~3,000 정도이다. α-포도당은 대개 6~8개 분자마다 한 번씩 회전하여 나선형 구조(α-helical form)를 이루고 있다. 아밀로오스 나선의 내부 공간에는 지방산 분자나 요오드(I) 분자가 들어가서 포접화합물을 형성할 수 있다. 아밀로오스에 요오드를 반응시키면 요오드 분자들이 내부 공간에 복합되어 특유의 정색반응을 나타내는데, 이 반응을 아밀로오스의 요오드 반응이라고 한다. 아밀로오스는 정색반응에 의해 청남색을 보이며 아밀로오스의 사슬 길이가 길수록 청색이 짙어진다([그림 3-20], [표 3-6]).

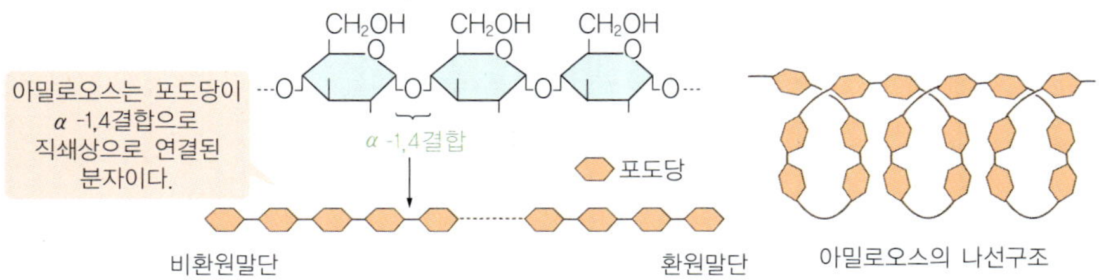

[그림 3-19] 아밀로오스의 구조

[그림 3-20] 아밀로오스의 요오드 반응

[표 3-6] 아밀로오스 사슬 길이에 따른 요오드 정색반응

사슬 길이 (포도당 분자 수)	나선구조의 회전수	요오드 반응 색
12	2	무색
12~15	2	갈색
20~30	3~5	적색
35~40	6~7	자색
〈45	9〈	청색

② 아밀로펙틴

아밀로펙틴은 α-포도당이 α-1, 4 결합으로 연결된 아밀로오스의 사슬 군데군데에 다른 아밀로오스 사슬이 α-1, 6 결합으로 가지(branch)를 지닌 구조이며, 포도당 18~27개마다 가지를 가지고 있다. 아밀로펙틴 분자는 보통 1,000여 개 이상의 포도당으로 구성되어 있다. 아밀로펙틴은 나선형의 형태를 이루고 있지 않아 포접화합물을 형성하지 않으므로 요오드와 거의 반응하지 않고 아밀로오스와 달리 정색반응에 의해 자주색을 띤다. 아밀로펙틴은 가지를 가지고 있으므로 전체적인 분자형태는 나뭇가지와 같은 모양을 하고 있다([그림 3-21]).

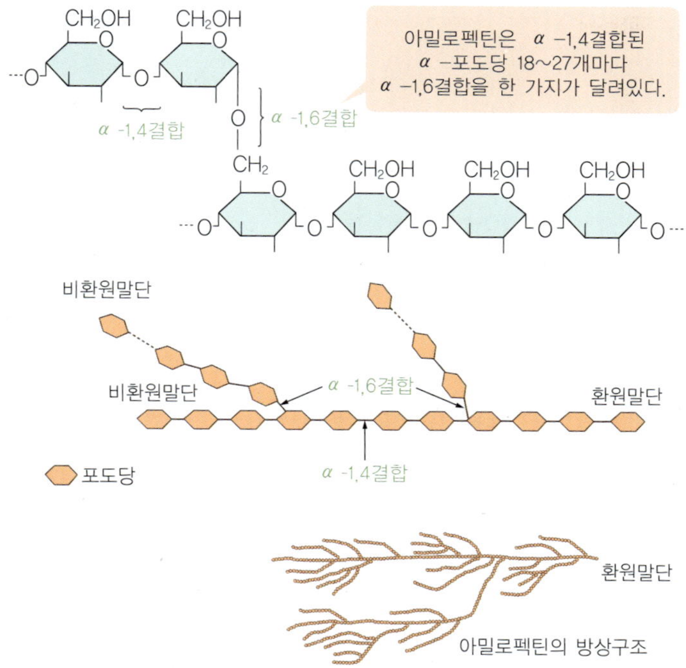

[그림 3-21] 아밀로펙틴의 구조

(3) 전분의 미셀 구조 및 결정성

생전분 분자들은 규칙적인 배열로 미셀(micelle)을 형성하고 있어 X-선 조사를 하면 비교적 뚜렷한 반점(spot)이나 동심원륜(concentric ring)이 나타난 회절도를 보인다. 이는 미셀을 이루는 아밀로오스나 아밀로펙틴이 규칙적이고 조밀하게 배열하는 부분인 결정성 영역(crystalline region)이 존재하기 때문이다.

생전분은 전분의 종류에 따라 특징적인 회절도를 보이는데 곡류 전분(쌀, 밀)은 A 도형, 감자, 밤 등의 전분은 B 도형, 고구마, 칡, 타피오카 등의 전분은 C 도형의 X-선 회절도를 나타난다([그림 3-22]).

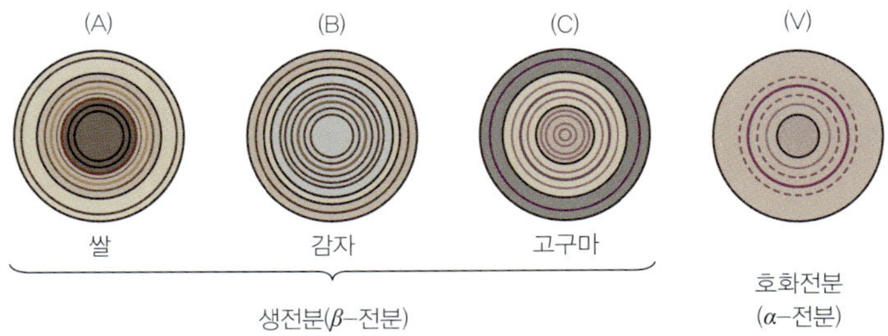

[그림 3–22] 전분의 X–선 회절도 모형

한편, 전분에 호화가 일어나면 전분의 미셀 구조가 파괴되어 규칙적인 배열 부분인 결정성 영역이 없어지고 배열이 불규칙하게 되어 X–선에 대하여 뚜렷한 회절도를 나타내지 않고 V 도형으로 알려진 무정형의 X–선 회절도를 나타낸다. 일반적으로 A, B, C 도형의 X–선 회절도를 나타내는 전분을 β–전분이라고 하고, V 도형을 나타내는 전분을 α–전분이라고 한다.

(4) 전분의 분해효소

전분은 전분을 가수분해시키는 효소에 의해 구성당으로 분해된다. 전분의 분해효소에는 α–아밀라아제, β–아밀라아제, γ–아밀라아제(glucoamylase) 등이 있다([표 3–7]).

[표 3–7] 전분 분해효소의 종류와 작용

효소	작용
α-아밀라아제 (α-amylase)	• 전분의 α–1, 4 결합을 무작위로 가수분해함 • 타액, 췌장액, 발아 종자, 미생물 등에 존재함 • 아밀로펙틴에서 α–아밀라아제가 작용하지 못하고 남은 부분을 α–아밀라아제 한계덱스트린(limit dextrin)이라고 함 • 전분을 가수분해하여 용액상태로 만들기 때문에 액화효소라고 함
β-아밀라아제 (β-amylase)	• 전분의 α–1, 4 결합을 맥아당 단위로 말단에서부터 가수분해함 • 감자, 곡류, 두류, 엿기름, 타액에 존재함 • 아밀로펙틴에서 β–아밀라아제가 작용하지 못하고 남은 부분을 β–아밀라아제 한계덱스트린이라고 함 • 전분을 가수분해하여 맥아당과 포도당의 함량을 증가시켜 단맛을 높이므로 당화효소라고 함

γ-아밀라아제 (glucoamy-lase)	• 전분의 α-1, 4 결합, α-1, 6 결합, α-1, 3 결합을 말단에서부터 포도당 단위로 가수분해함 • 맥아당 가수분해효소(maltase)라고도 함 • 동물의 간조직과 미생물에 존재함 • α-1, 4 결합만으로 구성된 아밀로오스는 모두 분해하며, 아밀로펙틴은 80~90% 분해함 • 고순도의 결정포도당을 생산하는 데 이용됨

(5) 전분의 호화

전분 입자는 분자 상호 간에 강한 결합력에 의하여 규칙적으로 모여진 미셀구조로 되어 있는데 이를 생전분(β-전분)이라 한다. 생전분에 물을 넣어 가열하면 60~80℃에서 전분 입자가 파괴되어 미셀구조가 흐트러진 전분을 호화전분(α-전분)이라 한다. β-전분에서 α-전분으로 변화하는 것을 교질화, 호화(gelatinization) 또는 α-화라고 하며 호화과정은 [그림 3-23]과 같다.

① 호화과정

전분의 호화는 수화, 팽윤, 교질용액의 형성과정으로 이루어진다.

- 제1단계 수화현상(hydration): 전분에 물을 가하면, 물 분자들은 미셀을 형성하고 있는 아밀로오스나 아밀로펙틴 분자 사이에 침투한다. 전분 입자는 현탁액의 온도가 높아짐에 따라 중량의 20~30%의 물을 흡수하는데 이 과정은 가역적이고 건조시키면 원상태로 돌아온다.
- 제2단계 팽윤(swelling): 현탁액의 온도가 상승하면서 수분을 계속 흡수하고 전분이 팽윤하여 분자 사이의 간격은 계속 늘어나게 된다. 이 과정은 비가역적으로 일어난다.
- 제3단계 교질(colloid)용액 형성: 온도가 계속 상승하여 전분이 호화온도에 도달하면 전분 입자들은 붕괴되고 현탁액은 교질용액으로 변한다. 이때 전분 입자는 소실되고 아밀로오스와 아밀로펙틴 분자들로 된 교질용액이 형성된다. 이 교질용액을 급속히 냉각하면 점탄성을 지닌 반고체의 겔(gel)이 형성

되며 완만하게 냉각하면 전분 분자들은 침전하여 규칙성을 가진 형태를 형성한다. 이때 겔을 가열하면 졸(sol) 상태로 가역적으로 변화한다.

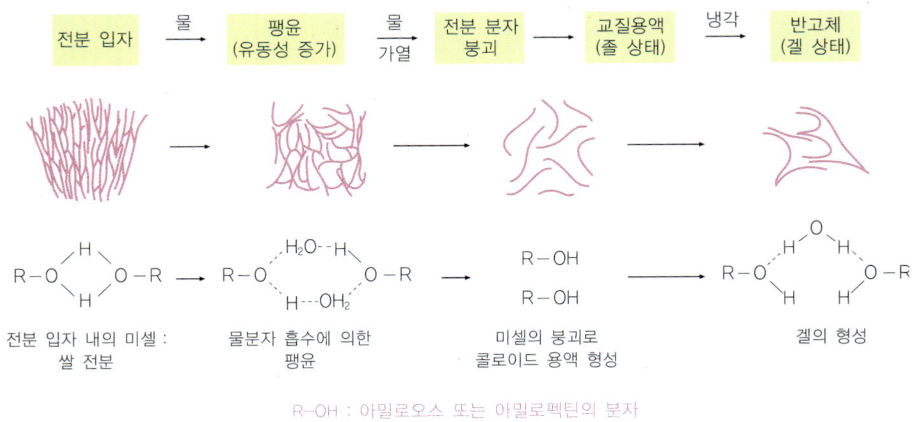

[그림 3-23] 전분의 호화과정

전분 내의 결정성 영역이 파괴되어 복굴절성을 소실하는 온도인 호화온도는 전분의 종류에 따라 다르다([표 3-8]).

[표 3-8] 전분의 호화온도 및 특성

전분의 종류	호화온도(℃)	호화전분의 특성
고아밀로오스 전분 (고아밀로오스 옥수수)	100~160	• 툭툭 잘 끊어지는 호화액 형성 • 냉각하면 매우 단단하고 불투명한 겔 형성
곡류 전분 (쌀, 옥수수, 밀, 수수)	62~78	• 호화액은 끈기가 있고 잘 끊어짐 • 냉각하면 비교적 단단하고 불투명한 겔 형성
찰곡류 전분 (찹쌀, 찰옥수수, 차수수)	63~74	• 호화액은 끈기가 매우 강하고 매우 잘 늘어나며, 투명함 • 냉각해도 겔 형성이 잘 안 됨
근경류 전분 (감자, 타피오카)	52~70	• 호화액은 끈기가 있고 잘 늘어나며 비교적 투명함 • 냉각하면 약한 겔 형성

② 호화에 영향을 미치는 인자

전분의 호화에 영향을 미치는 인자는 [표 3-9]와 같다.

- 전분의 종류: 전분의 호화는 전분의 종류에 따라 다르게 나타난다. 전분 입자들의 크기, 형태, 내부 구조, 아밀로오스와 아밀로펙틴의 함량 등은 호화에 큰 영향을 미친다. 입자 크기가 작은 쌀, 수수 전분은 입자 크기가 큰 감자, 고구마 전분보다 호화온도가 높다. 예를 들면 쌀 전분의 호화온도는 98℃, 감자 전분의 호화온도는 70℃로 일반적으로 전분 입자 크기가 작으면 호화온도가 높아진다.
- 전분의 구성: 아밀로오스의 함량이 낮고 아밀로펙틴의 함량이 높을수록 호화속도는 느리다. 따라서 쌀, 보리 등 곡류 전분은 감자, 고구마와 같은 서류 전분보다 호화속도가 느리므로 호화온도가 높게 나타난다.
- 수분함량: 전분 입자가 호화되기 위해서는 수분이 필요하다. 호화 시 수분이 전분 입자 안으로 흡수되어 전분 입자가 팽윤되므로 전분의 수분함량이 많을수록 호화가 잘 일어난다.
- pH: 전분 분자 사이의 수소결합은 산과 알칼리에 의해 영향을 받으며, 특히 알칼리성에서 전분의 호화가 촉진된다.
- 온도: 호화 최저온도 이상이 되어야 호화가 일어나며, 온도가 높으면 호화시간은 단축된다.
- 염류: 염류는 수소결합에 영향을 주기 때문에 전분의 호화에 영향을 미친다. 대부분의 염류는 전분의 호화를 촉진시키나 황산염은 호화를 억제시킨다.

[표 3-9] 전분의 호화에 영향을 미치는 인자

영향 인자	전분의 호화 특성
전분의 종류	• 입자 크기가 작은 전분은 입자 크기가 큰 전분보다 호화온도가 높음
전분의 구성	• 아밀로펙틴 함량이 높을수록 호화속도는 느림
수분함량	• 수분함량이 높을수록 호화가 촉진됨
pH	• 알칼리성 조건에서 호화가 촉진됨
온도	• 호화온도가 높을수록 호화시간은 단축됨
염류	• 대부분의 염류는 호화를 촉진시키나 황산염의 경우는 호화를 억제함

(6) 전분의 겔화

전분 호화액이 뜨거울 때는 점성이 있고 흐르는 성질을 가지는 졸(sol) 상태이나 대개 38℃ 이하로 냉각하면 반고체 상태의 겔(gel)을 형성한다. 이는 용출되었던 아밀로오스 분자들이 수소결합에 의해 회합하거나, 전분 입자의 외곽에 있는 아밀로펙틴 분자의 가지와 결합하여 3차원 망상구조를 형성하고 그 내부에 물이 갇히게 되는 것이다. 이것은 아밀로오스가 부분적으로 결정을 만들어 생기는데, 고구마, 감자전분의 아밀로오스는 겔화가 잘 일어나지 않으나, 도토리, 녹두, 메밀, 동부전분은 겔화가 잘 일어난다. 이러한 성질을 이용한 음식은 도토리묵, 청포묵, 오미자편 등이 있다.

① 전분의 종류에 따른 겔화 특성

- 아밀로펙틴만으로 이루어진 찰전분은 겔화가 거의 일어나지 않는다.
- 아밀로오스를 함유하고 있는 메전분은 쉽게 겔화된다. 겔의 강도는 아밀로오스 함량이 높을수록 높아진다.
- 근경류 전분은 약한 겔을 형성한다.

② 겔 강도를 감소시키는 첨가제

- 산: 가수분해가 일어나 아밀로오스 사슬의 길이가 짧아져 겔 강도가 약해지거나 겔화가 잘 되지 않는다.

- 설탕: 전분 입자의 붕괴를 억제하여 겔 강도를 감소시킨다.
- 유화제: 아밀로오스와 복합체를 형성하여 겔 강도를 감소시킨다. 예로 중국 음식의 루차이, 서양음식의 루를 이용한 수프나 소스 등이 있다.

(7) 전분의 노화

호화된 α-전분을 낮은 온도에 방치하면 전분 입자들이 다시 모여 규칙성 있는 미셀 구조를 형성하여 점점 굳게 된다. 이러한 현상을 노화(retrogradation)라고 하며, α-전분에 대응하므로 β-전분 또는 β-화라고도 한다.

① 노화 과정

호화된 전분에서는 전분 분자들이 많은 물 분자에 의해 수화되어 서로 떨어져 있으면서 불규칙적인 배열을 하고 있었으나, 온도가 낮아지면서 노화가 시작되면 전분 분자들이 가까운 다른 분자와 수소결합을 하기 시작한다. 이렇게 분자 간 회합점이 생기면서 점차 접합 영역이 형성되고 부분적으로 규칙적인 미셀 구조로 되돌아가서 다시 β-전분으로 변화하여 결정성을 갖게 된다.

② 노화에 영향을 미치는 인자

전분의 노화에 영향을 미치는 인자는 [표 3-10]과 같다.

- 전분의 종류: 전분의 노화는 전분의 종류에 영향을 받는다. 전분 입자의 크기가 작으면 노화되기 쉬우므로 전분 입자가 작은 쌀, 옥수수 등의 곡류 전분은 노화되기 쉬우며 전분 입자의 크기가 큰 감자, 고구마, 타피오카 등의 근경류 전분은 노화되기 어렵다.
- 전분의 구성: 아밀로오스는 직선상의 분자로 입체장애가 없으므로 노화되기 쉽고 아밀로펙틴은 가지 형태의 구조를 가지고 있어 입체장애로 인해 노화되기 어렵다. 따라서 찹쌀, 찰옥수수 등 아밀로펙틴만으로 구성된 전분은 노화가 잘 일어나지 않는다.
- 수분함량: 전분의 수분함량이 30~60%일 때 가장 노화되기 쉽고, 수분이 10% 이하이거나 60% 이상이면 α-전분 중의 아밀로오스 분자들의 침전과 회합에

방해되므로 노화가 잘 일어나지 않는다.

- pH: pH가 알칼리성일수록 호화는 촉진되고 노화는 억제된다. 일반적으로 산성에서는 노화가 촉진되나 강산성일 때는 오히려 노화가 지연된다.
- 온도: 노화가 가장 잘 일어나는 온도는 0~5℃의 냉장온도인데, 이것은 온도가 낮으면 α-전분의 교질구조가 불안정해지기 때문이다. 또한, 온도가 60℃ 이상이어도 노화는 잘 일어나지 않는다.
- 염류: 일반적으로 무기염류는 호화를 촉진시키고 노화를 억제하지만, 황산마그네슘과 같은 황산염은 노화를 촉진한다. 음이온은 $CNS^- > PO_3^- > CO_3^{2-} > I^- > NO_3^-$ 순으로, 양이온은 $Ba^{2+} > Sr^{2+} > Ca^{2+} > K^+ > Na^+$ 순으로 호화를 촉진하고 노화를 억제한다.

[표 3-10] 전분의 노화에 영향을 미치는 인자

영향 인자	전분의 노화 특성
전분의 종류	• 전분의 입자 크기가 작으면 노화되기 쉬움
전분의 구성	• 아밀로오스는 직선상의 분자로 입체장애가 없으므로 노화되기 쉽고 아밀로펙틴은 가지 형태의 입체장애 때문에 노화되기 어려움
수분함량	• 전분의 수분함량이 30~60%에서 노화가 잘 일어남 • 수분이 10% 이하이거나 60% 이상이면 노화가 억제됨 • 설탕을 첨가하면 설탕이 탈수제로 작용하기 때문에 노화가 억제됨
pH	• 일반적으로 산성에서는 노화가 촉진되나 강산성일 때는 노화가 지연됨
온도	• 0~5℃의 냉장온도에서 노화가 잘 일어남 • 냉동상태나 60℃ 이상의 온도에서는 노화가 지연됨
염류	• 황산염을 제외한 대부분의 염류는 노화가 억제됨

③ 노화의 억제

전분의 노화는 일반적으로 가공식품의 품질이나 영양가에 좋지 않은 영향을 미치고 있으므로 노화를 억제하는 방법이 필요하다. 전분의 노화를 억제하는 방법으로는 수분함량 조절, 온도 조절, 설탕의 첨가, 유화제 첨가 등이 있다([표 3-11]).

[표 3-11] 전분의 노화 억제 방법

방법		응용 식품의 예
수분(15% 이하)	고온(80℃ 이상)	알파화미, 팽화미, 쿠키, 과자, 비스킷, 건빵, 라면, 건조미
	급속냉동(0℃ 이하)	냉동쌀밥, 냉동면
온도	보온(60℃ 이상)	보온밥솥의 밥
첨가물	다량의 설탕 첨가	양갱
	유화제 첨가	빵(전분 교질용액의 안정성 증가)

(8) 전분의 호정화

전분을 수분 첨가 없이 160℃ 이상의 고온에 가열하면 전분 분자의 부분적인 가수분해 또는 열분해가 일어나 가용성 전분을 거쳐 가용성 덱스트린(dextrin)이 생성된다([그림 3-24]). 이러한 과정을 호정화(dextrinization)라고 한다. 호정화는 물리적인 상태의 변화만 일어나는 호화와는 달리 전분이 열분해(pyrolysis)되는 화학적 변화이다. 덱스트린은 물에 잘 녹고 인체 내 소화효소의 작용을 받기 쉬워 소화율이 높은 특성을 갖는다. 전분 식품을 볶을 때, 토스트, 뻥튀기와 같은 팽화 식품을 만들 때 전분의 호정화가 일어난다.

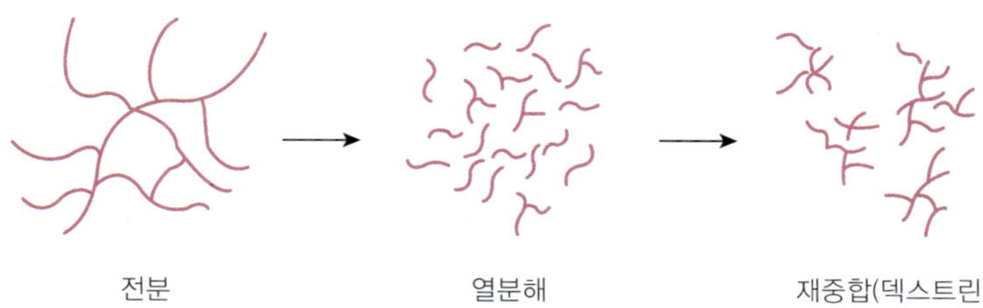

[그림 3-24] 전분의 호정화 과정

2) 덱스트린

덱스트린(dextrin)은 전분을 묽은 산이나 효소로 가수분해할 때 생성되는 전분의 가수분해 중간산물로 가수분해의 진행 정도에 따라 가용성 전분(soluble starch), 아밀로덱스트린(amylodextrin), 에리트로덱스트린(erythrodextrin), 아크로덱스트린(achrodextrin), 말토덱스트린(maltodextrin) 등으로 구분한다. 덱스트린은 일반적으로 물에 녹고, 전분처럼 겔을 형성하지 않으며 단맛을 가지고 있다. 덱스트린에 요오드를 반응시키면 가용성 전분과 아밀로덱스트린은 청색 반응을 나타내지만 에리트로덱스트린은 적갈색 반응, 아크로덱스트린과 말토덱스트린은 무색으로 요오드 반응을 나타내지 않는다.

3) 섬유소

섬유소(cellulose)는 세포벽의 주성분으로 자연계에 널리 분포하고 있다([그림 3-25]). 섬유소는 포도당이 β-1, 4 결합에 의하여 직쇄상으로 연결되어 있는데, 인체에는 이 결합을 분해하는 효소인 셀룰레이스(cellulase)가 없기 때문에 섬유소를 소화시키지 못한다. 따라서 영양적인 가치가 없는 대신 장을 자극하여 장운동을 활발하게 해 주어 변비를 예방하는 데 효과가 있다. 또한, 콜레스테롤(cholesterol)이나 기타 노폐물을 흡착하여 배설시킴으로써 콜레스테롤을 저하시켜 준다.

초식동물은 장내 세균이 사료 중의 섬유소를 분해시켜 흡수하지만 인체 내에서는 소화가 되지 않기 때문에 저칼로리 식품을 제조하는 데 사용될 수 있다. 식품용 분말 셀룰로오스는 빵, 과자 등에 무칼로리 증량제 역할을 하여 식이섬유 함량을 증가시키고 제품의 수분과 신선도를 오래 유지하는 데 이용되기도 한다.

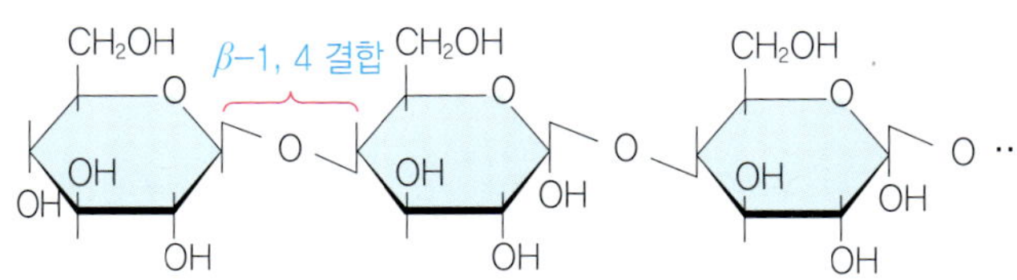

[그림 3-25] 섬유소의 구조

4) 이눌린

이눌린(inulin)은 돼지감자, 우엉, 달리아의 뿌리, 백합 뿌리 등에 들어 있는 다당류로 β-프럭토푸라노오스(fructofuranose)가 β-1, 2결합으로 이루어진 중합체이다.

사람에게는 이눌린을 분해하는 소화효소가 없으며, 요오드 반응을 하지 않는다.

5) 글리코겐

글리코겐(glycogen)은 동물의 저장 탄수화물로 간, 근육에 많이 함유되어 있다. 글리코겐은 아밀로펙틴과 구조가 유사하나 아밀로펙틴보다 가지가 더 많고 사슬의 길이가 더 짧다. 구성단위는 포도당으로, α-포도당이 α-1, 4 결합으로 이어져 있고 포도당 8~16개마다 α-1, 6 결합을 가지고 있는 중합체이다.

글리코겐은 무정형의 분말로 맛과 냄새가 없으며, 요오드 반응 시 적갈색을 나타낸다. 호화나 노화현상이 일어나지 않으며 찬물에 녹아 교질용액을 형성한다.

6) 펙틴 물질

펙틴 물질(pectin substance)은 식물의 뿌리, 과일이나 해조류 등에 함유되어 있으며 식물조직의 세포벽이나 세포막 사이 물질을 결착시켜 주는 물질이다. 펙틴 물질은 프로토펙틴(protopectin), 펙트산(pectic acid), 펙틴산(pectinic acid), 펙틴으로 구분된다.

(1) 펙틴 물질의 구조

펙틴 물질의 기본 구조는 α-D-갈락투론산(α-D-galacturonic acid)이 α-1, 4 결합으로 직선상으로 연결되어 있는 고분자 물질이며 α-나선상의 형태를 갖고 있다([그림 3-26]).

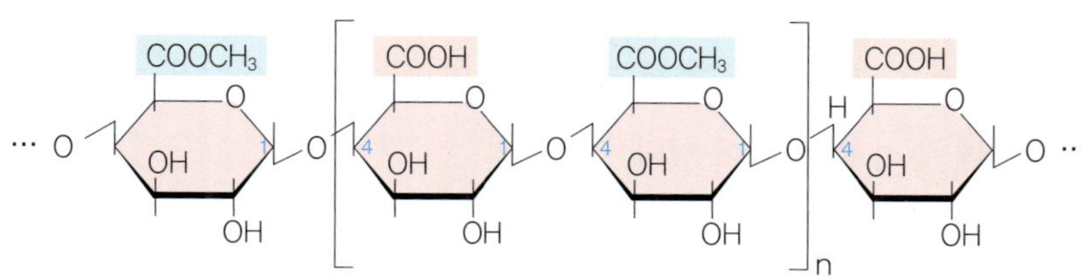

[그림 3-26] 펙틴의 기본 구조

(2) 펙틴 물질의 종류

① 프로토펙틴

프로토펙틴은 펙틴의 전구체로 덜 익은 과일과 채소에 들어 있으며, 과일과 채소가 익어 감에 따라 프로토펙티나아제(protopectinase) 효소작용에 의하여 펙틴 등으로 가수분해된다.

② 펙트산

펙트산은 α-D-갈락투론산 100~800 정도가 α-1, 4 결합에 의하여 결합된 중합체로 숙성된 과일에 있다. 유리 카르복실기를 가지고 있어 칼슘(calcium: Ca)이나 마그네슘(magnesium: Mg)과 결합하여 염을 형성하며, 칼슘과 결합한 경우에 불용성 칼슘 펙테이트(calcium pectate)를 형성한다.

③ 펙틴산

펙틴산은 펙트산 분자의 카르복실기 일부가 메틸에스테르화($-COOCH_3$)되어 있으며 물과 교질을 형성한다.

④ 펙틴

펙틴은 단일 물질이 아니며, 분자 내의 카르복실기의 일부가 메틸에스테르나 산의 형태 또는 나트륨염, 칼륨염, 암모늄염의 형태로 되어 있는 수용성 펙틴산을 말한다. 펙틴은 메틸에스테르의 백분율, 즉 에스테르화도(degree of esterification: DE)에 따라 에스테르화도가 50% 이상인 고메톡실(high methoxyl: HM)펙틴과 에스테르화도가 50% 이하인 저메톡실(low methoxyl: LM)펙틴으로 분류한다. 에스테르화도는 펙틴의 용해도, 겔 형성 능력과 겔의 특성에 큰 영향을 미친다. 펙틴은 사과, 감귤류에 특히 많이 들어 있다.

(3) 펙틴의 겔 형성

펙틴의 겔 형성은 메톡실 함량에 따라 뚜렷한 차이가 있다.

① 고메톡실펙틴의 겔 형성 원리

고메톡실펙틴은 pH 2.0~3.6, 당 함량이 50% 이상이면 겔이 잘 형성된다. 펙틴 분자들은 산성 pH에서는 분자 내 유리 카르복실기가 해리하여 음의 전하를 갖고 있기 때문에 물 분자들에 의해 강하게 수화되고 펙틴 분자 상호 간의 음전하에 의한 반발로 비교적 안정화되어 있다. 그러나 이러한 펙틴 용액에 산을 더 가하면 수소이온(H^+)이 많아지고 카르복실기의 해리는 감소되므로, 전기적으로 중화된다. 이는 분자 간 반발력을 감소시켜 불안정해진 펙틴 분자들이 상호 결합하면서 쉽게 3차원 망상구조가 형성된다. 이때 첨가된 설탕은 펙틴 분자를 수화하고 있던 물 분자를 빼앗아 자신이 수화됨으로써 펙틴에 대한 탈수제로 작용하여 펙틴의 불안정화를 가속화시킨다.

② 저메톡실펙틴의 겔 형성 원리

저메톡실펙틴은 고메톡실펙틴과는 달리 설탕보다는 칼슘이온과 같은 2가의 양이온들을 첨가하면 겔이 잘 형성된다. 즉, 저메톡실펙틴 분자들은 메톡실기가 결합되지 않은 유리 카르복실기가 상대적으로 많아, 이들이 양이온들과 결합함으로써 양이온을 매개로 한 펙틴 분자 사이의 결합을 유도하여 3차원 망상구조의 겔이 형성된다. 따라서 저메톡실펙틴을 이용한 겔은 겔 형성 시 당이 필요하지 않으므로 저당도의 잼을 만드는 데 이용된다. 단, 나트륨이온과 같은 단가 양이온들은 오히려 이온결합을 약화시켜 겔 형성을 억제한다.

(4) 펙틴 분해효소

펙틴 분해효소 중 대표적으로 프로토펙티나아제(protopectinase), 펙틴에스테르아제(pectinesterase), 폴리갈락투로나아제(polygalacturonase) 등이 있다([표 3-12]).

[표 3-12] 펙틴 분해효소의 종류와 특성

종류	특성
프로토펙티나아제	• 프로토펙틴→펙틴, 펙틴산으로 분해 • 조직연화 현상 발생
펙틴에스테르아제	• 펙틴의 메톡실기 결합 부위(에스테르 결합)를 분해 • 과실주 발효과정 중 메탄올 생성의 원인이 됨 • 감귤 껍질이나 곰팡이에 존재
폴리갈락투로나아제	• 갈락투론산 분자 간의 결합을 분해 • 절임식품 연부현상의 원인

7) 헤미셀룰로오스

헤미셀룰로오스(hemicellulose)는 식물 세포벽의 구성성분으로 세포벽의 20~30%를 차지한다. 헤미셀룰로오스는 화학구조상 셀룰로오스와는 상관없는 물질로서 식이섬유의 성분으로 중요하다. 헤미셀룰로오스는 β-D-자일로피라노오스(xylopyranose)가 결합된 물질로 짧은 곁가지를 가지고 있다. 곁가지들은 주로 L-아라비노오스, D-갈락토오스, D-포도당들로 구성되어 있다.

8) 글루코만난

글루코만난(glucomannan)은 만난, 곤약만난(konjak mannan)이라고도 하며 만노오스와 포도당이 약 2 : 1로 결합되어 있다. 난소화성으로 인체에서는 거의 소화되지 않기 때문에 저칼로리 식품의 원료로 사용된다.

9) 키틴

키틴(chitin)은 새우, 게 등의 갑각류의 껍질에 존재하는 단단한 갑각 성분으로 당유도체인 아미노당이 β-1, 4 결합되어 있다. 키틴에서 아세틸기를 제거한 것이 키토산이다. 그러나 여러 가지 생리활성효소로 인정받는 키토산을 제조하는데 비용이 많이 들어 최근에는 미생물을 배양하여 키토산을 대량으로 생산하는 연구를 하고 있다.

키토산은 중금속 흡착제, 점도조절제, 접착제, 응집제로 이용되고 있으며, 최근 키토산의 항균 활성, 항암성, 면역 활성, 콜레스테롤 저하 등 여러 가지 생리활성이 밝혀져 다양한 용도로 이용되고 있다.

10) 검류

검류에는 아라비아검(arabia gum), 구아검(guar gum), 카라기난검(carrageenan gum), 한천(agar), 알긴산염(alginate) 등이 있다. 식품산업에서 사용되는 주요 검류의 특성과 활용 식품을 [표 3-13]에 나타내었다.

[표 3-13] 주요 검류의 특성과 활용 식품

종류	특성	활용 식품
아라비아검 (arabia gum)	• 아카시아과의 수액에 들어 있는 다당류 • 주로 칼슘, 마그네슘, 칼륨과 염을 형성함 • 유화능과 겔 형성 능력이 우수함 • 다른 친수성 교질보다 용해도가 높아 최대 55%까지 용해됨	과자류 제조에 안정제로 사용
구아검 (guar gum)	• 구아(guar) 식물의 종자에서 얻어짐 • 만노오스와 갈락토오스로 구성되어 있음 • 천연 검 중에서 가장 점도가 큼 • 냉수에 잘 녹으며, 1% 이하의 낮은 농도에서 농후한 용액	아이스크림, 빵, 드레싱, 치즈에 사용
카라기난검 (carrageenan gum)	• 홍조류에 들어 있는 다당류로 세포벽의 구성성분임 • 단백질과 반응하면 점도가 증가하고 겔을 잘 형성함 • 유탁액이나 현탁액을 안정화하는 성질을 가짐	잼, 젤리, 아이스크림, 기름의 유화 등에 안정제로 사용
한천 (agar)	• 홍조류인 우뭇가사리에서 추출된 다당류 • 갈락토오스로 된 복합다당류 갈락탄임 • 아가로오스(agarose)와 아가로펙틴(agaropectin)의 2가지 성분으로 되어 있음 • 홍조류를 건조한 후 뜨거운 물에 녹여 동결건조시켜 제조함 • 고온에서 잘 견디고 겔 형성 능력이 강함	빵과 과자류의 안정제, 젤리와 양갱의 원료, 미생물의 배지 등에 이용
알긴산염 (alginate)	• 미역이나 다시마와 같은 갈조류의 세포막 성분임 • D-만누론산(D-manuronic acid)과 글루쿠론산(glucuronic acid)으로 구성됨	아이스크림, 냉동과자 등의 안정제로 사용

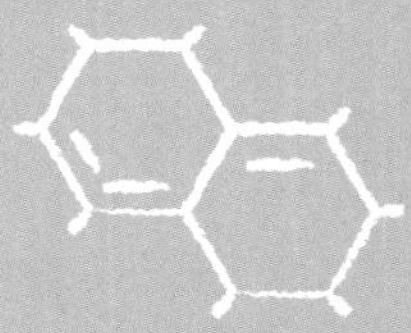

지질

04

지질(lipids)은 3대 영양소의 하나로서 동식물계에 널리 분포되어 있는 유기화합물로 당질과 함께 에너지원으로 이용되며 세포막의 구성성분이 되는 물질로, 1g당 9 Kcal의 열량을 낸다. 지질은 주로 탄소(C), 수소(H), 산소(O)의 3원소로 구성되며 그 외에 인(P), 질소(N), 황(S) 등을 함유하는 것도 있다.

지질은 일반적으로 물에 녹지 않고 유기용매인 에테르, 석유 에테르, 클로로포름, 사염화탄소, 벤젠, 헥산, 알코올, 아세톤 등의 유기용매에 녹는 소수성의 물질이다. 지방산의 에스테르로 존재하거나 지방산의 에스테르를 형성할 수 있는 물질로 생체 내에서 이용 가능한 물질들이라고 정의한다. 일반적으로 상온에서 고체인 지질은 지방(fat), 상온에서 액체인 지질은 기름(oil)이라 한다.

지질은 탄수화물, 단백질과 함께 인체에서 에너지원뿐만 아니라 생체구성의 세포성분, 지용성 비타민의 운반 등의 생리활성 역할을 한다. 또한 열전도가 나쁘므로 체온을 유지하고 탄력성도 가지며 완충역할을 하여 체내의 장기를 보호한다.

천연유지는 여러 종류의 지방산으로 된 트리글리세리드를 주성분으로 하는 혼합물이며 서로 다른 종류의 유지의 특성은 공통적인 성분인 글리세롤이 아니라 그 구성 지방산의 종류에 따라서 유지의 물리 화학적 성질이 달라진다. 식용 유지는 트리글리세리드(triglyceride)가 대부분을 차지하며, 3가 알코올인 글리세롤 1분자와 3분자의 지방산이 에스테르 결합으로 이루어진 지질이다.

또한 지질의 성질은 결합하고 있는 지방산의 종류와 양에 의해 결정되는데 포화지방산(대부분 동물성 유지)을 많이 함유하는 것은 고체이고, 불포화지방산(대부분 식물성 유지)을 많이 함유하는 것은 액체이다. 지질은 식품에 특유의 풍미를 부여하고 식품의 조직을 부드럽게 해 주며 조리 시 가열매체로 이용될 뿐만 아니라 식품의 가공 · 저장에도 중요한 역할을 한다.

식용 유지를 생산하는 재료는 주로 식물종자나 과육 또는 동물조직 등에 축적된 성분을 인위적인 방법으로 분리 추출하여 정제한 후 사용하는데, 재료와 실온에서의 상태에 따라 다음과 같이 구분한다.

- 식용 유지
  - 동물성 유지
    - 동물성 기름 – 어유, 간유, 우유 등
    - 동물성 지방 – 돼지기름, 쇠기름 등
  - 식물성 유지
    - 식물성 기름 – 콩기름, 유채기름, 참기름 등
    - 식물성 지방 – 야자기름, 카카오기름 등

[그림 4-1] 식용 유지의 분류

1. 지질의 분류

지방질은 그 구조가 매우 복잡한 여러 종류의 물질들을 포함하기 때문에 그 구조와 성질에 따라 분류하는 것이 일반적이다. 지질은 구성성분에 따라 단순지질, 복합지질, 유도지질로 분류한다.

[표 4-1] 지질의 분류와 특징

종류			특징
단순지질	중성지질(triglyceride)		지방산과 글리세롤의 에스테르
	왁스(wax)		지방산과 고급 1가 알코올
복합지질	인지질(phospholipid)	글리세로인지질	글리세롤, 지방산, 인산이 결합
		스핑고인지질	스핑고신, 지방산, 인산이 결합
	당지질(glycolipid)		글리세롤(스핑고신), 지방산, 당질이 결합
	지단백질(lipoprotein)		단백질과 결합
유도지질	지방산(fatty acid)		지방을 구성하는 유기산
	고급알코올(higher alcohol)	스테롤	콜레스테롤, 에르고스테롤
		고급 1가 알코올	왁스를 구성하는 알코올
	탄화수소(hydrocarbon)	스쿠알렌	심해 상어의 간유
		지용성 비타민	비타민 A, D, E, K
		지용성 색소	카로티노이드

1) 단순지질(simple lipid)

단순지질(simple lipid)은 지방산과 알코올로만 에스테르를 형성하고 있는 것으로 중성지질, 왁스로 나눌 수 있다. 식품이나 체내 지질의 95%는 중성지질의 형태로 존재하며 자연식품에 가장 풍부하게 함유되어 있다.

(1) 중성지질(triglyceride)

중성지질은 1분자의 글리세롤의 수산기(−OH)에 3분자의 각종 지방산 분자의 카르복실기(−COOH)가 에스테르 결합을 하여 3분자의 물이 빠져나온 것이다. 이때 지방산 1분자와 결합한 것을 모노글리세리드(monoglyceride), 지방산 2분자와 결합한 것을 디글리세리드(diglyceride), 지방산 3분자와 결합한 것을 중성지질인 트리글리세리드(triglyceride)라고 한다.

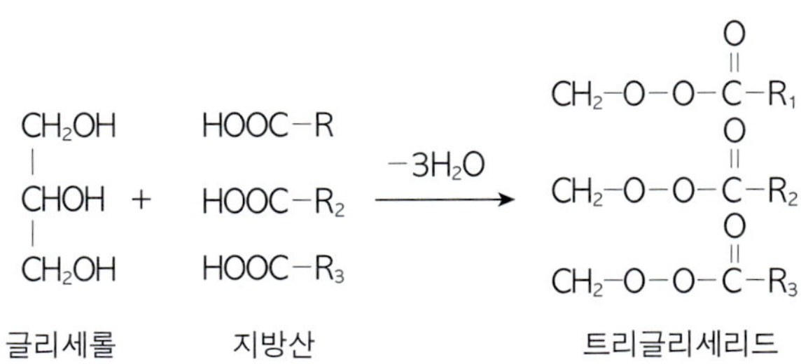

[그림 4-2] 중성지질(TG)의 구조

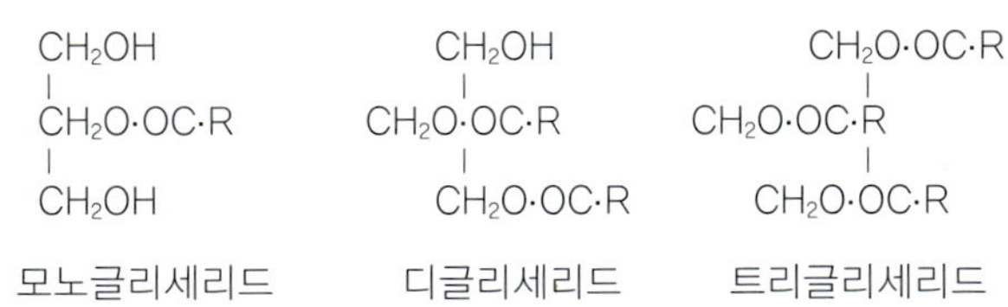

[그림 4-3] 모노글리세리드, 디글리세리드, 트리글리세리드

(2) 왁스(wax)

왁스는 고급 1가 알코올과 고급 지방산 한 분자가 에스테르 결합한 것으로 식물의 줄기, 잎, 종자, 동물의 체표면, 뇌, 지방, 뼈 등에 분포해 동식물의 표면에 보호물질로 존재한다. 특히 식물의 잎과 과일 표피에 존재하는 식물성 왁스는 식물체의 외피를 보호하며, 미생물의 침입을 막고 수분의 증발을 막아주는 역할을 한다. 인체 내에서는 소화되지 않아 영양학적 가치는 없다.

식물성 왁스로는 식물체의 잎 표면에서 얻을 수 있는 카아노오바 왁스(carnauba wax), 칸델리라 왁스(cadelilla wax) 등이 있으며, 식물체의 외피를 보호하고, 미생물의 침입을 막으며, 수분 증발을 막아주는 역할을 한다. 동물성 왁스로는 가구의 광택제로 사용되는 벌집에서 얻어지는 밀랍(base wax), 양모에서 얻어지는 라놀린(lanolin), 고래의 머리 기름에서 얻어지는 경랍(spermaceti)은 비누와 화장품의 유화제로 사용된다.

ROH	+	R'COOH	——	RCOOR'	+	H_2O
고급 1가 알코올		고급지방산		왁스		

2) 복합지질(compound lipid)

복합지질은 단순지질에 인산, 당, 단백질, 황 등과 같은 다른 물질이 결합되어 있는 지질로 세포막 등의 성분이며 분자 내 전하를 갖는 극성지질이므로 계면활성제로 식품공업에 이용되고 있다.

(1) 인지질(phospholipid)

인지질은 한 분자 내에 글리세롤(또는 스핑고신), 지방산, 인산과 질소화합물이 결합된 것으로 동물의 뇌, 심장, 신장의 지방질이나 동물조직의 세포막과 신경조직, 식품에서는 난황과 대두 등에 많이 함유되어 있다. 종류는 글리세롤을 가지는 글리세로인지질(glycerophospholipid)과 스핑고신(sphingosine)을 가지는 스핑고인지질(sphingophospholipid)로 나눈다.

① 글리세로인지질(glycerophospholipid)

글리세로인지질은 생물체 세포막의 주요한 지방질 성분으로 글리세롤에 2분자의 지방산, 인산, 질소가 결합된 것이다.

㉮ 레시틴(lecithin)

레시틴은 글리세롤 1분자에 지방산 2분자와 1분자의 인산, 콜린이 결합되어 있다. 분자 중에 생체에서는 생체막의 구조와 기능에 기여하고, 동물조직의 세포막과 뇌와 신경의 구성성분이며, 식품에서는 난황과 대두에 많이 들어 있다. 레시틴은 친수성의 인산기와 소수성의 탄화수소 사슬을 가지고 있는 계면활성 물질로 천연의 유화제로 활용되어 마가린, 초콜릿, 아이스크림, 마요네즈 등에 널리 이용된다.

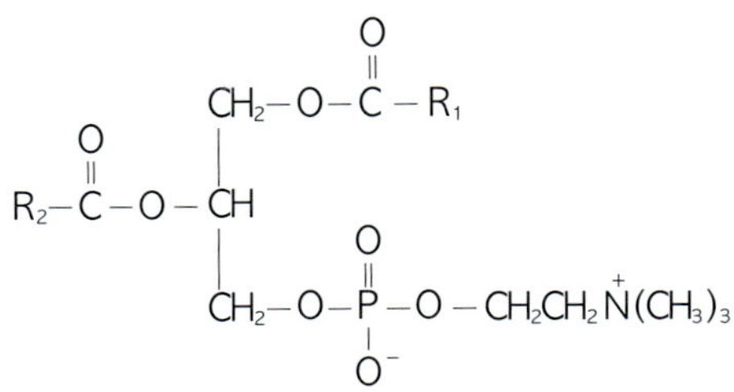

[그림 4-4] 레시틴의 구조

㉯ 세팔린(cephalin)

세팔린은 레시틴의 콜린 위치에 세린(serine)이나 에탄올아민(ethanolamine)이 결합되어 있는 인지질로 포스파티딜 세린(phosphatidyl serine)과 포스파티딜 에탄올아민의 두 종류가 있다. 세포막을 구성하는 지질이며, 동물의 뇌와 신경조직에 다량 존재한다.

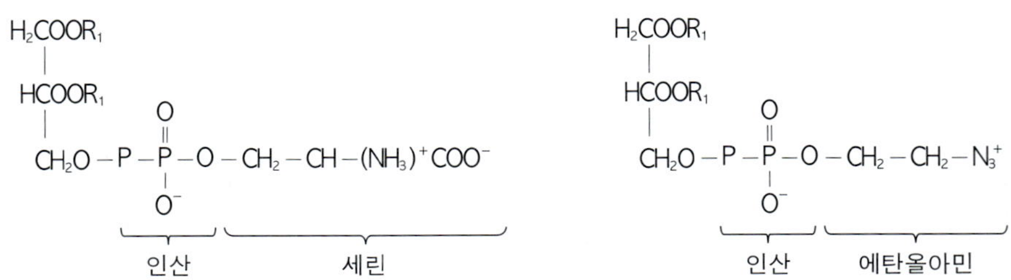

[그림 4-5] 세팔린의 구조

② 스핑고인지질(sphingophospholipid)

스핑고인지질은 글리세로인지질의 글리세롤 대신 스핑고신(sphingosine)을 가지는 것으로 뇌와 신경조직에 당지질과 공존하며 레시틴처럼 유화력은 있으나 식품가공에는 이용되지 않는다. 대표적인 스핑고인지질(sphingophospholipid)은 스핑고미엘린(sphingomyelin)이다.

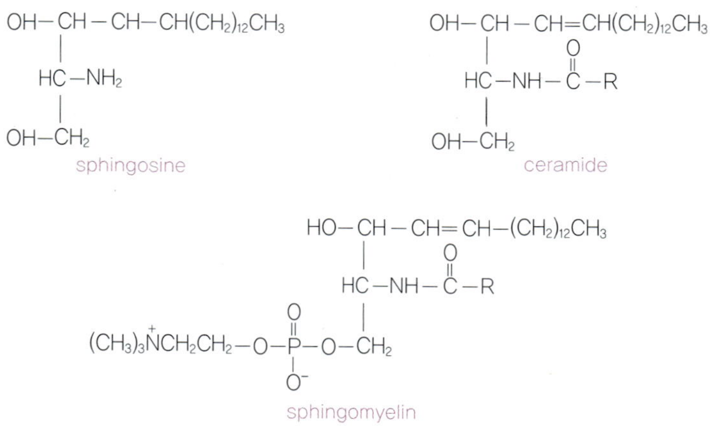

[그림 4-6] 스핑고인지질의 구조

(2) 당지질(glycolipid)

당지질은 분자 내에 인산과 글리세롤이 없고, 지방산과 당질, 질소화합물을 포함하는 복합지질로 뇌와 신경조직에 많으며, 식물의 종자에도 들어 있다.

글리세로당지질은 식물조직의 엽록체에 많으며 스핑고당지질은 동물조직의 세포막의 중요성분이다. 당은 글루코오스, 갈락토오스 등의 단당류, 또는 올리고당의 상태로 글리코시드 결합하고 있다.

(3) 지단백질(lipoprotein)

지단백질은 지질의 콜레스테롤 에스테르의 소수성기와 단백질의 비극성 아미노산 간의 소수성기 결합으로 회합된 복합체이다. 따라서 지단백질은 한 분자 내에 소수성 부분과 친수성 부분이 공존하는 유화력이 있는 지질로 미토콘드리아, 소포체막, 세포막 등의 구성성분이다.

3) 유도지질

유도지질은 단순지질과 복합지질을 가수분해할 때 얻어지는 유리지방산 및 스테롤류, 고급알코올류, 탄화수소들, 지용성 비타민류, 색소 등으로 비누화될 수 없는 지질들이다

(1) 지방산

자연계의 지방산은 짝수개의 탄소원자(C2~C30)가 직쇄상으로 연결되어 있으며, 말단에는 카르복실기(−COOH)와 다른 한쪽 끝에는 메틸기($-CH_3$)로 이루어져 있다. 일반식은 $CH_3(CH_2)n$ 또는 R−COOH라고 표기한다. 중성지질(triglyceride)은 효소 리파아제(lipase)의 가수분해 작용을 받아 생성된다.

이 사슬은 편의상 R로 표시하고 또 지방산의 종류에 따라 다르다. 일반적으로 지방산의 탄소수가 10개 이하인 지방산을 저급지방산(휘발성 지방산으로 주로 우유 지방), 12~16개인 지방산을 중급지방산(코코넛 기름 등), 18개 이상인 지방산을 고급지방산(식물의 종자유와 동물성 지방)이라고 한다.

① 포화지방산(saturted fatty acid)

포화지방산은 분자 내에 이중결합이 없이 단일결합에 의해 연결된 지방산을 말하며 직선구조로 화학적으로는 안정된 지방산이다 천연유지에 가장 많이 존재하는 것은 팔미트산(palmitivc acid: C_{16})과 스테아르산(stearic acid: C_{18})이다. 포화지방산은 버터, 쇠기름, 돼지기름, 난유 등 동물성 식품의 유지에 비교적 많이 함유되어 있다. 포화지방산의 융점은 탄소수가 증가함에 따라 상승하여 물에 녹기 어렵게 되고, 탄소수가 10개 이상인 포화지방산은 실온에서 고체로 존재한다. 야자와 버터에는 저급지방산이 많고, 탄소수 26개 이상은 주로 왁스에 많다.

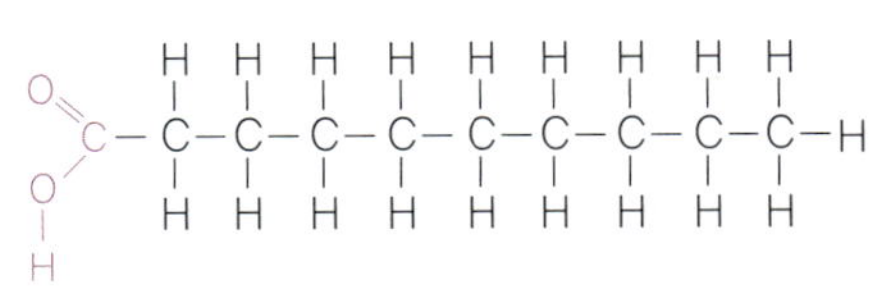

[그림 4-7] 포화지방산의 구조

[표 4-2] 포화지방산의 종류

일반명	탄소수	분자식	융점(℃)	소재
아세트산(acetic acid)	2	CH_3COOH	16.6	지방의 구성성분은 아님
부티르산(butyric acid)	4	$CH_3(CH_2)_2COOH$	−7.9	버터
카프로산(caproic acid)	6	$CH_3(CH_2)_4COOH$	−3.4	버터, 야자유
카프릴산(caprylic acid)	8	$CH_3(CH_2)_6COOH$	16.7	버터, 야자유
카프르산(capric acid)	10	$CH_3(CH_2)_8COOH$	31.6	버터, 야자유
라우르산(lauric acid)	12	$CH_3(CH_2)_{10}COOH$	44.2	버터, 야자유
미리스트산(myristic acid)	14	$CH_3(CH_2)_{12}COOH$	53.9	버터, 야자유
팔미트산(palmitic acid)	16	$CH_3(CH_2)_{14}COOH$	63.1	일반 동식물성 유지
스테아르산(stearic acid)	18	$CH_3(CH_2)_{16}COOH$	69.6	일반 동식물성 유지
아라키드산(arachidic acid)	20	$CH_3(CH_2)_{18}COOH$	76.1	땅콩기름
베헨산(behenic acid)	22	$CH_3(CH_2)_{20}COOH$	80.5	땅콩기름

② 불포화지방산(unsaturated fatty acid)

불포화지방산은 분자 내에 1개 이상의 이중결합을 갖는 지방산이며, 식물성 지질인 불포화지방산은 대두유, 미강유, 옥수수유, 채종유 등 식물성 기름에 많이 함유되어 있다. 천연유지 중에 존재하는 불포화지방산은 대부분이 불안정한 cis형이다. 불포화지방산의 이중결합 1개를 가진 대표적인 지방산은 올레산(oleic acid)이다. 2개 이상의 이중결합이 있는 지방산은 다가불포화지방산(polyunsaturated fatty acid; PUFA)으로 부른다. 이중결합이 2개인 리놀레산(linoleic acid)은 옥수수유, 대두유에 많이 존재한다. 이중결합이 3개인 리놀렌산(linolenic acid)은 들기름, 대두유에 많이 존재하며, 이중결합이 4개인 아라키돈산(arachidonic acid)은 땅콩에서 특히 많이 발견된다. 어유와 고래기름은 아이코사펜타에노산($C_{20:5}$, EPA)과 도코사헥사에노산($C_{22:6}$, DHA) 등 이중결합이 좀 더 많은 지방산도 함유한다. 이중결합이 많을수록 산화되기 쉽고 불안정하다.

불포화지방산은 같은 탄소수의 포화지방산과 비교하여 융점은 현저히 낮고 상온에서 액체이다. 천연에 존재하는 불포화지방산은 대부분 시스형으로 탄소사슬이 구부러져 있고 트랜스형 지방산은 직선구조로 식물성 유지에 수소를 첨가한 마가린, 쇼트닝을 제조하는 과정에서 생성된다.

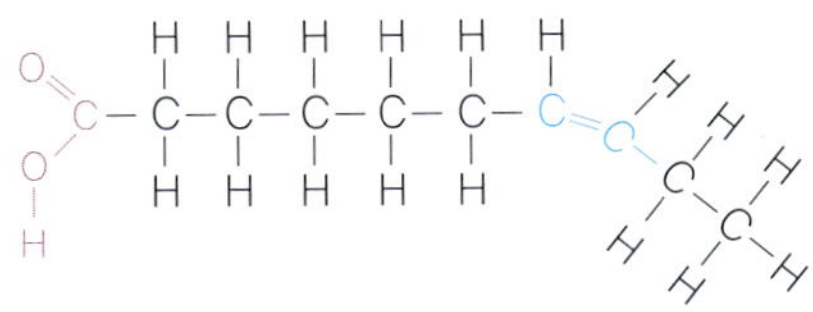

[그림 4-8] 불포화지방산의 구조

[표 4-3] 불포화지방산의 종류

일반명	분자식	소재
미리스톨레산(myristoleic acid)	$CH_3(CH_2)_3CH{=}CH(CH_2)_7COOH$	버터, 어유, 고래기름
팔미톨레산(palmitoleic acid)	$CH_3(CH_2)_5CH{=}CH(CH_2)_7COOH$	버터, 어유, 고래기름
올레산(oleic acid)	$CH_3(CH_2)_7CH{=}CH(CH_2)_7COOH$	일반 동식물성 유지
리놀레산(linoleic acid)	$CH_3(CH_2)_4(CH{=}CHCH_2)_2(CH_2)_6COOH$	일반 식물성 유지
리놀렌산(linolenic acid)	$CH_3CH_2(CH{=}CHCH_2)_3(CH_2)_6COOH$	일반 동식물성 유지
아라키돈산(arachidonic acid)	$CH_3(CH_2)_4(CH{=}CHCH_2)_4(CH_2)_2COOH$	간유, 난황레시틴, 어유
에이코사펜타에노산 (eicosapentaenoic acid, EPA)	$CH_3CH_2(CH{=}CHCH_2)_5(CH_2)_2COOH$	어유
에루카산(erucic acid)	$CH_3(CH_2)_7CH{=}CH(CH_2)_{11}COOH$	유채유
클루파노돈산 (clupandonic acid)	$CH_3(CH_2CH{=}CHCH_2CH{=}CHCH_2(CH_2CH{=}CHCH_2)_2CH_2COOH$	어유
도코사헥사에노산 (docosahexaenoic acid, DHA)	$CH_3CH_2(CH{=}CHCH_2)_6(CH_2)COOH$	어유, 어간유

③ 필수지방산(essential fatty acid)

동물의 정상적인 성장과 건강 유지 그리고 생체막의 중요한 구성성분이 되는 지방산으로 체내에서 합성할 수 없거나, 합성되는 양이 적어서 식사를 통하여 공급이 꼭 필요한 지방산을 필수지방산(essential fatty acid; EFA)이라 한다. 필수지방산에는 리놀레산, 리놀렌산, 아라키돈산이 있다.

필수지방산의 주요 기능은 세포막의 구조적 안정성 유지, 혈청콜레스테롤 감소를 통한 심장 혈관계질환의 예방, 두뇌 발달과 시각기능 유지, 에이코사노이드(eicosanoid)의 전구체이다. 필수지방산의 결핍은 성장 장애와 습진성 피부염 외에 생식기능 장애, 호흡기관 감염, 안드로겐(androgen, 남성 호르몬) 분비감소, 지방간 등을 유발한다.

[표 4-4] 필수지방산의 특징

지방산	구조 및 분류	기능	급원식품
리놀레산(linoleic acid)	$C_{18:2}$, ω_6	성장촉진, 피부병 예방	대두유, 옥수수유
리놀렌산(linolenic acid)	$C_{18:3}$, ω_3	성장촉진	들기름, 대두유
아라키돈산 (arachidonic acid)	$C_{20:4}$, ω_6	피부병 예방	동물의 지방, 간유

(2) 스테롤류(sterols)

스테롤류는 스테로이드핵을 갖는 환상구조의 고급알코올류 화합물로 불검화물이다. 스테롤은 자원에 따라 동물성스테롤과 식물성스테롤로 나누어진다. 동물성스테롤에는 콜레스테롤(cholesterol), 식물성스테롤에는 시토스테롤(sitosterol), 스티그마스테롤(stigmasterol), 에르고스테롤(ergosterol) 등이 있다.

① 콜레스테롤(cholesterol)

콜레스테롤은 동물의 뇌, 근육, 신경조직, 담즙, 혈액 등에 유리상태 또는 고급지방산과 에스테르를 형성하여 존재하며, 자외선에 의하여 비타민 D_3로 전환되므로 비타민 D의 전구체 또는 프로비타민 D라고 한다.

콜레스테롤은 생명을 유지하는 데 필수적인 물질로 인지질과 세포막의 구성성분이며 담즙산과 스테로이드 호르몬을 합성한다. 그러나 혈액 중에 콜레스테롤 농도가 지나치게 높으면 동맥경화나 심근경색의 발병을 초래하는 원인이 된다. 동물성스테롤 중 콜레스테롤은 난황, 명태알, 간장, 버터, 새우, 오징어 등에 많고 포유동물의 체내에도 함유되어 있다.

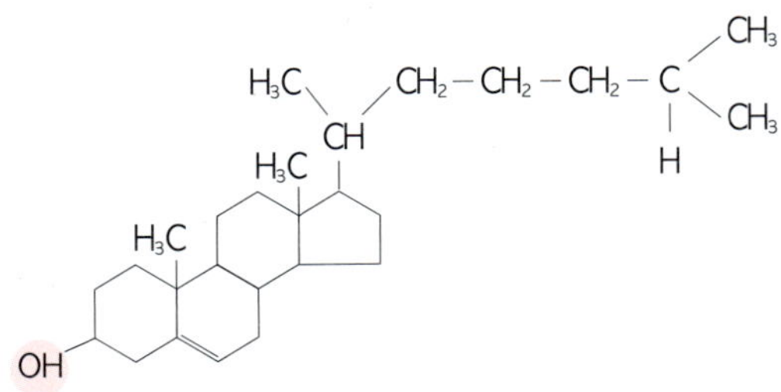

[그림 4-9] 콜레스테롤의 구조

② 시토스테롤(sitosterol)

시토스테롤은 식물성스테롤의 대표적인 것으로 밀, 옥수수 등과 같은 곡류의 배아에 존재한다.

③ 에르고스테롤(ergosterol)

에르고스테롤은 곰팡이, 효모, 버섯, 밀의 배아유, 옥수수유 등에, 스티그마스테롤은 쌀의 배아유, 옥수수기름, 콩기름, 팜유 등에 많이 존재한다. 식물성스테롤로서 자외선 조사에 의해 구조 내의 B환이 쉽게 열려 비타민 D_2(칼시페롤, Calciferol)로 전환되므로 프로비타민 D로도 불린다. 비타민 D_2와 D_3는 동족체이며 D_1은 D_2와 D_3의 혼합체이다.

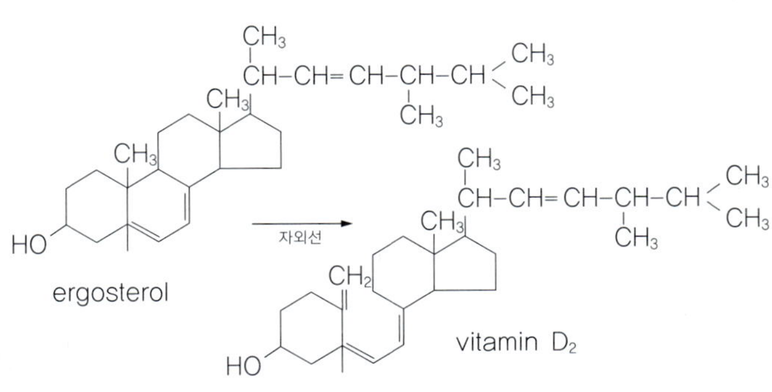

[그림 4-10] 에르고스테롤의 자외선에 의한 비타민 D_2의 형성

(3) 탄화수소류

탄화수소는 탄소와 수소만으로 구성된 화합물의 총칭으로서 지방추출 시 에테르에 의해 용출되어 나오는 검화되지 않는 유도지질의 일종이다.

① 스쿠알렌

스쿠알렌은 상어의 간유에서 처음으로 분리된 탄화수소로 올리브유, 미강유, 심해 상어의 간유 등에 들어 있으며 피부를 윤택하게 하고, 몸속의 피를 깨끗하게 하며, 신진대사를 촉진한다. 콜레스테롤 등 각종 스테롤의 전구물질이다.

② 지용성 비타민류

㉮ 카로티노이드

지용성 색소인 카로티노이드는 황색, 오렌지색, 빨간색으로 녹색 식물과 과일 및 채소에 함유되어 있다. 체내에서 비타민 A로 전환될 수 있으므로 이들을 프로비타민 A라고 한다. 비타민 A가 결핍되면 야맹증에 걸리게 된다.

㉯ 토코페롤과 토코트리에놀

토코페롤과 토코트리에놀은 식품 중에 존재하는 비타민 E의 활성을 갖는 동족체이다. 비타민 E는 항불임성 비타민이라고도 한다. 사람에게는 자연 유산과 관계가 있다고 밝혀지고 있다. 또한 토코페롤은 유지 식품에 대하여 항산화제로 사용되고 있으며 생체 내에서도 항산화력이 있다.

㉰ 비타민 K

지용성 비타민 K는 혈액응고성 비타민(coagulation vitamin)으로 결핍되면 출혈될 때 혈액이 응고되지 않고 계속 출혈된다.

2. 유지의 물리적·화학적 성질

천연유지의 물리·화학적 성질은 글리세리드에 에스테르 결합한 지방산의 종류와 양에 의해 결정된다.

1) 유지의 물리적 성질

(1) 용해성(solubility)

유지는 글리세롤의 −OH기와 지방산의 −COOH가 에스테르 결합한 화합물이므로 분자 내에 친수성기가 나타나지 않게 되므로 극성용매인 물에 녹지 않고 클로로포름, 에테르, 석유에테르, 벤젠 등과 같은 비극성 유기용매에 잘 녹는다. 탄소수가 많은 지방산을 갖는 유지일수록 그리고 불포화지방산을 적게 가지고 있는 유지일수록 그 용해도는 감소한다. 카프리산(C_{10})부터는 탄소사슬이 길어 용해되기 어렵다. 물에 녹지 않는 유지의 성질은 식품 중의 성분을 보유하게 하는 데 이용된다.

(2) 융점(melting point)

유지의 융점은 매우 불명확하며 비교적 넓은 범위를 갖는데 유지의 종류에 따라 −30℃에서 50℃로 그 차이가 크다. 포화지방산, 고급지방산이 많을수록 융점은 높아지고 불포화지방산, 저급지방산이 많을수록 융점은 낮아진다. 식물성 유지처럼 불포화지방산을 많이 함유한 것은 융점이 낮고 실온에서 액체이나 동물성 유지처럼 고급 포화지방산을 많이 함유한 것은 융점이 높고 실온에서 고체이다. 그러나 버터의 경우는 포화지방산은 많지만, 탄소수 10개 이하인 저급지방산이 많아 다른 동물성 유지에 비하여 융점이 낮아 녹기 쉽다. 즉, 융점이 낮은 유지는 입속에서 쉽게 녹기 때문에 맛을 느낄 수 있고, 소화되기도 쉬우며 혈관에 침착되는 양도 감소한다.

(3) 비중(specific gravity)

유지의 비중은 일반적으로 0.90~0.95로 물보다 가볍다. 저급지방산, 불포화지방산이 많을수록, 산화중합될수록 비중이 커지나 지방산의 분자량이 클수록, 유리지방산이 많을수록 비중은 작아진다.

(4) 굴절률(refractive index)

유지의 굴절률(refractiive index; RI)은 일반적으로 20℃에서 1.45~1.47 정도가 많으며, 버터처럼 저급지방산이 많으면 낮고, 탄소수가 많은 지방산, 불포화지방산이 많은 아마인유, 채종유는 높아진다. 유지의 요오드가(iodine value)의 변화는 굴절률의 변화와 대체적으로 비례한다. 유지의 가열산화에 의하여 굴절률은 커지므로 식용 유지의 품질 평가에 이용된다.

(5) 가소성(plasticity)

가소성은 고체의 탄성과 액체의 점성을 동시에 갖는 성질. 즉 어떤 물질에 탄성한계 이상의 힘을 주어 변형시킬 때 모양 변화가 가능하고, 그 힘을 없애도 변형된 모양이 그대로 남는 성질이다. 가소성은 빵 반죽과 반고체 상태의 유지에 꼭 필요한 성질 중의 하나로 제과공정에서 매우 중요하다.

버터, 마가린, 쇼트닝, 라드 등은 가소성을 가지는 대표적인 유지이다. 실온에서 고체형태 대부분의 지방들도 실제로는 고체지방과 액체 오일을 함께 보유하고 있는데, 이때의 액체부분은 작은 결정체의 망상 조직 내에 포함되어 있어서 밖으로는 나타나지 않지만 밀가루와 혼합했을 때 부스러지지 않고 다양한 모양으로 성형하거나 눌러 펼 수 있게 한다.

(6) 발연점(smoking point)

유지를 가열하여 표면에 푸른색의 연기가 발생할 때의 온도를 발연점(smoke point, 230℃ 전후)이라고 한다. 발연점 이상 계속 가열 시 발생하는 증기와 공기가 혼합되어 점화하는 온도를 인화점(flash point), 인화점 이상 가열하여 연소하는 온도를 연소점(fire point)이라 하며 300℃ 이상이다.

유지를 가열시킬 때 푸른 연기가 생기는 것은 열로 인하여 트리글리세리드가 분해 산화되어 아크롤레인(acrolein)이 생성되기 때문이다. 아크롤레인에 오래 노출되면 두통이 생기고, 코와 목 등의 점막을 손상시키며 식욕을 감퇴시키게 된다. 식품에 흡수되면 불쾌한 냄새와 맛을 준다.

유지의 발연점은 오랜 시간 가열할수록, 유지의 지방산 함량이 높을수록, 표면적이 클수록, 불순물이 많을수록 낮아진다. 유지를 튀김에 사용할 때는 발연점이 높은 유지를 선택하도록 하여야 하고, 발연점보다 낮은 온도를 유지시켜야 한다.

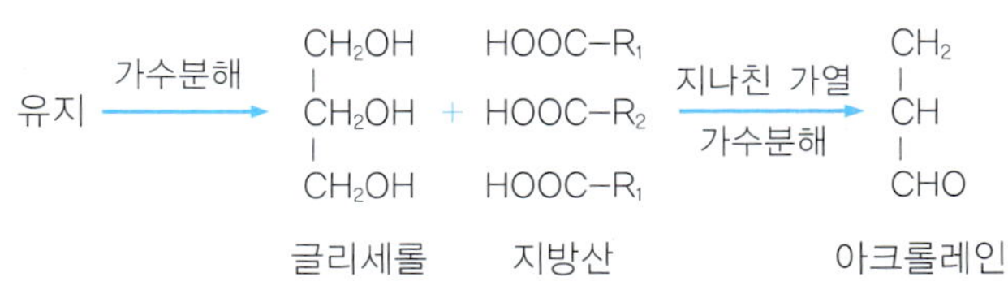

[그림 4-11] 유지의 분해에 의한 아크롤레인 생성

(7) 유화성(emulsifying)

유화액(emulsion)은 서로 섞이지 않는 성질이 전혀 다른 두 종류의 액체, 즉 기름과 물이 유화제에 의해 서로 분리되지 않고 잘 분산되어 혼합된 콜로이드 상태이다. 한 액체가 그것과 혼합되지 않는 다른 액체 속에 작은 입자로 분산된 물질을 분산상(dispersed phase)이라 하며, 입자를 포함하는 다른 액체를 분산매(dispersion medium)라 한다.

유지의 분자 중 친수성기(hydrophilic group)와 소수성기(hydrophobic group)를 동시에 가지는 유화제의 특징은 친수성기는 물과, 소수성기는 기름과 결합한다는 것이다. 지방산의 경우 극성의 카르복실기(−COOH)는 물에, 비극성의 탄화수소($-CH_3$)부분은 유기용매에 녹는다. 대표적인 유화제의 성질을 가진 지방질로는 레시틴, 모노글리세리드, 디글리세리드, 담즙산 등이 있다.

식품제조 시 유화제와 안정제로 작용하는 물질로는 레시틴(lecithin), 분리 대두

단백질, 분리우유단백질 카제인(casein), 단백질 농축물, 젤라틴(gelatin) 등이 있다.

유지와 물은 서로 혼합되지 않지만 레시틴과 같이 친수성기와 소수성기를 함께 갖고 있는 물질을 넣어 혼합하면 섞이게 된다. 마요네즈 제조 시에 난황을 넣는 것은 난황 속의 레시틴을 유화제로 이용하기 위해서이다.

유지의 유화에는 두 가지 형태가 있다. 즉, 물속에 기름입자가 분산된 수중유적형(oil in water type, O/W)과 기름 속에 물이 분산된 유중수적형(water in oil type , W/O)이다. 수중유적형의 식품에는 우유, 아이스크림, 마요네즈 등이 있고, 유중수적형에는 버터, 마가린 등이 있다.

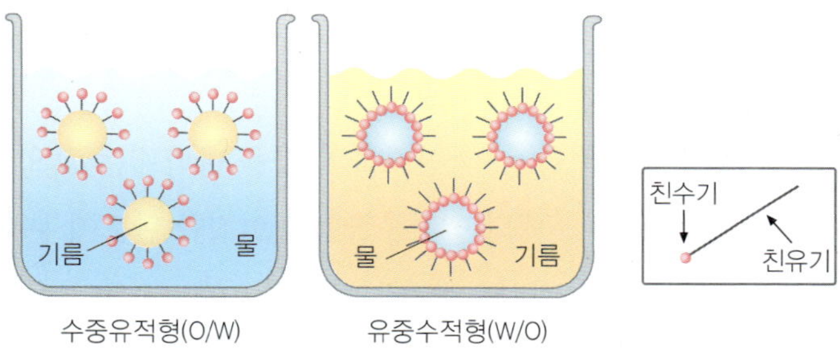

[그림 4-12] 유화의 형태

(8) 점도

유지의 점도(viscosity)는 분자량에 의하여 영향을 받는다. 즉, 구성지방산의 탄소수가 적은 경우와 불포화도가 높은 경우에 점도는 약간 저하한다. 유지는 공기와의 접촉면적이 넓어질수록 그리고 고온으로 가열할수록 산화중합되기 때문에 점도가 증가한다.

2) 유지의 화학적 성질

(1) 산가(acid value, AV)

신선한 유지는 유리지방산의 함량이 매우 낮으나 유지를 가열 또는 저장하면 가수분해하여 유리지방산을 형성한다. 유지의 산가는 유지 1g에 함유되어 있는 유리지방산을 중화하는 데 필요한 수산화칼륨(KOH)의 mg 수로 유지의 산패 정도를 나타낸다. 유지의 산가는 유지의 품질이나 산가 또는 유리지방산가는 유지의 품질이나 사용 정도를 나타내는 척도이다. 산가가 높으면 변질된 유지이고 보통 식용유지의 산가는 1.0 이하이다.

(2) 과산화물가(peroxide value, PV or POV)

유지의 초기단계 산패도를 측정, 과산화물의 양을 나타내는 값으로, 유지가 자동산화나 가열산화에 의하여 산패되면 이중결합에 인접한 탄소에 분자상의 산소가 결합된 과산화물이 생성된다. 과산화물가(peroxide value: POV)는 유지 1kg에 생성된 과산화물의 mg 당량으로 표시하며 10 이하일 때 신선한 기름이다. 산패되면 과산화물가가 높다.

유지 중에 존재하는 과산화물의 함량을 측정하여 유지의 산패를 검출하거나 유도기간의 길이를 측정하는 데 이용된다. 과산화물가는 유지의 산패에서 생기는 히드로과산화물(hydroperoxide)의 함량이 자동산화의 진행에 따라 일단 최고값에 도달한 후 감소하기 때문에 산패가 발생한 지 오래된 유지는 의외로 낮아진다.

(3) 요오드가(iodine value, IV)

요오드가는 유지의 불포화도를 측정하는 데 사용되며, 유지 100g 중에 흡수되는 요오드의 g 수를 요오드가(iodine value)라 한다. 요오드가가 높은 유지는 일반적으로 산화가 용이하며 식물성 유지는 불포화지방산의 함량이 높으므로 요오드가가 높다. 또한 요오드가는 유지의 자동 산화 시에는 거의 변화가 없으나 가열 산화 시에는 감소되는 경향을 보이므로 가열 산패 정도를 측정할 때 이용된다.

[표 4-5] 요오드가에 의한 유지의 분류

유지	요오드가	종류
건성유	130	아마인유, 호두기름, 들깨기름, 잣기름, 대구간유
반건성유	100~130	참기름, 채종유, 미강유, 콩기름, 면실유, 고래기름
불건성유	100 이하	올리브유, 땅콩기름, 피마자유, 동백유, 동물성 기름

(4) TBA가(thiobarbituric acid value)

TBA가는 티오바르비투르산(thiobarbituric acid)이 유지의 산화시 생성되는 말론알데히드(malon aldehyde)와 결합하여 복합체를 형성하고 붉은색을 나타내는 반응을 이용하는 방법으로 육류 등의 지질식품에 많이 이용된다. TBA가는 1kg의 유지에 함유되어 있는 말론알데히드의 mg 몰수로 나타낸다. 육류지질의 산패 여부에 유용하게 사용된다.

(5) Carbonyl 화합물의 측정(COV)

유지의 자동산화 과정의 최종단계에서 카르보닐(carbonyl) 화합물이 생성되므로 이의 양을 측정함으로써 산패의 정도를 알아내는 방법이다.

(6) 검화가(saponification value, SV)

유지에 알칼리 용액(KOH, NaOH)을 넣어 가열하면 가수분해되어 글리세롤과 지방산염(비누)이 형성되는 것을 검화 또는 비누화(saponification)라 한다. 검화가(saponification value)는 유지 1g을 검화(비누화)하는 데 소요되는 수산화칼륨(KOH)의 mg 수로 나타낸다. 보통 유지의 검화가는 180~200 정도인데, 분자량이 작은 저급지방산의 함량이 높을수록 검화가는 커지고, 고급지방산이 많이 함유된 유지일수록 작아진다. 검화가는 지방산의 평균 탄소수나 분자량을 측정하는 데 이용된다. 유지의 평균분자량에 반비례한다.

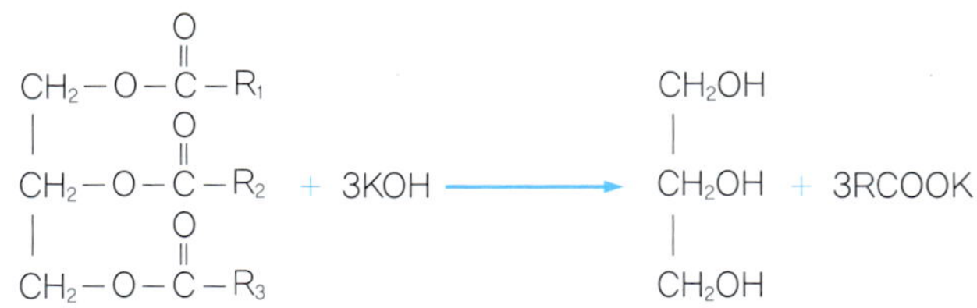

트리글리세리드 글리세롤 비누

[그림 4-13] 유지의 검화

(7) 아세틸가(acetyl value)

아세틸가는 유지 중의 수산기(−OH)양을 나타내는 척도로 유지에 무수 초산을 첨가하면 유지 속의 수산기와 반응하여 아세틸화한다. 아세틸화된 유지 1g을 다시 가수분해하여 생성된 초산을 중화하는 데 필요한 수산화칼륨(KOH)의 mg 수로 표시한다. 순수한 중성지질의 아세틸가는 0이지만, 산패된 유지일수록 이 값이 커지게 된다. 보통 신선한 유지의 아세틸가는 10 이하이다.

(8) 폴렌스케가(polenske value)

폴렌스케가는 유지 5g을 비누화한 후 얻어진 휘발성 불용성 지방산을 중화하는 데 필요한 0.1N−KOH의 mg 수로 표시한다. 폴렌스케가는 물에 녹지 않는 미리스트산(myristic acid), 라우르산(lauric acid)과 또 물에 약간 녹는 카프릴산(caprylic acid), 카프르산(capric acid)의 양을 결정하는 것이다. 폴렌스케가는 팜유 16.8~18.2, 버터 1.5~3.5, 일반유지는 1.0 이하이다. 팜유의 다른 유지 혼합을 검사하는 데 사용한다.

(9) 라이헤르트−마이슬가(reichert−meissl value, RMV)

라이헤르트−마이슬가(reichert−meissl value)는 유지 중의 수용성 휘발성 지방산의 양을 나타내는 값으로 유지 5g을 검화한 다음 증류하여 얻은 수용성 휘발성 지방산을 중화하는 데 필요한 0.1N의 수산화칼륨의 mg 수로 표시한다. 이 값은 유지에 함유된 물에 잘 녹는 부티르산(butyric acid), 카프로산(caproic acid)과 물에 약간 녹는 카프릴산, 카프르산의 함량을 나타내는 수치이며, 유지에 함유되어 있는 수용성의 휘발성 지방산량을 나타내는 척도이다. 라이헤르트-마이슬가는 특히 버터의 순도나 위조 검정의 지표로 이용되는데, 버터의 라이헤르트-마이슬가는 26~32이고 마가린은 0.55~5.5이다.

3. 유지의 산패

유지를 다량 함유한 식품이 장기간 저장 중에 산소를 흡수하여 산화하거나 산, 알칼리, 효소 등에 의하여 가수분해가 일어나 유지의 색, 냄새, 맛 등이 나쁘게 된다. 이와 같은 유지의 품질저하 현상을 산패(rancidity)라고 한다. 특히 가열·가공 과정 중에는 유지의 산화가 더욱 급속히 진행되어 영양성, 물성, 기호성 등이 감소할 뿐만 아니라 이취(off-flavor), 색의 변화, 필수지방산이 파괴되고 점도가 증가하기도 하며 독성물질이 생성되기도 한다.

유지의 산패를 일으키는 원인은 자동산화에 의한 산패, 가수분해에 의한 산패, 가열산화에 의한 산패, 산화효소에 의한 산패 등으로 크게 나눌 수 있다.

1) 자동산화에 의한 산패

유지나 유지식품은 대기 중의 산소에 의해 서서히 산화가 진행되는데 이러한 산화를 자동산화(autoxidation)라 한다. 이것은 상온 부근의 비교적 낮은 온도에서 산소에 의하여 일어나는 완만한 산화반응으로서 자유라디칼(free radical)에 의한 연쇄반응으로 진행된다. 산화에 의한 산패는 공기의 존재하에 지방의 산소와 만나 지방산의 이중결합 다음의 탄소원자에서 수소원자를 잃어버릴 때 발생한다. 유지의 산패 중에 히드로과산화물이 생성되고, 이것이 다시 분해되어 저분자의 알데히드류, 케톤류 및 지방산 등이 생성되어 냄새와 맛이 좋지 않게 된다. 한편 히드로과산화물의 중합반응에 의해 고분자의 중합체가 생성되기도 한다. 이러한 산화는 식품의 품질저하와 밀접한 관계가 있기 때문에 식품화학에 매우 중요한 문제 중의 하나이다.

일반적으로 유지가 산소를 흡수하는 속도는 처음 어느 일정한 기간은 거의 일정하나, 어느 기간을 지난 후에는 매우 급격하게 증가된다. 산소흡수속도가 매우 적은 어느 일정한 기간을 그 유지의 유도기간(induction period)이라고 하며, 이 유도기간이 지나면 유지의 산소흡수속도가 급증하여 산화 생성물의 양도 급격히 증가되며, 유지의 여러가지 화학적 · 물리적 변화가 초래되어 산패가 일어나게 되는 것이다.

일반적으로 유지의 산소흡수속도는 유지의 불포화도에 가장 큰 영향을 받는다. 유도기간에 영향을 주는 요인은 유지의 저장온도, 유지의 불포화도, 항산화제, 산화촉진제의 존재 여부 등이 있다

자동산화의 속도는 지방산의 종류에 따라 다르며, 이중결합의 수가 많을수록 산화속도가 빠르다. 이 라디칼반응에서 축적된 과산화물이 한편으로는 계속 분해되어 알데히드, 케톤 산물 등이 생성되고 이는 부패취의 원인이 된다.

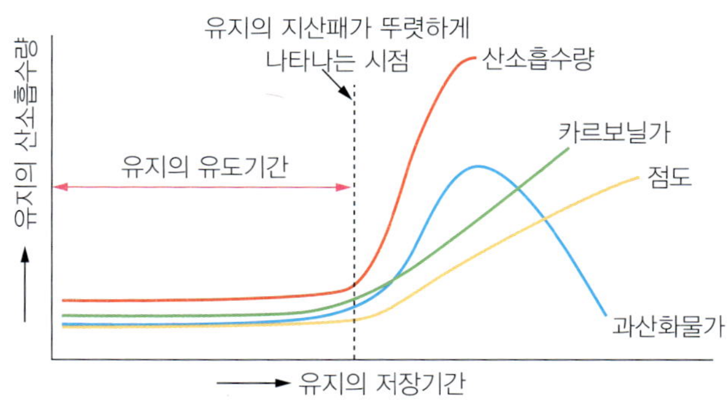

[그림 4-14] 유지의 산패도 곡선

(1) 자동산화의 3단계 과정

① 초기반응(initiation reaction)

이중결합을 가진 불포화지방산이 열, 빛, 금속이온 등에 의해 느슨하게 결합된 수소원자를 잃어버려 자유라디칼(R •)을 형성하는 단계이다. 이 자유라디칼은 대단한 반응성을 갖는다.

R : R —(열에너지, 빛에너지, 기계에너지 등)→ R• + R•

M •+ R : H ——→ M : H + R •
금속이온

ROOH ——→ RO • + • OH

R• + R′H ——→ RH R′• R′•

R• + • O−O ——→ R−O−O •

[그림 4-15] 유지의 자동산화 초기반응단계

② 전파반응(propagation reaction)

초기반응에서 생성된 자유라디칼들이 공기 중의 산소와 결합하여 과산화라디칼(peroxy radical, ROO •)이 형성되고 이것이 다른 불포화지방산으로부터 수소를 얻어 히드로과산화물(hydroperoxide, ROOH)을 만드는 동시에 새로운 라디칼도 생성되어 반응은 연쇄반응을 계속한다. 이 반응은 불포화지방산의 이중결합이 없어질 때까지 계속된다.

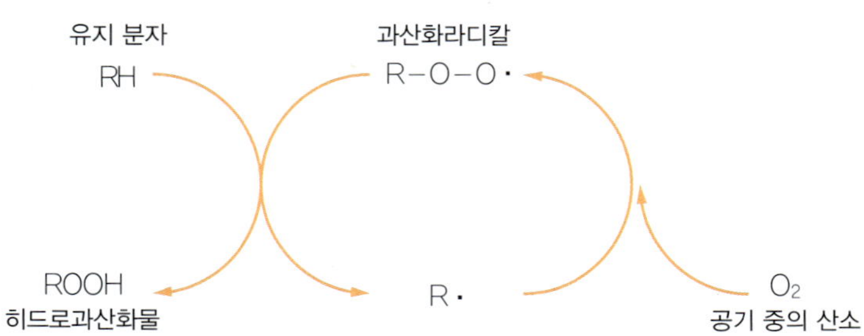

[그림 4-16] 유지의 자동산화 전파단계

③ 종결반응(termination reaction)

전파단계에서 생성된 중간 산화물들이 서로 결합하여 새로운 중합체(polymer)을 형성한다. 이 중합체는 라디칼이 아니므로 반응성이 상실되어 연쇄반응이 종결된다.

연쇄반응에서 생성된 각종 유리기들이 서로 결합하여 새로운 중합체(polymer)를 형성한다. 중간체로 생성된 히드로과산화물은 계속 분해되어 연쇄반응을 유발할 수 있는 라디칼을 공급하면서 복합반응을 통하여 알코올류, 카르보닐 화합물, 산류, 산화물 등을 생성한다. 후반기에서는 히드로과산화물 함량이 감소되고 산패유지의 불쾌한 냄새, 점도 증가, 산가 증가, 요오드가 저하 등이 일어난다. 자동산화의 최종생성물인 알데히드, 케톤, 산, 산화물, 중합체는 유지에 비정상적인 냄새와 맛을 가져다 줌으로써 산패의 직접적인 원인이 된다. 자동산화가 진행됨에 따라 형성된 유독성 카르보닐(carbonyl) 화합물은 생체에 유해작용을 가져온다.

$$R\cdot + R'\cdot \longrightarrow R:R'$$
$$ROO\cdot + R'\cdot \longrightarrow ROO:R'$$

[그림 4-17] 유지의 자동산화 종결단계

2) 가열산화에 의한 산패

유지가 140~200℃의 높은 온도에서 일어나는 산화를 가열산화라고 한다. 가열산화는 가열반응과 자동산화반응이 동시에 일어나기 때문에 매우 빠르게 진행된다.

유지의 가열에 의해 물리적·화학적 성질의 변화는 유지의 점도, 비중, 굴절률 등이 증가하고, 산가, 과산화물가가 증가하며, 요오드가가 감소한다. 그리고 발연점, 색, 자외선과 적외선의 흡수 스펙트럼 등의 변화가 일어난다.

(1) 유리지방산 생성

유지를 고온에서 가열하면 유지가 가수분해되고 열분해되면서 지방산과 글리세롤을 생성한다.

유지를 고온에서 가열하면 유지분자가 분해 및 중합반응에 의해 지방산과 글리세롤이 생성되고 계속 분해되면 알데히드, 케톤, 카르보닐 화합물, 저급지방산이 생성된다. 알데히드 중에는 가열 산화유의 특징적인 휘발성 화합물인 자극취를 가진 아크롤레인이 있다. 유리지방산의 형성속도는 저급지방산이나, 불포화도가 높은 유지일수록 잘 일어난다.

(2) 중합반응

유지를 가열하면 중합반응에 의해 중합체를 형성한다. 가열에 의한 중합반응은 불포화도가 높은 유지, 반복 사용한 유지일수록 잘 일어난다. 또한 식품이 타서 생성된 탄소 알갱이에 의해 촉진된다. 유지의 가열 중합결과 요오드가 감소, 산가와 과산화물가가 상승되고, 독성과 발암물질이 생성된다. 가열에 의한 과산화물과 그 분해생성물이 축적되어 유지의 비중과 점도가가 증가된다. 또한 오래 사용한 튀김유는 기름 표면에 잔거품이 지속적으로 형성되는 발포현상이 남게 된다. 유지의 색깔은 검은색으로 변색되고, 향미와 소화율이 나빠진다. 또한 굴절률, 발연점이 저하된다.

3) 가수분해에 의한 산패

가수분해에 의한 산패는 유지가 물에 접촉하는 동안 트리글리세리드가 가수분해 되거나 식품 또는 세균에 존재하는 리파아제(lipase)와 같은 효소에 의하여 가수분해되어 트리글리세리드가 글리세롤과 유리지방산으로 가수분해된다. 이때 불쾌한 냄새나 맛을 형성하여 유지가 변질된다. 이 반응은 식품에 자연적으로 존재하는 효소인 리파아제에 의해 촉진될 수 있다. 부티르산과 같은 저급지방산은 버터에 많이 함유되어 있고, 이것은 실온에서 휘발성이며 산패한 버터의 불쾌한 냄새와 맛의 원인이 된다.

4) 산화효소에 의한 산패

유지를 산화시키는 효소에는 리폭시게나제(lipoxigenase)와 리포히드로과산화물 효소(lipohydroperoxidase)가 있다. 이들 효소는 곡류, 콩류 등의 식물체에 광범위하게 분포되어 있다.

5) 변향

대두유와 같은 불포화도가 높은 기름은 정제과정에서 풋내나 콩 비린내를 제거하였음에도 저장하는 동안 냄새가 다시 나는 경우가 있다. 이와 같이 냄새가 새로 생기거나 정제하기 전의 유지가 가졌던 냄새로 복귀하는 현상을 변향(flavor reversion)이라 부른다.

4. 유지의 산패에 영향을 미치는 인자

1) 온도

유지의 산패는 온도가 높을수록 촉진된다. 즉 유지의 산화속도는 화학반응과 같이 온도가 상승함에 따라 증가하는 경향이 있다. 유지의 산화 시 상온에서는 온도의 상승에 따라 연쇄반응이 촉진될 뿐만 아니라 과산화물의 분해를 촉진하여 자유라디칼의 생성을 증가시킨다. 유지의 산패 방지를 위해 낮은 온도에서 저장해야 한다. 그러나 0°C 이하에서 저장하였을 때 유지의 산화가 촉진되는 경우도 있다. 아마 동결에 의해 결정성 얼음이 형성됨으로써 금속 촉매제의 농도가 증가하고 산화가 촉진되기 때문이다.

2) 광선

파장이 짧은 광선일수록 유지의 산화에 크게 영향을 미친다. 즉 단파장의 광선은 장파장의 광선에 비해 에너지가 높으므로 단파장의 광선일수록 유지의 산화를 촉진한다. 자외선과 가시광선은 물론 살균등, 형광등 및 백열등의 광선들도 유지의 산화를 촉진시킨다.

3) 수분

수분은 유지를 가수분해시켜 유리지방산을 생성하므로 수분함량이 많은 경우, 촉매작용에 영향을 미쳐 그 촉매작용이 강해진다.

4) 산소

유지는 공기 중에 노출되면 산화되기 쉽다. 산소의 영향을 방지하기 위해 진공포장, 가스치환포장, 탈산소제의 동봉, 항산화제 첨가 등의 방법을 사용한다.

5) 금속

산화촉진제로 알려진 금속으로는 구리(Cu), 철(Fe), 니켈(Ni), 주석(Sn), 망간(Mn) 등이 있다. 이들 금속은 대체로 유지의 자동산화 과정 중에 생성된 히드로과산화물와 같은 과산화물의 분해과정을 촉진시켜 줌으로써 유리라디칼의 형성을 촉진하여 자동산화 과정 중의 연쇄반응을 활발하게 해 준다.

6) 유지의 불포화도

이중결합을 가지는 불포화지방산은 포화지방산보다 훨씬 산화되기 쉽다. 특히 다가불포화지방산의 함량이 유지의 산화에 많은 영향을 준다. 또한 불포화지방산 중에서는 시스(cis)형이 트랜스(trans)형보다 산화되기 쉽다.

7) 헴(heme) 화합물

동물 중에 들어 있는 헤모글로빈(hemoglobin), 미오글로빈(myglobin) 및 시토크롬 C(cytochrome C) 등의 헤마틴(hematin, Fe^{+3} 화합물) 및 그 산화물 등 헴(heme) 화합물은 육류 조직의 지질 산패를 촉진한다. 육류를 냉동 저장하는 동안에 육류 조직의 지질이 산패하는 것은 이 때문이다.

5. 항산화제(antioxidant)

유지의 산패의 진행을 억제하여 주는 물질, 즉 유도기간을 연장시켜 주는 물질을 항산화제라 한다. 항산화제의 작용기전은 자동산화 과정에서 생성되는 여러 가지 라디칼들의 연쇄반응이 항산화제에 의해 중지 또는 지연되고, 연쇄반응 중의 유리라디칼에 수소원자를 내어 주어 안정한 화합물로 만들거나, 상승제-(SH, $-SH_2$)로부터 수소를 받아 항산화 능력을 되찾게 된다.

항산화제는 저농도에서 효과가 있어야 하며, 독성이 없거나 약해야 한다. 또한 이미와 이취가 없어야 하며, 유지에 쉽게 용해되고, 사용이 간편하고, 가격이 저렴하여야 한다.

1) 천연 항산화제(natural antioxidants)

천연 항산화제는 동물성 유지보다 식물성 유지에 주로 존재하므로 식물성 유지는 동물성 유지에 비해 불포화지방산의 함량이 높음에도 불구하고 산화속도가 느리다. 대표적인 식물성 천연 항산화제는 식물성 유지의 비타민 E(tocopherol), 참기름 중의 세사몰(sesamol), 목화씨 중의 고시폴(gossypol), 콩 제품의 레시틴 등이다. 그 외에 로즈마리, 세이지, 계피, 정향, 생강 등의 향신료들도 항산화력을 가져 식품에 첨가하면 저장성을 높일 수 있다.

2) 합성 항산화제(artificial antioxidants)

합성 항산화제는 페놀기를 가진 물질 등이 많고, 일반적으로 독성이 있어 사용량이 규제되고 있다. FDA에서 허용하는 물질로는 부틸히드록시아니솔(Butylated Hydroxy Anisole: BHA), 부틸히드록시톨루엔(Butylated Hydroxy Toluene; BHT), 몰식자산 프로필(propyl gallate), 제3차부틸히드로퀴논(Tertiary Butyl Hydro Quinone; TBHQ), 에틸렌디아민테트라아세트산(ethylene diamine tetra acetate; EDTA) 등이 있다. 시중에 유통되는 항산화제 첨가 식품에는 건곡물, 크래커, 견과류, 감자칩, 밀가루 프리믹스 등이 있다.

3) 상승제(synergist)

상승제는 자신은 항산화력을 갖고 있지 않으나 항산화제에 첨가하였을 경우 항산화력을 증가시켜 주는 물질로 구연산(citric acid), 비타민 C(ascorbic acid), 인산(phosphoric acid), 주석산(tartaric acid), 사과산(malic acid) 등이 있다.

6. 유지의 종류

1) 식물성 유지

(1) 대두유

대두유의 수요는 매년 증가하고 있어 현재 생산되고 있는 식용유 중 가장 많이 소비되고 있다. 원료인 대두는 외국에서 수입에 의존하고 있으며 유지함량은 16~25% 정도이며 추출법으로 채취하고 이때 부산물로 생기는 대두박은 약 40%의 단백질이 들어 있어 단백질 자원 및 사료 등으로 광범위하게 이용된다.

대두유의 지방산 조성은 리놀레산(linoleic acid)과 올레산(oleic acid)이 약 80%이고 인지방질인 레시틴(lecithin)이 1.5% 정도 들어 있다. 이와 같이 대두유는 리놀레산의 함량이 많으므로 식용유로서 보존 안정성이 저하되기 쉽다. 비타민 E가 100%나 함유되어 있어 미용과 노화 방지의 효능이 큰 것으로 알려져 있다. 대두유에 함유되어 있는 불포화 지방산은 콜레스테롤과 중성지질의 체내 침착을 저해하는 것으로 알려져 있다. 정제된 대두유는 연한 황색으로 풍미가 온화하나 조성 지방산 중 변향의 원인물질인 리놀렌산의 함량이 높아 이취현상이 나타난다.

대두유의 용도는 보편적으로 조리용, 튀김용으로 이용될 뿐만 아니라, 쇼트닝과 마가린 원료유로 쓰이며 페인트, 인쇄 잉크 등의 공업용으로도 이용되고 있다.

(2) 옥수수유

옥수수유는 옥수수 배아에 들어 있는 30~40%의 유지성분으로부터 채취한 옥배유로 산화 안정성, 가열 안정성이 뛰어날 뿐만 아니라 연속 튀김을 할 때 거품성이 좋고 발연점 저하가 낮아 오랜 시간 사용할 수 있다.

옥배유는 고유한 풍미가 있어 제품에 고소한 맛을 부여하며 리놀레산이 55~60% 함유되어 있고 올레산(oleic acid) 20%, 팔미트산(palmitic acid) 10% 정도로 영양적으로도 중요한 식용유이다. 또한 인지질 1~3%, 불검화물 1%, 비타민E 0.1% 들어 있다.

배아를 분리하여 압착하고 용매로 추출한 것을 정제하고 동유처리하여 왁스성분을 제거한 것이다. 동유처리하게 되면 융점이 높은 지질을 제거하였으므로 냉장온도에서도 기름이 혼탁하지 않아 샐러드유로 많이 이용된다. 옥수수유는 조리용, 튀김유, 샐러드용으로 이용되며 마가린, 쇼트닝, 마요네즈의 원료로도 쓰이고 있다.

(3) 미강유

미강유는 쌀의 도정 중에 나오는 부산물인 미강 7~8%에 존재하는 지질 14~18%에서 추출되는 기름으로 별도의 경작이 필요 없다. 도정 후 미강 자체에는 지방질 분해효소인 리파아제(lipase)가 있어 유리지방산의 생성이 잘 일어나기 때문에 채유할 때는 쌀겨를 건조시켜 수분을 2~3%로 낮추어 지방질의 분해를 방지해야 한다. 그러나 지질의 천연 항산화 물질인 토코페롤, R-오리자놀(R-oryzanol)이 함유되어 있으므로 산패를 지연시킬 수 있다. 한편 미강유 중의 R-오리자놀은 항산화 작용이 있어 건강증진을 돕는 건강식품, 약품, 천연식품첨가물로 각광을 받고 있다. 지방산의 조성은 올레산, 리놀레산이 70~80%이며 나머지는 팔미트산이 대부분이다. 미강유는 조리용, 튀김유, 마가린, 쇼트닝, 마요네즈 등의 원료로 널리 쓰이고 있다.

(4) 면실유

면실유는 섬유용으로 재배하고 부산물로 얻어지는 목화의 종실을 유지원료 및 단백사료로 이용한다. 독성이 강한 페놀성 물질인 고시폴(gossypol)을 함유하고 있으므로 반드시 정제해서 사용하여야 한다. 지방산은 리놀레산 50%, 팔미트산 25%, 올레산 18% 정도로 구성되어 있다. 면실유의 주요 지방산인 리놀렌산을 부분 경화하여 그 양을 감소시켜 변향을 줄이고 산화 안정성을 높여 튀김유나 쇼트닝 재료로 이용된다. 또한 고형지방을 분리 및 제거하는 동유처리를 하여 샐러드유 및 일반 조리용으로 널리 이용되고 있다.

(5) 참기름

참기름은 예로부터 우리 나라에서 가장 애호하고 있는 기름으로 원료인 참깨에는 45~55%의 지질이 들어 있으며 압착법으로 채유하며 특유의 향미가 있어 정제를 하지 않는다. 참기름의 지방산은 올레산 45%, 리놀레산 40%, 팔미트산 10% 정도로 구성되어 있으며, 천연 항산화제인 비타민 E와 세사몰(sesamol) 등이 들어 있다. 한국요리는 물론, 중국요리 · 일본요리 등에도 널리 쓰인다.

(6) 들기름

들기름은 들깨의 씨앗에 들어 있는 40~45% 정도의 유지를 압착 등으로 채유한 것으로 특이한 향미가 난다. 들기름의 지방산 조성은 리놀렌산 20%, 리놀레산 50%, 올레산 10%로 구성되어 있으며, 아미노산은 아르기닌, 리신이 많이 들어 있어 참기름과 대조적이다.

들깨의 잎에는 정유 성분인 페릴알데히드(perilladehyde), 리모넨(limonen), 페릴라케톤(perillaketone) 등이 들어 있어 특이한 향미가 나고 각종 비타민과 유리아미노산이 고루 함유되어 있다.

(7) 땅콩기름

띵콩기름은 땅콩에 함유되어 있는 40~50%의 유지를 압착이나 추출법으로 채유하여 얻는다. 지방산의 조성은 올레산 60%, 리놀레산 20%로 구성되어 있으며, 아라키돈산이 많은 것이 특징으로 열처리 가공 중에도 안정성이 높다.

땅콩기름은 독특한 맛과 향기가 있어 샐러드유, 튀김유, 마가린 등의 원료로 쓰이며, 공업용으로 고급 비누, 윤활유 등의 제조에도 이용된다.

(8) 카놀라유

카놀라유는 유채 씨앗에서 압착추출법으로 채유한 기름으로 이것을 탈산, 탈색, 탈취 등의 보통 정제공정을 거쳐 식용유로 만든다.

일반 유채유에는 에루식산(erucic acid)이 들어 있고 인체에 유해할 수도 있어 최근에는 에루식산이 적게 들어 있는 품종을 개발하여 채유하고 있다.

카놀라유의 지방산 구성은 에루식산이 45% 정도, 올레산 17%, 리놀레산 16% 정도이다. 튀김유나 샐러드유로 사용된다.

(9) 팜유

팜유는 기름야자나무 열매에서 짜낸 기름으로 카로틴 함량이 0.02~0.20%로 진한 오렌지색 또는 적색을 띤다. 야자유와 함께 세계적으로 중요한 과일 유지로, 과육에 45~50%의 지질이 들어 있는데 주로 압착법으로 채유 · 정제하여 사용한다. 팜유의 주성분은 팔미틴산의 글리세리드이며, 마가린, 식용유 등의 원료로 쓰이고 공업용으로 비누, 윤활유 등의 제조에도 이용된다. 그 외에도 라면 · 스낵류 · 감자튀김 등의 식품 가공용으로 많이 사용된다.

(10) 야자유

건조한 과육의 야자에는 지질이 약 60% 정도 들어 있는데 이것을 압착하여 얻은 식물성 유지로 야자유라 하며 코프라(copra)라고도 한다.

야자유의 지방산 조성은 라우르산(lauric acid), 미리스트산(myristic acid), 카프르산(captic acid) 등의 저급지방산이 60~70%, 팔미트산(palmitic acid), 스테아르산(stearic acid) 등의 포화지방산이 15% 정도 들어 있으며, 불포화지방산은 올레산(oleic acid) 등이 8~10% 정도 들어 있다. 이처럼 다른 지질에 비교하여 저급지방산과 포화지방산이 많이 들어 있고 안정성이 좋아서 제과, 제빵, 튀김용 등에 적합하다. 또한 야자유는 특유의 향을 내는 락톤류가 들어 있으며 수소첨가 등에 의해서도 융점의 변화가 거의 없고, 가소성의 범위가 좋은 것이 특징으로 제과용으로 사용할 때 입안에서 잘 녹는 특징이 있다. 쇼트닝이나 마가린, 튀김용 등의 식용 원료로 쓰이며 비누, 세제 등 공업용의 원료로 사용된다.

(11) 올리브유

잘 익은 올리브 과육을 건조하면 40~70%의 지질이 들어 있는데 이것을 압착법으로 채유하여 올리브유를 얻는다. 올리브유는 녹황색의 독특한 향과 맛을 가지며 다른 식물성 유지와 달리 정제과정을 거치지 않고 직접 이용한다. 특히 착유하여 처음 추출되는 최상품 기름을 버진(virgin)이라 구분하여 고급 유지로 이용한다. 올리브유의 지방산은 올레산이 65~85%로 특히 많고, 포화지방산은 팔미트산이 많이 들어 있으며 리놀레산이 적어 산화 안정성이 있다. 튀김용, 샐러드용, 고급 마요네즈 제조 등에 사용된다.

(12) 포도씨유

포도씨유는 포도씨를 압착하여 얻은 기름으로 포도의 재배량이 많은 프랑스, 이탈리아, 칠레 등에서 주로 생산된다. 필수지방산인 리놀렌산, 항산화제 역할을 하는 토코페롤, 베타씨토스테롤 등을 함유하고 있어 피부 미용과 노화 방지에 효과가 있다. 또한 동맥경화나 고혈압 등의 성인병을 예방한다. 포도씨유의 특징은 발연점이 250℃로 일반 식용유보다 높다. 따라서 높은 온도에서 요리하여도 쉽게 타지 않는다. 기름 특유의 느끼한 향과 냄새가 없어 요리 재료의 고유한 맛을 살릴 수 있다. 튀김 · 구이 · 부침뿐 아니라 샐러드 드레싱이나 소스로 사용할 수 있다.

2) 동물성 유지

(1) 우지

우지는 소의 복부, 내장, 조직 등에서 얻어지는 연한 황색을 띤 고체지방으로 융점이 45~50℃로 높고 β형의 결정을 한다. 우지의 지방산의 구성은 올레산 40%, 팔미트산 30% 및 스테아르산 20~45% 등이며 요오드가는 30~60 정도이다.

우지는 특유의 풍미를 가지며 단독이나 다른 유지와 혼합하여 튀김유로도 사용하며 질이 떨어지는 것은 비누나 세척제의 원료로 이용된다.

(2) 라드

라드는 돼지의 복부나 기타 지방조직에서 나온 흰색의 반고체를 정제한 기름으로 특히 신장이나 등 부위의 지방질이 좋고 풍미는 온화하고 산가는 0.8 이하의 것이 가장 좋다. 라드의 지방산은 올레산 50~60℃, 팔미트산 25~30℃ 및 스테아르산 10~15% 등이다. 라드는 다른 유지보다 쇼트닝성이 크고 음식을 부드럽게 하는 힘이 크기 때문에 예전에는 제과용으로 많이 이용되었으나 요즘에는 식물성 기름으로 만든 쇼트닝이 더 많이 이용되고 있다.

(3) 어유

어유는 정어리, 꽁치 등을 열탕으로 가열하여 정치하거나 원심분리하여 얻은 기름으로, 불포화지방산의 함량이 대단히 높으며 특히 아라키돈산, EPA, DHA가 다량 함유되어 있다.

이러한 불포화지방산들은 강한 냄새가 나고 산화가 쉽게 일어나므로 직접 식용으로 사용하지 못하고 경화와 정제를 하여 마가린 쇼트닝의 원료로 사용한다.

어유에 많이 함유된 고도불포화지방산은 사람에게 있어서 필수지방산인 ω_3(오메가 3) 지방산의 양호한 공급원이다. ω_3 고도불포화지방산에는 아라키돈산, EPA, DHA가 있는데, 이들은 심장혈관계 질병, 암, 고혈압, 시신경 및 뇌신경계 질병, 당뇨병, 피부질환 등을 예방한다.

(4) 버터

버터는 우유 중의 지방을 분리하여 크림을 만들고, 이것을 세게 휘저어 엉기게 한 다음 응고시켜 만든 유제품이다. 버터의 풍미는 디아세틸, 초산, 프로비온산 등에 의한 것으로 특유의 풍미가 기호도를 높여서 각종 조리에 많이 이용되고 있다. 또한 버터는 비타민 A의 좋은 급원식품으로서 소화율이 97%에 이르며 색소는 우유지방 카로틴에 의한 것으로 그 함량은 소의 품종이나 사료의 종류에 따라 달라질 수 있다.

3) 가공유지

(1) 마가린

마가린은 천연 버터의 대용품으로 만든 유지제품이다. 과거에는 생선기름 또는 고래기름의 경화유를 사용하였으나 오늘날에는 식물성 기름이 많이 사용되고, 발효유를 가하여 풍미를 조절하거나 비타민 A, D를 강화하여 영양적으로도 우수한 제품을 얻게 됨으로써 용도에 따라서 천연 버터보다 많은 장점을 가지게 되었다. 저온에서 잘 퍼지는 소프트형 마가린은 유지 중에서 식물성 기름이 많고, 필수지방산인 리놀레산을 많이 넣은 것도 있다.

(2) 쇼트닝

쇼트닝은 지질 100%로 제과, 제빵 등의 식품가공용 원료로 사용되는 반고체 상태의 가소성 유지제품이다. 식물성 기름뿐만 아니라 동물성 기름을 포함한 여러 경화유가 사용된다. 원료는 특히 잘 정제된 것이라야 한다. 쇼트닝의 용도는 제과,

제빵용 이외에 튀김, 아이스크림, 햄, 소시지 등에도 사용된다. 특징은 비스킷, 쿠키 등을 제조할 때 제품이 푸석푸석하고 잘 부서지도록 하는 쇼트닝성과 빵 반죽이나 버터크림 제조 시 공기를 잘 부착시키도록 하는 크림성 등이다.

단백질과 효소

1. 아미노산
2. 단백질
3. 단백질의 변성
4. 효소

FOOD SCIENCE 05

단백질(protein)의 어원은 그리스어의 '프로테오스(proteos)'로 '으뜸'이라는 뜻을 가지고 있으며, 이는 생명을 유지하는 데 중요한 한 가지 성분이라는 의미이다. 단백질은 동·식물체를 구성하는 주요 성분이며, 생명현상 유지에 필수적인 효소, 호르몬, 항체 등의 구성성분이다. 단백질은 육류, 어패류, 달걀, 우유 등 동물성 식품과 두류 등의 식물성 식품에 많이 들어 있다. 단백질을 구성하는 원소는 탄소, 수소, 산소, 질소 및 황이고, 질소는 식품 중에 함유된 단백질의 종류에 따라 다르지만 단백질 분자량의 약 16% 정도를 차지한다. 식품 중의 질소 대부분이 단백질에 들어 있으므로 식품 중의 질소량을 측정하고 여기에 질소계수 6.25를 곱하면 조단백질(crude protein) 함량을 구할 수 있다. 단백질 외의 질소를 포함하는 물질은 유리아미노산, 아마이드, 핵산 및 염기류, 크레아틴 등이다.

생물체에 존재하는 단백질은 20여 개의 서로 다른 아미노산이 펩티드 결합을 통하여 중합된 고분자 화합물로 단백질의 종류에 따라 아미노산의 종류와 배열순서가 다르다. 아미노산 조성의 차이로 식품 단백질의 기능적 특성과 영양적 가치가 달라진다.

[표 5-1] 식품 중 단백질의 함량(가식부 100g당)

식품	단백질량	식품	단백질량	식품	단백질량	식품	단백질량
멥쌀(백미, 생것)	6.4	쌀보리(도정, 생것)	9.3	감자(수미, 생것)	1.93	고구마, 점질(호박, 생것)	1.17
땅콩(말린 것)	25.7	대두(노란콩, 말린 것)	36.2	쇠고기(한우 1등급, 살코기, 생것)	18.6	돼지고기(삼겹살, 생것)	13.3
고등어(생것)	20.2	가자미(생것)	22.1	바지락(생것)	12.3	오징어(생것)	18.9
달걀(생것)	12.4	우유(생것)	3.08	콩기름	0	백설탕	0

출처: 국가표준식품성분 DB 9.2, 농촌진흥청 국립농업과학원(2020).

1. 아미노산

1) 아미노산의 구조

아미노산(amino acid)은 단백질을 구성하는 단위 물질이다. 천연 단백질을 구성하는 아미노산은 약 20여 종이다. 아미노산은 한 분자 내에 염기성인 아미노기(amino group, $-NH_2$)와 산성인 카르복실기(carboxyl group, $-COOH$)를 각각 한 개 이상, 그리고 수소(H)와 곁사슬(R, side chain)을 가지는 화합물이다. 아미노산은 카르복실기가 결합되어 있는 탄소를 기준으로 아미노기가 결합되어 있는 위치에 따라 α-, β-, γ-아미노산이라 하는데 일반적으로 자연계에 존재하는 단백질을 구성하는 아미노산은 대부분 α-아미노산이다([그림 5-1]).

α-아미노산 중 곁가지 구조(R)가 수소인 글리신(glycine)은 탄소가 비대칭 탄소원자가 아니므로 이성질체(isomer)가 존재하지 않는다. 글리신을 제외하면 모든 아미노산이 탄소에 4개의 각각 다른 원자나 원자단(NH_2, COOH, R, H)이 결합되어 있는 비대칭탄소 원자이므로 L-형과 D-형의 입체이성체가 생기게 된다. 카르복실기가 위쪽에 있을 때 탄소원자 왼쪽에 아미노기가 있으면 L-형이라 하며, 오른쪽에 있으면 D-형이라 한다([그림 5-1]). 대부분의 천연 단백질을 구성하고 있는 것은 α-L-아미노산이며, D-형 아미노산은 일부 항생물질이나 미생물의 세포벽에서 발견되고 있다.

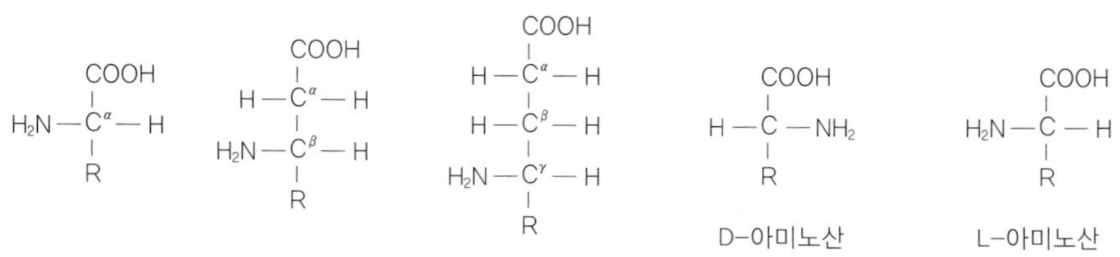

[그림 5-1] α-, β-, γ-아미노산과 L-, D-형 아미노산의 구조

2) 아미노산의 종류와 분류

단백질을 구성하는 아미노산은 약 20여 종이며, 아미노기와 카르복실기의 수에 따라 중성 아미노산, 산성 아미노산, 염기성 아미노산으로 분류한다. 아미노산은 곁사슬의 화학구조에 따라 용해성, 반응성 등 물리화학적 성질이 달라진다.

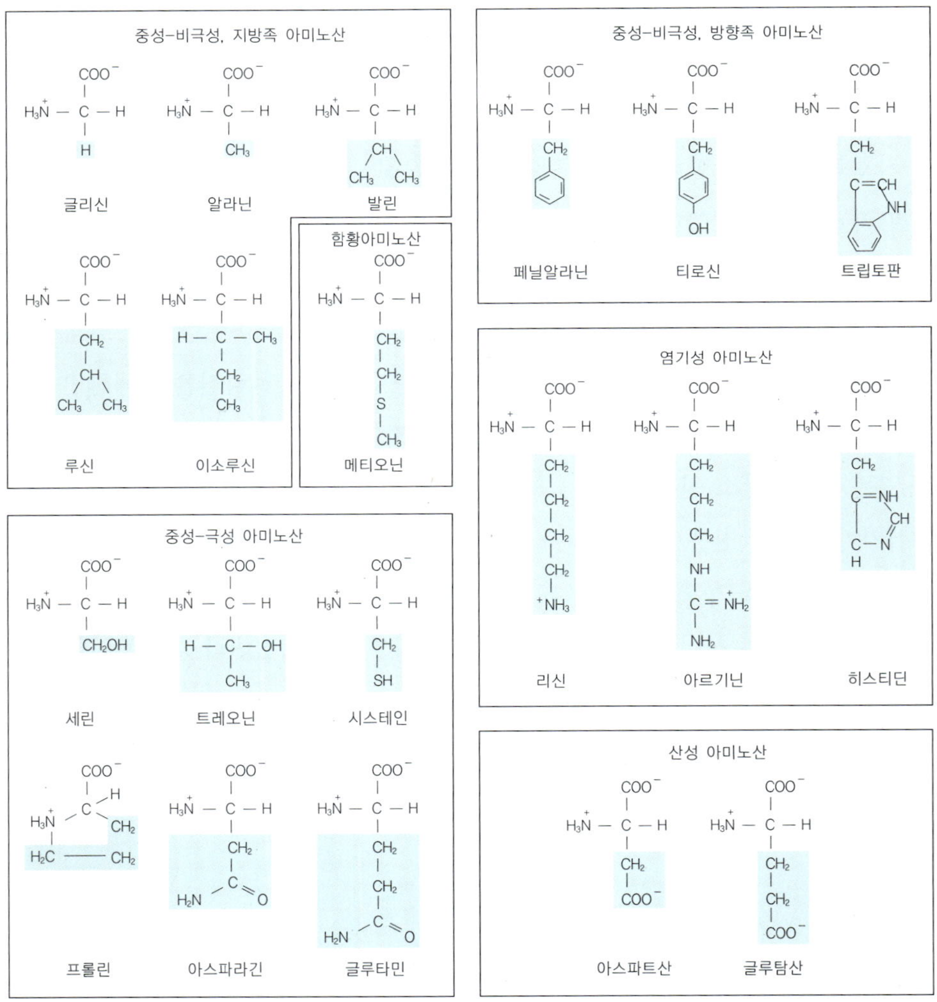

[그림 5-2] 아미노산의 분류

(1) 중성 아미노산

① 중성 아미노산

중성 아미노산은 곁사슬에 아미노기와 카르복실기가 존재하지 않는다. 곁사슬의 화학구조에 따라 극성과 비극성으로 분류한다([그림 5-2]).

[중성-극성 아미노산]

중성-극성 아미노산은 곁사슬에 $-OH$, $-NH_2$ 또는 $-SH$가 있다. 이들의 산소, 질소, 황원자들과 수소원자 사이에는 전기음성도의 차이가 나서 극성을 나타내며, 수소결합에 참여할 수 있다. 세린(serine), 트레오닌(threonine), 시스테인(cysteine), 프롤린(proline), 아스파라긴(asparagine), 글루타민(glutamine)이 중성-극성 아미노산에 속한다.

[중성-비극성 아미노산]

중성-비극성 아미노산은 탄화수소기를 가진 지방족 아미노산, 황을 포함한 함황 아미노산, 벤젠기를 가진 방향족아미노산 등으로 세분화하기도 한다.

지방족 아미노산은 곁사슬이 탄화수소, 즉 탄소와 수소로만 구성되어 있어 소수성을 나타낸다. 글리신(glycine), 알라닌(alanine), 발린(valine), 루신(leucine), 이소루신(isoleucine)이 여기에 속한다.

방향족 아미노산은 곁사슬에 벤젠고리 구조가 존재하며, 페닐알라닌(phenylalanine), 티로신(tyrosine), 트립토판(tryptophan)이 있다.

함황 아미노산은 곁사슬에 황원자를 가지고 있는 아미노산으로 메티오닌(methionine)을 들 수 있다.

(2) 산성 아미노산

산성 아미노산은 카르복실기의 수가 아미노기의 수보다 많은 아미노산이다. 수용액의 pH가 중성이면 곁가지에 존재하는 카르복실기가 COO^-로 해리되어 음전하를 나타낸다. 아스파트산(aspartic acid)과 글루탐산(glutamic acid)이 산성 아미노산에 속한다.

(3) 염기성 아미노산

염기성 아미노산은 아미노기의 수가 카르복실기의 수보다 많은 아미노산이다. 수용액의 pH가 중성이면 곁가지에 존재하는 아미노기가 $-NH_3^+$로 되어 양전하를 나타낸다. 리신(lysine), 아르기닌(arginine), 히스티딘(histidine)이 염기성 아미노산에 속한다.

3) 필수 아미노산

20여 가지의 아미노산 중에서 인체의 단백질 형성에 필요하지만 체내에서 합성되지 않거나 거의 합성되지 않아 반드시 섭취해야 하는 아미노산을 필수 아미노산(essential amino acid)이라 한다. 정상적인 성인에게 필요한 필수 아미노산은 발린, 루신, 이소루신, 트레오닌, 리신, 메티오닌, 페닐알라닌, 트립토판, 히스티딘으로 9개이다. 식품 단백질 중 필수 아미노산 함량은 단백질의 영양적 가치의 판단기준이 된다.

4) 제한 아미노산

단백질이 체내에 흡수된 후의 이용률에서 필수 아미노산의 최적 비율로 보았을 때 상대적으로 부족한 필수 아미노산을 제한 아미노산이라 한다. 식품에서 제한 아미노산의 수는 보통 1~3개이지만, 양질의 동물성 단백질에는 거의 존재하지 않는다. 제한 아미노산 중 가장 많이 부족한 아미노산을 제1제한 아미노산, 두 번째로 많이 부족한 것을 제2제한 아미노산이라 한다. 일반적으로 곡류는 제1제한 아미노산은 리신, 제2제한 아미노산이 트레오닌이며, 두류의 경우 함황 아미노산인 메티오닌은 제1제한 아미노산인 경우가 많다. 일부 식품 단백질 중 제한 아미노산은 [표 5-2]와 같다.

[표 5-2] 일부 식품 중의 제한 아미노산

식품	제한 아미노산	식품	제한 아미노산	식품	제한 아미노산
쌀	리신	보리	리신, 트레오닌	감자	메티오닌
밀	리신	대두	메티오닌	고구마	메티오닌
옥수수	리신, 트립토판	땅콩	메티오닌, 리신	생선	트립토판

5) 아미노산의 성질

(1) 용해성

아미노산은 일반적으로 물과 같은 극성용매에는 잘 용해되며, 묽은 산, 알칼리, 염 용액에도 잘 녹는다. 그러나 아세톤, 에테르, 핵산 등의 비극성 유기용매에는 녹지 않는다. 예외적으로 티로신과 시스틴은 물에 잘 녹지 않으며, 프롤린과 히드록실프롤린은 알코올에 잘 녹는다. 아미노산의 용해도는 pH에 따라 달라지는데, 등전점(isoelectric point)에서 가장 낮다.

(2) 양성전해질

양성전해질(amphocyte)이란 수용액 중에서 산성과 알칼리성 양쪽의 성질을 모두 나타낼 수 있는 물질이다. 아미노산은 한 분자 내에 염기성을 나타내는 아미노기(−NH_2)와 산성을 나타내는 카르복실기(−COOH)를 동시에 가지고 있는 양성이온(양극성 이온, dipolar ion, zwitterion)이므로 수용액 중에서 음이온인 −COO^-와 양이온인 −NH_3^+로 해리된다. 아미노산은 산성 용액에서는 카르복실기의 해리가 억제되므로 −NH_3^+(양이온)으로, 염기성 용액에서는 아미노기의 해리가 억제되어 COO^-(음이온)으로 존재한다([그림 5-3]).

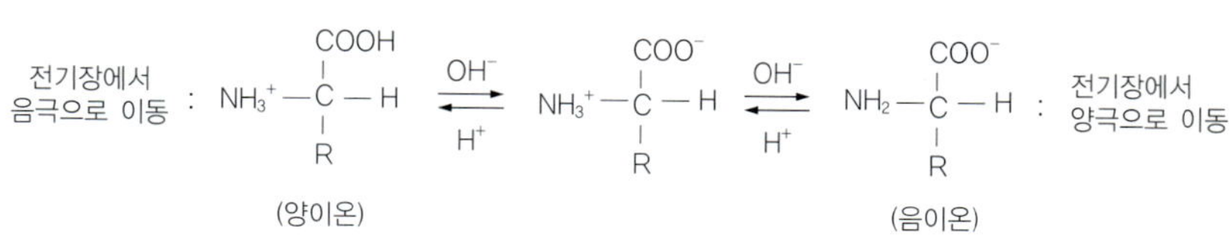

[그림 5-3] 아미노산의 양성전해질

(3) 등전점

아미노산은 pH에 따라 서로 다른 전하를 띠게 된다. 즉 산성용액에서는 H^+를 받아 NH_2가 $-NH_3^+$로 되므로 양(+) 전하를 띠어 음극으로 이동하며, 알칼리성용액에서는 H^+를 잃어 COOH가 $-COO^-$로 되어 음(−)전하를 띠므로 양극으로 이동한다. 양성전해질의 알짜 전하(net charge)는 양전하와 음전하의 합으로 나타낸다. 특정한 pH에서 양전하와 음전하의 양이 똑같아지면 알짜 전하는 '0'이 되므로 어느 전극으로도 이동하지 않는다. 이렇게 전하가 중성이 되는 pH를 등전점(isoelectric point)이라고 한다. 아미노산의 등전점은 아미노산의 아미노기와 카르복실기의 수에 따라 달라지는데 대체로 산성 아미노산의 등전점은 산성 부근에, 염기성 아미노산의 등전점은 알칼리성 부근에, 중성 아미노산의 등전점은 pH 5~7 사이의 약산성에 존재한다([표 5-3]). 등전점에서 아미노산은 용해도가 가장 낮아 불안정하기 때문에 침전되기 쉽고, 용해도, 삼투압, 점도와 표면장력은 최소가 되고, 기포성, 흡착성, 탁도는 최대가 된다.

[표 5-3] 여러 가지 아미노산의 등전점

분류	이름	등전점	분류	이름	등전점
중성 아미노산	글리신	6.06	중성 아미노산	아스파라긴	5.41
	알라닌	6.11		글루타민	5.65
	발린	6.02		티로신	5.63
	메티오닌	5.74		트립토판	5.88
	루신	6.04		페닐알라닌	5.91
	이소루신	6.04	염기성 아미노산	히스티딘	7.64
	세린	5.68		리신	9.47
	트레오닌	5.60		아르기닌	10.76
	시스테인	5.02	산성 아미노산	아스파르트산	2.98
	프롤린	6.30		글루탐산	3.08

2. 단백질

단백질은 수백 개의 아미노산이 펩티드 결합으로 이루어진 고분자화합물이다. 단백질은 출처에 따라 식물성 단백질과 동물성 단백질로, 구조적 특성에 따라 섬유상 단백질, 구상 단백질로, 조성과 이화학적 성질에 따라 단순단백질, 복합단백질, 유도단백질로 분류된다.

1) 단백질의 분류

(1) 조성과 용해성에 의한 분류

단백질은 조성과 용해성에 따라 단순단백질, 복합단백질, 유도단백질로 분류된다.

① 단순단백질

단순단백질은 가수분해하여 아미노산만 생성되는 단백질로 비교적 구조가 간단하다. 물, 염류 용액, 산, 알칼리, 알코올에 대한 용해도에 따라 [표 5-4]와 같이 분류된다. 용해성이 다른 것은 단백질을 구성하는 아미노산의 종류, 함량과 배열이 다르기 때문이다.

[표 5-4] 단순단백질의 분류와 특징

단백질	용해성(가용 : +, 불용 : -)					특 징	단백질(식품)
	물	NaCl 0.8%	약산 pH 6	약염기 pH 8	알코올 60~80%		
알부민 (albumin)	+	+	+	+	-	열응고성 동식물체에서 수용액으로 널리 존재 약산성에서 응고	락트알부민(우유) 오브알부민(난백) 혈청알부민(혈청) 미오겐(근육) 레구멜린(대두) 루코신(보리)
글로불린 (globulin)	-	+	+	+	-	열응고성 동식물에 널리 존재 각종 아미노산 함유 알부민과 공존하는 경우가 많음	혈청글로불린(우유) β-락토글로불린(우유) 오보글로불린(난백) 락토글로불린(우유) 미오신, 액틴(근육) 글리시닌(대두) 투베린(감자) 아라킨(땅콩)
글루텔린 (glutelin)	-	-	+	+	-	비열응고성 식물성 식품 특히 곡류의 종자에 많이 존재 글리시닌과 글루탐산 다량 함유	글리아딘(밀) 오리제닌(쌀) 호르데인(보리)
프롤라민 (prolamin)	-	-	+	+	+	비열응고성 곡류 종자에 존재 프롤린과 글루탐산을 많이 함유	글루테닌(밀) 제인(옥수수) 호르데인(보리)
히스톤 (histone)	+	+	+	-	-	비열응고성 동물에만 존재 염기성 아미노산인 리신, 히스티딘과 아르기닌 다량 함유	흉선 히스톤(흉선) 글로빈(적혈구) 동물 체세포와 정자의 핵
프로타민 (protamin)	+	+	+	-	+	비열응고성 동물에만 존재 강한 염기성 단백질로 다량의 아르기닌 함유	연어, 정어리, 고등어 등 어류의 성숙한 정자세포 중(핵산과 결합하여 존재)
알부미노이드 (albuminoid)	-	-	-	-	-	비열응고성 섬유상 단백질(경단백질) 동물체에만 존재 효소의 가수분해에 저항	콜라겐(결합조직, 피부) 엘라스틴(결합조직, 힘줄) 케라틴(머리카락, 손톱) 피브로인(명주실)

② 복합단백질

아미노산만으로 구성된 단순단백질에 지질, 탄수화물, 인, 색소, 금속 등의 비단백질 부분인 보결분자단(prosthetic group)이 결합되어 있는 단백질로 생리적으로 중요한 역할을 한다. 보결분자단의 종류에 따라 [표 5-5]와 같이 분류된다.

[표 5-5] 복합단백질의 분류와 특징

단백질	특징	단백질(식품)
인단백질 (phosphoprotein)	인산과 단순 단백질이 에스테르 결합한 것 동물성 식품에 주로 존재 칼슘염으로 존재하는 산성 단백질 묽은 알칼리용액에 용해	카제인(유즙) 비텔린, 비텔레닌(난황)
지단백질 (lipoprotein)	지질(인지질, 콜레스테롤 등)과 단백질이 결합한 것(인지질은 주로 레시틴과 세팔린) 유화력을 가지고 있음 거의 모든 동식물 세포에 존재	리포비텔린, 리포비텔레닌(난황) 트롬보플라스틴(혈액)
핵단백질 (nucleoprotein)	핵산(DNA, RNA)과 염기성 단백질 (주로 히스톤, 프로타민)이 결합된 것 세포핵에 주로 존재 동식물 세포의 주성분 식품의 맛과 관련 있음	뉴클레오히스톤(동물의 체세포핵) 뉴클레오프로타민(어류의 정자핵)
당단백질 (glycoprotein)	당질과 단백질이 결합한 것 점성단백질 조직이나 장내의 윤활작용 동식물 세포와 조직의 보호작용	뮤신(점액, 타액, 소화액) 뮤코이드(혈청, 결체조직) 오보뮤코이드(난백)
색소단백질 (chromoprotein)	색소와 단백질이 결합한 것 산소운반, 호흡작용, 산화환원작용에 관여	헤모글로빈(혈액) 미오글로빈(근육) 시토크롬(체조직) 헤모시아닌(연체동물의 혈액) 카탈라아제(간, 적혈구)
금속단백질 (metalloprotein)	금속과 단백질이 결합한 것 Fe, Cu, Zn이 주로 단백질과 결합	페리틴(Fe 함유) 폴리페놀 옥시다아제(Cu 함유) 아스코르비나아제(Cu 함유) 인슐린(Zn 함유)

③ 유도단백질

유도단백질(derived protein)은 단순단백질이나 복합단백질이 물리적, 화학적, 효소적 작용에 의해 분해되거나 변성된 단백질로 분해 및 변성의 정도에 따라 1차 유도단백질과 2차 유도단백질로 분류된다([표 5-6]).

1차 유도단백질은 약간의 변화를 받은 단백질로 분자의 골격은 대부분 유지되면서 성질만 변한 것으로 변성단백질(denatured protein)이라고도 한다. 2차 유도단백질은 단백질이 아미노산으로 가수분해될 때까지의 중간생성물로 가수분해단백질(hydrolyzed protein)이라고 한다. 단백질의 크기가 작아져 물에 녹으며 열에 응고되지 않는다. 가수분해단백질은 치즈를 숙성시키는 과정에서 많이 생성된다.

[표 5-6] 유도단백질의 종류 및 특징

단백질		특 징
1차 유도단백질 (변성단백질)	젤라틴 (gelatin)	콜라겐을 물과 함께 오랜 시간 끓이면 얻을 수 있는 것 콜라겐의 나선구조가 용융된 것 뜨거운 물에는 녹지만 찬물에는 녹지 않음
	프로테안 (protean)	수용성 단백질이 물리, 화학적 작용에 의해 불용성 단백질로 변화된 것 대부분의 가공식품 단백질 미오신의 변성물인 에데스탄(edestan), 미오산(myosan) 등
	메타프로테인 (metaprotein)	단백질이 산이나 알칼리에 의해 분해되기 전까지 더욱 변성된 것 비열응고성 묽은 산이나 묽은 알칼리에 가용성, 중성용액에 불용성
	응고단백질 (coagulated protein)	천연 단백질이 열, 자외선, 교반, 유기용매(알코올 등), 효소 등 물리, 화학적, 미생물 반응에 의해 응고된 것 물, 염 용액, 묽은 산, 묽은 알칼리 용액에 불용성 예) 요리한 달걀, 레닌에 의해 응고된 파라-카제인(para-casein) 등
2차 유도단백질 (가수분해 단백질)	1차 프로테오스 (primary proteose)	단백질이 부분적으로 가수분해된 것 수용성, 비열응고성
	2차 프로테오스 (secondary proteose)	1차 프로테오스보다 더 분해된 것 수용성, 비열응고성
	펩톤 (peptone)	프로테오스가 더 분해된 것 수용성, 비열응고성
	펩티드 (peptide)	단백질의 분해가 가장 많이 진행된 가장 작은 유도단백질 수용성, 비열응고성

(2) 구조와 형태에 따른 분류

단백질의 구조와 형태에 따라 섬유상 단백질과 구상 단백질로 분류할 수 있다.

섬유상 단백질은 긴 섬유상의 폴리펩티드 사슬이 수소결합 또는 이황화결합에 의해 한쪽 방향으로 규칙적인 배열을 하고 있는 구조이다. 구상 단백질은 아미노산 곁가지의 이온결합, 수소결합, 소수성결합 등 여러 가지 결합에 의해 폴리펩티드 사슬이 구부러지면서 전체적으로 둥근 모양을 가지는 구조이다([표 5-7], [그림 5-4]).

[표 5-7] 단백질의 구조와 형태에 따른 분류

	섬유상 단백질	구상 단백질
형태	길고 좁은 모양	전체적으로 둥근 모양
용해성	대부분 물에 잘 녹지 않는다.	비교적 물에 잘 녹는다.
아미노산 배열 순서	규칙적이다.	불규칙하다.
안정성	열이나 pH의 변화에 비교적 안정하다.	열이나 pH 등의 변화에 불안정하다.
종류	콜라겐, 엘라스틴, 케라틴 등	알부민, 글로불린, 미모글로빈, 인슐린, 효소단백질 등

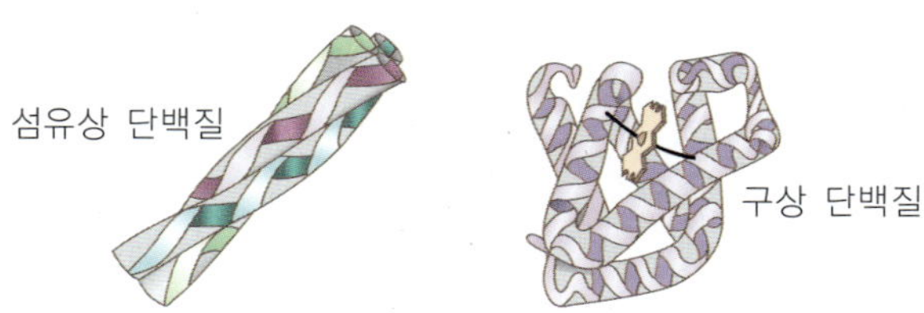

[그림 5-4] 섬유상 단백질과 구상 단백질

2) 단백질의 구조

단백질은 20여 가지의 아미노산들이 펩티드 결합으로 연결된 고분자화합물이다.

펩티드 결합이란 한 아미노산 분자의 카르복실기(–COOH)와 다른 아미노산의 아미노기($-NH_2$)와 반응하면 카르복실기의 $-OH$와 아미노기의 $-H$가 결합하여 1분자의 물이 빠져 나오면서 형성되는 아미드($-CO-NH$) 형태의 결합(amide bond)이다([그림 5-5]). 펩티드의 양쪽 끝에는 유리 상태의 아미노기와 카르복실기가 하나씩 존재하는데, 유리 아미노기가 있는 쪽을 아미노기 말단(N-말단)이라 하고 카르복실기가 있는 쪽을 카르복실기 말단(C-말단)이라고 한다. 두 개의 아미노산이 결합되면 디펩티드(dipeptide), 세 개의 아미노산이 결합된 것은 트리펩티드(tripeptide), 10개 이상의 많은 아미노산이 결합된 것을 폴리펩티드(polypeptide)라 한다. 디펩티드로는 인공감미료인 아스파탐(아스파르트산과 페닐알라닌이 결합), 트리펩티드로는 글루타티온(글리신, 시스테인과 γ-글루탐산이 결합)이 있으며, 일반적인 단백질은 100개 이상의 아미노산이 결합된 폴리펩티드이다. 펩티드 결합은 탄소와 질소 사이의 공유결합과 탄소와 산소 사이의 이중결합으로 이루어져 있는 매우 강한 결합이다. 펩티드 결합은 열, 묽은 산, 묽은 알칼리에 의해 분해되지 않지만 아미노산의 측쇄 결합은 결합 정도에 따라 분해되기도 한다. 단백질은 결합 방식에 따라 1차, 2차, 3차와 4차 구조로 나누어진다.

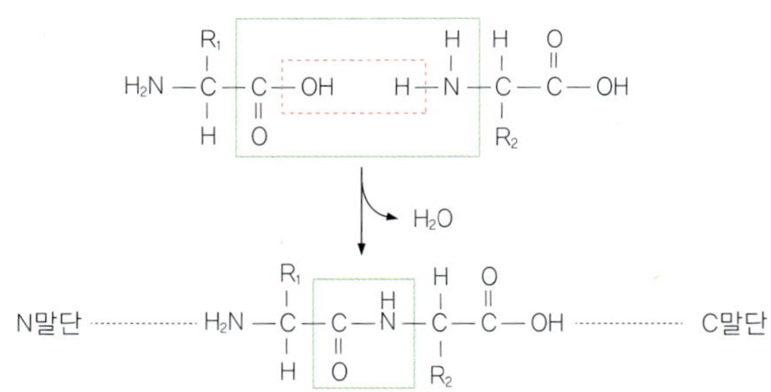

[그림 5-5] 펩티드 결합

(1) 1차 구조

단백질의 1차 구조(primary structure)는 폴리펩티드 내의 아미노산 종류와 배열 순서이다. 아미노산의 종류와 배열 순서는 단백질의 2차, 3차 구조의 결정인자로 작용하여 결과적으로 단백질의 특성, 생물학적 기능을 결정한다([그림 5-6]).

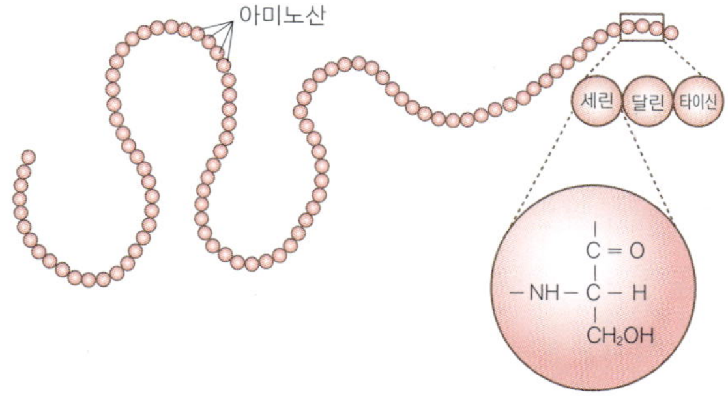

[그림 5-6] 단백질의 1차 구조

(2) 2차 구조

단백질의 2차 구조(secondary structure)는 아미노산의 종류 및 배열 순서에 따라 구성 아미노산끼리 상호작용이 일어나면서 단백질의 입체 구조를 형성하는 것이다. 단백질의 2차 구조는 한 가닥의 실과 같은 1차 구조 단백질이 회전, 꼬임, 접힘 등의 과정을 거쳐 α−나선구조(α−helix), β−병풍구조(β−pleated sheet), 불규칙 구조(random coil) 등을 형성하는데, 주로 수소결합에 의해 안정화된다([그림 5-7]).

α−나선 구조는 한 줄의 1차 구조 단백질이 오른쪽으로 회전하는 구조로 1회전당 3.6개의 아미노산 잔기가 있다. 동일한 폴리펩티드 사슬에서 한 아미노산의 이미노기(〉NH) 수소와 4개 잔기만큼 떨어진 위치에 있는 카르보닐기(〉C=O) 산소 사이에서 분자 내 수소결합이 형성되어 안정화된 구조를 이룬다. 구상 단백질인 미오글로빈, 헤모글로빈의 단백질은 펩티드 사슬의 약 80%가 α−나선구조이다.

β−병풍구조는 펩티드 사슬이 입체적으로 주름을 잡으며 늘어진 구조로 병풍을 펼쳐 놓은 모양이다. β−병풍구조는 두 줄의 펩티드 사슬이 평행할 때 첫 번째 펩티드 사슬의 이미노기(>NH)와 두 번째 펩티드 사슬의 카르보닐기(>C=O) 사이에서 수많은 수소결합이 생성되고 주름진 모양이 만들어진다. 펩티드 두 줄은 N−말단과 C−말단이 같은 방향일 수도 있고 반대 방향일 수도 있다. 명주실에 존재하는 피브로인은 β−병풍구조를 가지는 대표적인 단백질이다. 비단을 잡아당기면 병풍을 펼친 것처럼 단백질이 늘어나는 신축성을 보인다.

불규칙 구조는 펩티드 사슬 내에 또는 펩티드 사슬들 사이에 규칙이나 일정한 정렬이 없는 구조로 폴리펩티드 사슬이 흐트러진 실처럼 복잡하게 구부러지고 휘어져 있다.

펩티드 사슬 내에서 글루탐산, 메티오닌, 알라닌, 루신 등의 아미노산이 많이 존재하면 α-나선구조를 잘 형성하지만 트립토판, 티로신과 글리신, 프롤린은 α-나선구조를 불안정하게 만든다. 방향족 아미노산(페닐알라닌, 티로신, 트립토판)과 트레오닌, 발린, 이소루신이 많은 단백질은 β-병풍구조를 잘 형성한다. 프롤린과 글리신은 잔기가 다른 아미노산과 결합할 수 없으므로 α-나선구조나 β-병풍구조가 연속되는 것을 차단한다.

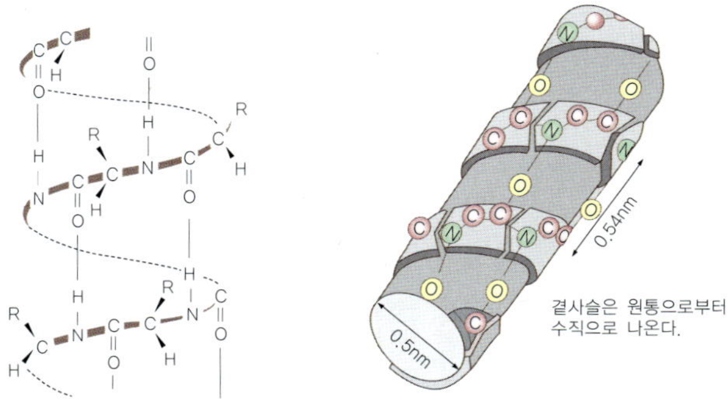

(a) α -나선구조의 모형

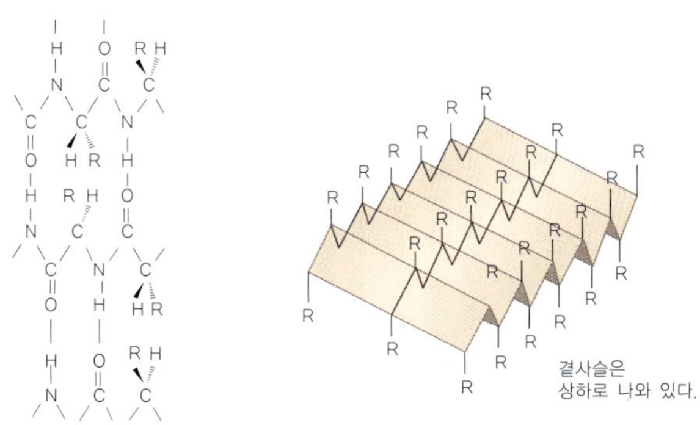

(b) β -병풍구조의 모형
점선(····)은 수소결합

[그림 5-7] 단백질의 2차 구조

(3) 3차 구조

단백질의 3차 구조(tertiary structure)는 단백질의 2차 구조인 α-나선구조, β-병풍구조, 불규칙 구조를 이룬 폴리펩티드 사슬이 구성 아미노산의 특성에 따라 반데르발스힘(van der vaals forces), 수소결합, 이황화결합(disulfide bonds), 소수성결합(hydrophobic interactions), 이온결합 등에 의해 3차원적인 입체구조를 형성하는 것이다([그림 5-8]). 단백질의 3차 구조에는 섬유상 단백질(fibrous protein)과 구상 단백질(globular protein)이 있다. 섬유상 단백질은 규칙적으로 정렬된 α-나선구조나 β-병풍구조를 다량 포함하는데 대표적인 섬유상 단백질로는 콜라겐, 액틴, 미오신 등이 있다. 구상 단백질은 친수성 아미노산 잔기들이 단백질의 표면에 위치하면서 물과 상호작용을 하고, 소수성 아미노산 잔기들은 접힌 구조로 단백질의 내부로 숨어 들어가 입체적인 구조가 형성된다. 3차 구조를 만드는 여러 가지 결합은 그 결합력이 약하기 때문에 가열, pH 변화, 유기용매 등 물리·화학적인 처리에 의해 분해되므로 단백질 구조가 쉽게 변한다.

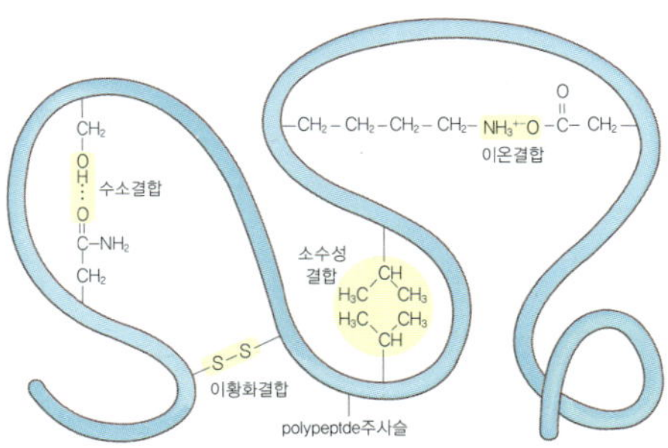

[그림 5-8] 단백질의 3차 구조를 안정화시키는 결합

(4) 4차 구조

단백질의 4차 구조(quaternary structure)는 3차 구조를 이루고 있는 2개 이상의 폴리펩티드 또는 단백질이 모여서 새로운 단백질 집합체를 형성하는 것이다([그림 5-9]). 4차 구조를 형성하는 하나하나의 폴리펩티드를 소단위(subunit)라고 하는데, 소단위 단독으로는 단백질로서의 활성을 나타내지 못하지만 결합체를 이루면 단백질로의 기능을 가진다.

식품 단백질의 4차 구조는 보통 2~4개의 소단위로 이루어져 있는데, 동일한 소단위로 구성된 화합물을 균일복합체(homogenous complex), 2개 이상의 다른 소단위로 구성된 화합물을 불균일복합체(heterogenous complex)라 한다. 베타락토글로불린은 2개의 동일한 소단위로 구성되어 있는 균일복합체이며, 헤모글로빈은 서로 다른 α와 β 소단위가 각각 2개씩 총 4개 모여 이루어진 불균일복합체이다. 단백질은 4차 구조를 가짐으로써 한정된 유전 정보로 거대한 구조 단백질을 만들 수 있으며, 각각의 펩티드 사슬의 상호작용으로 생물 활성을 조절할 수 있다.

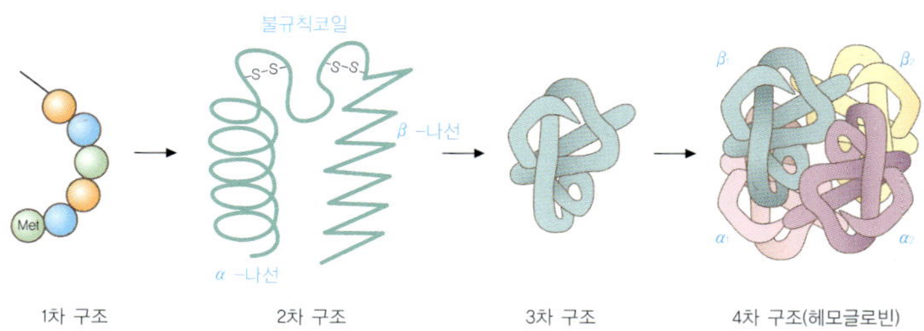

[그림 5-9] 단백질의 4차 구조

3) 단백질의 성질

(1) 용해성

단백질은 그 종류에 따라 물, 묽은 산, 묽은 알칼리, 묽은 염류용액, 알코올 등에 대한 용해성이 달라진다. 단백질의 용해성에 영향을 주는 요인으로는 단백질의 형태(구상 혹은 섬유상), 표면 또는 표면 가까이에 존재하는 전하의 수와 상태, 극성기(−COOH, $-NH_2$, −OH, −SH, −NH, −CO)의 수와 분포상태, 소수성기의 노출 상태 등이 있다. 단백질이 용해된다는 것은 소금이나 설탕처럼 작은 분자가 용매에 녹아서 투명한 진용액을 만드는 것이 아니라 분자량이 큰 단백질이 용매에 분산되어 불투명하고 점조한 콜로이드 용액을 만드는 것을 의미한다.

저농도의 염 용액은 단백질의 용해도를 증가시키는데, 이러한 현상을 염용(salting-in)이라고 한다. 이 현상은 단백질의 전하를 띤 부분이 물보다 염 용액의 음(−)이온이나 양(+)이온들과 더 강하게 이온결합하기 때문에 발생된다. 그러나 중성염의 농도가 지나치게 높아지면 단백질이 침전되는데 이러한 현상을 염석(salting-out)이라 한다. 염석은 고농도의 염이온들이 기존에 물과 결합한 단백질에서 물분자를 빼앗아 단백질이 물에 녹지 못하고 서로 뭉쳐서 침전하는 현상이다. 염용과 염석은 단백질의 조리, 가공에 중요한 역할을 한다. 예를 들어 햄의 내부에 소금물을 투입하면 단백질의 용해도가 증가되어 수분의 흡수가 증가되고 햄이 촉촉하게 유지되는데 이것은 염용을 이용한 방법이다. 또한 콩 단백질에 염화칼슘($CaCl_2$), 염화마그네슘($MgCl_2$) 등을 넣어 콩 단백질을 분리 및 정제해 만드는 두부는 염석을 이용한 식품이다.

(2) 양성전해질과 등전점

단백질은 아미노산 간의 펩티드 결합에 의해 이루어진 것이므로, 단백질 말단에는 유리상태의 아미노기($-NH_2$)나 카르복실기($-COOH$)가 있으며, 산성 아미노산이나 염기성 아미노산 등의 곁가지에 유리 상태인 아미노기나 카르복실기가 유리되어 존재할 수 있다. 따라서 단백질은 아미노산과 마찬가지로 용액의 pH에 따라 양성전해질의 성질을 나타내며, 등전점의 성질도 가지게 된다([그림 5-10]). 일반적으로 단백질은 산성 아미노산이 많으면 산성쪽으로, 염기성 알칼리성이 많으면 염기성쪽의 등전점을 가진다. 등전점에서 단백질은 분자끼리의 정전기적 반발력이 최소가 되므로 용해도가 최소가 되고, 응집하기 쉬워지고 침전이 일어난다. 또한 등전점에서 단백질의 점도, 팽윤, 삼투압 등은 최소가 되지만, 흡착성, 기포성, 탁도 등은 최고가 된다. 치즈 제조 시 우유의 pH를 낮추어 주면 카제인 단백질이 응고되는데, 이는 단백질의 등전점을 이용한 예이다. 대부분의 식품은 pH 4~6의 범위에서 등전점을 가진다([표 5-8]).

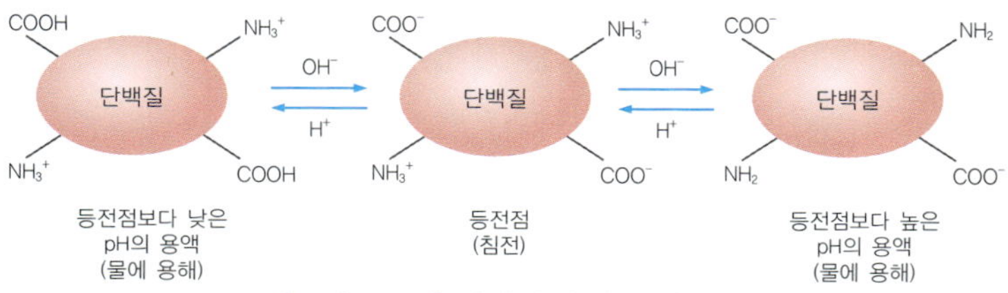

[그림 5-10] 단백질의 양성전해질

[표 5-8] 여러 가지 식품 단백질의 등전점

단백질	소재	등전점	단백질	소재	등전점
달걀알부민	달걀	4.5~47	글리아딘	밀	6.5
락트알부민	우유	5.1	글루테닌	밀	5.2~5.4
락토글로불린	우유	4.5~5.5	제인	옥수수	5.8
카제인	우유	4.6	미오겐	육류	6.3
글리시닌	콩	4~5	미오신	육류	5.4

3. 단백질의 변성

단백질의 변성(denaturation)이란 천연의 단백질이 여러 가지 물리적, 화학적 작용을 받아 고유의 구조가 달라지면서 천연과는 다른 상태로 변화하는 것을 의미한다([그림 5-11]). 변성은 수소결합, 이황화결합, 이온결합, 소수성결합 등에 의해 형성된 단백질의 2차, 3차, 4차 구조가 파괴됨에 따라 분자 내부에 있던 반응기가 표면에 노출되어 반응성을 보이면서 나타난다. 단백질의 1차 구조는 펩티드 결합이 끊어지지 않으므로 변화하지 않는다. 변성 단백질은 변성 요인을 제거했을 때 원래 상태로 회복되는 가역적 변화와 회복되지 않는 비가역적 변성으로 나눌 수 있는데 대부분의 식품 단백질은 비가역적으로 변성된다. 천연 단백질은 변성에 의해 용해도가 급격히 감소하여 침전되는 경향을 나타낸다.

단백질의 변성을 일으키는 물리적인 요인으로는 가열, 동결, 건조, 교반, 압력, 초음파 등이 있고, 화학적인 요인으로는 산, 알칼리, 염류, 알코올, 아세톤, 효소 등이 있다.

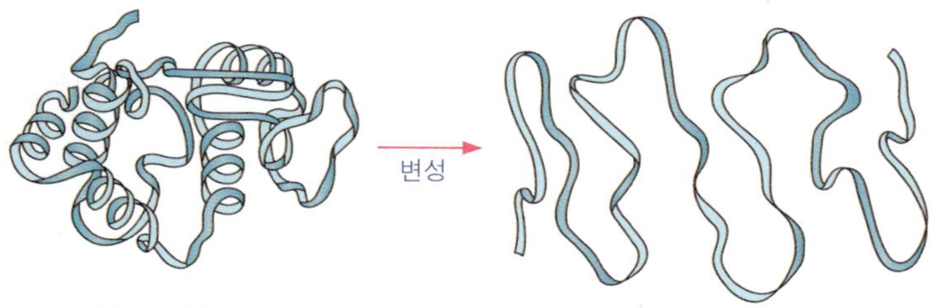

[그림 5-11] 단백질의 변성

1) 물리적 요인에 의한 변성

(1) 열에 의한 변성

식품 단백질의 가열에 의한 변성은 식품의 조리 및 가공 과정에서 가장 일반적으로 볼 수 있는 변성으로 대부분 응고 형태로 일어난다. 수용성 구상 단백질이 열에 의해 변성이 되면 분자구조가 펼쳐지면서 표면 소수성이 증가하고, 이황화(−S−S−) 결합이 생기면서 응고가 일어난다. 불용성 단백질은 물과 열에 의해 가용성이 되기도 한다. 단백질의 응고가 일어나는 예로서는 달걀의 응고, 우유의 유청 단백질인 락트알부민, 락토글로불린의 가열에 의한 피막 생성 등을 들 수 있다. 불용성 단백질 가용화의 예로는 결합조직 단백질인 콜라겐이 물과 함께 가열하면 젤라틴이 되는 것 등을 들 수 있다. 단백질의 열변성에 영향을 주는 요인으로는 온도, 수분, 전해질 농도, pH 등이 있다.

① 온도

단백질의 종류에 따라 변성되는 온도가 다르지만, 대개 60~70℃에서 일어나며, 온도가 높아지면 열변성이 빠르게 일어난다.

② 수분

수분이 많으면 비교적 낮은 온도에서 열변성이 일어난다. 수분은 열에 의해 물분자의 활동이 왕성해져 폴리펩티드 사이의 수소결합을 끊어 폴리펩티드 사슬을 풀리게 하거나 응집할 때 사슬의 움직임을 쉽게 하도록 한다.

③ 전해질

단백질에 염화물, 황산염, 인산염, 젖산염 등의 전해질이 존재하면 낮은 온도에서 쉽게 열변성이 일어나며, 속도도 빨라진다.

④ pH

일반적으로 단백질은 등전점에서 가장 쉽게 응고하므로, pH를 등전점으로 맞춰 주면 열변성이 쉽게 일어난다.

⑤ 당류

단백질에 당류를 넣어 주면 단백질의 물리, 화학적인 변성 속도를 늦출 수 있다. 이는 단백질이 당류와 수소결합 등으로 결합되어 이동이 어려워지기 때문이다.

(2) 동결에 의한 변성

대부분의 곡류와 두류는 수분함량이 낮아 동결에 의해 단백질이 변성되지 않지만, 육류 및 어류는 수분함량이 많아 단백질이 쉽게 변성된다. 식품을 동결하면 자유수는 부피가 큰 얼음 결정이 되고, 커진 얼음 결정에 의해 단백질 입자가 상호 접근해 결합되기 쉬워지므로 단백질의 변성이 일어난다. 특히 소금 등의 염류가 포함된 식품의 경우 물이 얼음이 되면 염류의 농도가 증가되면서 염석(salting-out) 현상으로 단백질이 변성된다. 육류나 어류 단백질은 동결에 의한 변성으로 질겨지며, 해동 시 육즙이 빠져나와 풍미가 떨어지게 된다. 동결에 의한 변성은 최대빙형성대인 −1∼−5℃에서 가장 많이 일어나며, 그 이하의 온도에서는 변성 속도가 감소된다. 동결에 의한 단백질 변성을 줄이기 위해서는 급속동결로 얼음 결정의 크기를 최소화해야 한다. 단백질의 동결에 의한 변성을 이용한 식품으로는 동결두부 등을 들 수 있다.

(3) 건조에 의한 변성

육류 및 어류 단백질은 건조에 의해 근육섬유를 형성하고 있는 직쇄상의 폴리펩티드 결합 사이의 수분이 증발하여 폴리펩티드 사슬끼리의 거리가 더 가까워진다.

거리가 가까워진 폴리펩티드 사슬은 상호접근하여 결합을 이루고 견고한 구조를 형성한다. 또한 육류에 존재하는 염류나 산은 수분의 증발로 농축되어 염석, 응집에 의한 변성도 일으킨다. 건조된 육류 및 어류는 다시 흡습시켜도 외관, 수분함량, 경도 등이 원래의 상태로 되돌아가지 않는다. 예로는 북어, 건조 오징어, 육포 등이 있다.

(4) 교반에 의한 변성

단백질 식품을 교반하면 단백질은 수면 또는 계면에 단일 분자막의 형태로 불용성인 얇은 막을 형성한다. 이러한 변성은 비가역적인 변화이다. 예로는 달걀흰자를 강하게 저어서 단단한 거품을 만들거나, 우유를 교반하여 크림을 만드는 것 등이 있다.

(5) 압력에 의한 변성

단백질은 압력에 의해 쉽게 변성된다. 압력에 의한 변성은 상온에서 일어날 수 있으며, 구상 단백질은 내부에 빈 공간이 존재하기 때문에 섬유상 단백질보다 쉽게 변성된다. 식품 가공에서 미생물의 불활성화나 달걀흰자, 콩 단백질 등에 이용될 수 있다.

2) 화학적 요인에 의한 변성

(1) 산, 알칼리에 의한 변성

단백질 용액에 산이나 알칼리를 가하면 단백질이 가지고 있던 고유의 전기적 성질이 변한다. 즉 단백질의 양전하와 음전하가 변하기 때문에 단백질의 이온결합이 변화되어 변성이 일어난다. 산, 알칼리에 의한 변성의 예로는 우유에 산을 가하여 치즈 만들기, 생선에 레몬즙을 가하여 육질을 단단하게 하는 것, 수란 제조 시 식초를 첨가하여 달걀의 응고 촉진 등을 들 수 있다.

(2) 염류에 의한 변성

단백질의 염류에 의한 변성은 염류의 농도에 따라 달라진다. 단백질 용액에 소량의 중성염을 넣으면 단백질 분자 사이의 인력을 약화시켜 단백질의 용해가 쉬워진다. 그러나 다량의 중성염을 넣으면 수분이 염류의 용해에 사용되어 단백질 용해에 이용되지 못한다. 또한 염류가 해리되어 생긴 (+), (−) 이온의 농도가 증가되어 단백질의 전하를 중화시켜 단백질 분자 사이의 반발력이 감소되면서 단백질이 응집, 침전된다. 이러한 현상을 염석이라 하며, 염석을 이용한 식품으로는 어묵(어육에 소금 첨가), 두부(두유에 칼슘염이나 마그네슘염 첨가), 젓갈 등이 있다.

(3) 알코올에 의한 변성

단백질 용액에 알코올을 넣으면 친수성이 강한 알코올의 탈수작용으로 단백질 부분의 수화가 감소하여 변성이 일어난다. 알코올에 의한 변성은 용해도가 낮아진 등전점 부근에서 가장 잘 일어난다. 우유의 신선도가 떨어지면 산의 생성으로 pH가 저하되어 등전점에 가까워지는데 선도가 낮은 우유에 알코올을 첨가하면 침전반응을 일으킨다.

3) 효소에 의한 변성

단백질은 효소의 작용에 의해 변성 및 가수분해된다. 우유 단백질인 카제인은 구상의 카제인 미셀(casein micelle)로 존재하며, 칼슘, 인산, 미량의 마그네슘 등을 함유한다. 불용성인 α−, β−카제인은 미셀의 내부에 존재하고, 수용성인 카파−카제인(κ−casein)은 미셀의 표면에 존재하므로 미셀 구조는 안정화된다. 우유에 응유효소인 레닌(rennin)을 첨가하면, 레닌은 κ−카제인에 작용하여 파라−카파−카제인(ϱ−κ−casein)과 당을 함유한 글리코마크로펩티드(glycomacropeptide)로 분해하여 카제인 미셀은 불안정해진다. ϱ−κ−카제인은 우유 중의 칼슘 이온과 결합하면서 응고되는데, 이 원리를 이용해 만든 식품이 치즈이다.

4) 변성 단백질의 성질

변성 단백질은 구조의 변화로 인해 여러 가지 성질의 변화가 일어나며, 대부분 본래의 천연 단백질로 되돌아갈 수 없는 불가역적인 경우가 많다.

(1) 용해도의 변화

대부분의 단백질은 변성되면 용해도가 감소한다. 일반적으로 소수성기는 단백질 구조 내부에 들어가 있으나, 변성에 의해 구조가 풀리면서 분자 표면에 소수성기가 나타나게 되므로 단백질의 친수성이 감소하여 용해도가 감소한다.

(2) 점도의 변화

단백질이 변성되면 구조가 풀리면서 분자의 부피가 커지므로 점도는 대체로 증가한다.

(3) 소화율의 변화

단백질이 열에 의해 변성되면 소화율이 증가하는데, 이는 단백질의 구조가 풀어지면서 소화효소의 작용을 받기 쉬워지기 때문이다. 그러나 단백질을 지나치게 가열하면 교차결합이 풀어진 단백질 구조를 다시 밀집시켜 효소의 작용 위치가 다시 내부로 묻혀 소화율이 감소한다. 생달걀이나 완숙달걀보다 반숙달걀의 소화율이 높은 것을 예로 들 수 있다.

(4) 효소 활성의 변화

효소는 기질 특이성을 가지고 있으므로, 효소 단백질이 변성되면 구조가 변형되므로 활성을 잃게 된다. 대부분의 효소는 100℃에서 수 분간 가열하면 그 활성을 잃게 된다.

(5) 반응성의 증가

구상 단백질이 변성되면 구부러져 있던 구조가 풀리므로 천연 단백질의 내부에

묻혀 있던 설프히드릴기, 페놀기 등과 같은 활성기가 표면으로 나타나 반응성이 증가한다.

4. 효소

효소(enzyme)는 동식물, 미생물의 생체 내 화학반응을 촉진시키는 물질로 '활성화 에너지(activation energy)'를 낮춰 반응이 빨리 일어나도록 한다. 많은 식품에서 효소는 소량 존재하는 구성성분이지만 중요한 역할을 한다. 효소들은 식품의 조리, 가공, 저장, 발효, 부패 등의 과정에서 식품의 성분들을 변화시킨다. 이러한 변화는 바람직한 경우도 있지만 그렇지 못한 경우도 있다. 효소가 식품의 변화에 악영향을 미치는 경우에는 불활성화를 통해 식품의 가치를 높일 수 있다.

1) 효소의 분류와 명명

효소의 종류는 매우 많고 성질과 기능이 복잡하여 여러 가지 분류법이 사용되어 왔는데, 국제생화학연합의 효소위원회(1961년)에서는 효소가 촉매하는 화학 반응의 종류에 따라 모든 효소를 여섯 군으로 분류하였다. 여섯 군은 산화환원효소(oxidoreductase), 전이효소(transferase), 가수분해효소(hydrolase), 제거효소(lyase), 이성화효소(isomerase), 합성효소(ligase 또는 synthetase)이며, 이 중 산화환원효소와 가수분해효소가 식품과 관련이 많다 .

2) 효소의 특성

효소에는 단순단백질효소와 복합단백질효소가 있다. 단순단백질효소는 단백질로만 이루어져 있으며, 복합단백질효소는 순수 단백질 부분인 결손효소(apoenzyme)와 비단백질 부분인 보조인자(cofactor)로 이루어져 있다. 보조인자에는 조효소(coenzyme)와 금속이온과 같은 무기이온이 있다. 복합 단백질 효소는 결손

효소와 보조인자가 결합되면 완전효소(holoenzyme)가 되어 활성을 가지게 된다. 효소와 작용하는 반응물질을 기질(substrate)이라고 하는데, 기질은 완전한 효소와 반응한다. 효소와 기질이 결합되면 효소-기질 복합체가 형성된다. 이때 기질에 결합하는 효소부위를 활성 부위(active site)라 하며, 효소와 기질의 결합 부위는 열쇠(Key)와 자물쇠(Lock)처럼 형태가 일치해야 한다. 이와 같이 효소는 특정 기질과의 반응에만 선택적으로 작용하는 특이성을 가지고 있는데, 이것을 효소의 기질 특이성이라 한다([그림 5-12]). 기질 특이성에는 절대 특이성과 그룹 특이성이 있다. 절대 특이성은 한 종류의 기질에만 작용하는 것이며, 그룹 특이성은 유사한 성질을 가지는 기질 그룹에 작용한다. 예를 들어 포도당 인산화효소(glucokinase)는 오직 포도당만을 기질로 사용하여 ATP로부터 인산기를 포도당에 전달하는 절대 특이성을 보이지만, 알코올탈수소효소(alcohol dehydrogenase)는 다양한 종류의 알코올을 기질로 사용하여 산화시키는 그룹 특이성을 가지고 있다.

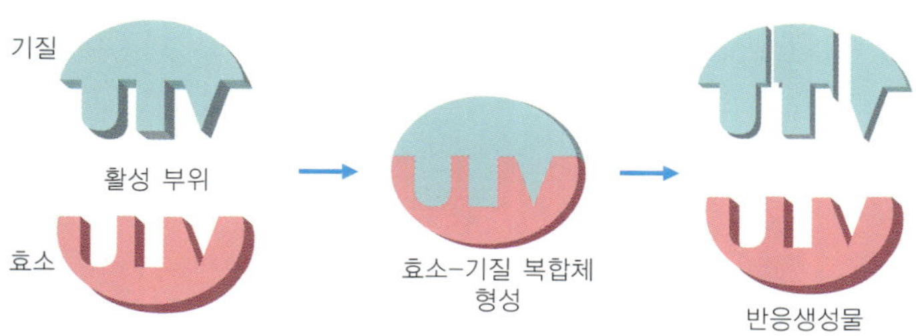

[그림 5-12] 효소-기질의 반응

3) 효소 반응에 영향을 주는 요인

효소는 주된 부분이 단백질로 되어 있으므로 가열, 산, 알칼리, 유기용매 등 단백질의 변성요인의 영향을 받아 효소의 활성이 저해되며, 온도, 효소 및 기질의 농도, 저해제, 촉진제 등 다양한 요인에 영향을 받는다.

(1) 온도

효소의 활성은 온도와 깊은 관계가 있다. 효소 반응은 온도가 올라갈수록 반응속도가 증가하지만, 효소 단백질의 변성이 시작되는 온도가 넘으면 효소 활성이 급격히 저하되고 결국에는 변성되어 활성을 잃게 된다([그림 5-13]). 대부분의 효소는 냉장온도인 0~4℃에서 거의 반응하지 않고, 최적온도인 30~40℃에서 최대의 활성을 나타낸다. 일부 내열성 효소는 70℃ 이상에서도 활성을 유지하지만, 대부분의 효소는 50℃ 이상에서 불활성화된다. 효소의 최적온도는 반응시간, 효소농도, 기질농도, 용액의 pH, 공존하는 화학물질 등에 의해 영향을 받는다.

(2) pH

효소작용은 pH에 의해 크게 영향을 받는다([그림 5-13]). pH가 변화하면 효소 활성도 변화되는데, 일반적으로 종모양을 나타낸다. 즉 효소는 단백질이므로 일정 범위의 pH에서 활성을 가지는데, 효소 활성이 가장 좋은 pH를 최적 pH라고 한다. 최적 pH에서 멀어질수록 효소의 반응속도는 점차 감소하게 된다. 대부분의 효소의 최적 pH는 4.5~8.0이지만, 강한 산성과 염기성인 경우도 있다. 예를 들면 단백질 분해효소인 펩신(pepsin)의 최적 pH는 1.8이며, 아르기나아제(arginase)는 10.0이다.

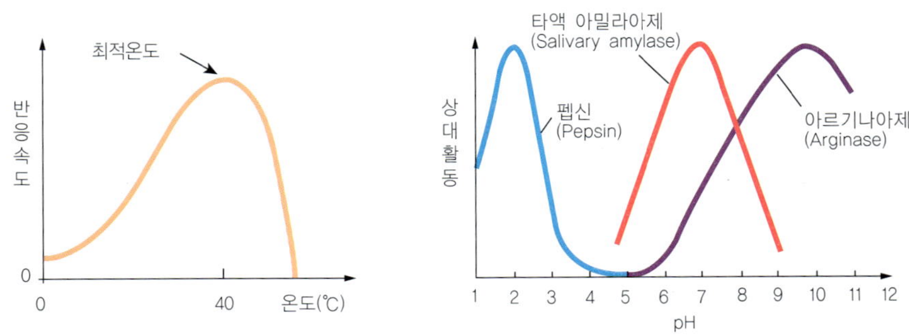

[그림 5-13] 온도와 pH의 변화에 따른 효소의 반응

(3) 효소 및 기질의 농도

효소 반응에서 기질의 농도가 일정할 때 효소의 농도가 높아지면 초기, 즉 효소의 농도가 낮을 때에는 반응속도가 비례적으로 증가하지만, 일정 시간이 지나면 기

질의 농도가 제한되기 때문에 반응속도가 감소한다.

효소의 농도가 일정할 때 기질의 농도를 증가시키면 초기, 즉 기질의 농도가 낮을 때의 반응속도는 기질의 농도에 정비례하지만, 기질 농도가 일정량을 넘으면 반응속도는 일정하게 된다. 그러므로 효소의 최대반응속도를 유지하기 위해서는 효소와 기질의 농도를 조절하는 것이 중요하다.

(4) 저해제

효소 저해제는 효소 작용을 억제하는 물질이다. 효소 저해제는 가역적 저해제와 비가역적 저해제로 분류할 수 있으며, 가역적 저해제에는 경쟁적 저해제(competitive inhibitor)와 비경쟁적 저해제(noncompetitive inhibitor)가 있다.

경쟁적 저해제는 기질과 화학구조가 유사한 물질로 효소의 활성 부위에 기질과 경쟁적으로 결합함으로써 효소 작용을 저해한다. 기질의 농도를 높여 주면 효소의 활성이 가역적으로 회복된다.

비경쟁적 저해제가 효소와 결합하는 부위는 기질이 효소와 결합하는 부위와 다르다. 비경쟁적 제해제는 효소와 기질, 제해제의 결합이 완전히 독립적이므로 기질의 농도를 증가시켜도 효소의 활성은 회복되지 않는다. 비가역적 저해제는 효소의 활성 부위와 공유결합 등으로 강하게 결합한 후 해리되지 않기 때문에 더 이상 효소를 사용할 수 없게 만든다. 또는 활성 부위의 아미노산을 변성시켜 기질과 결합할 수 없도록 한다.

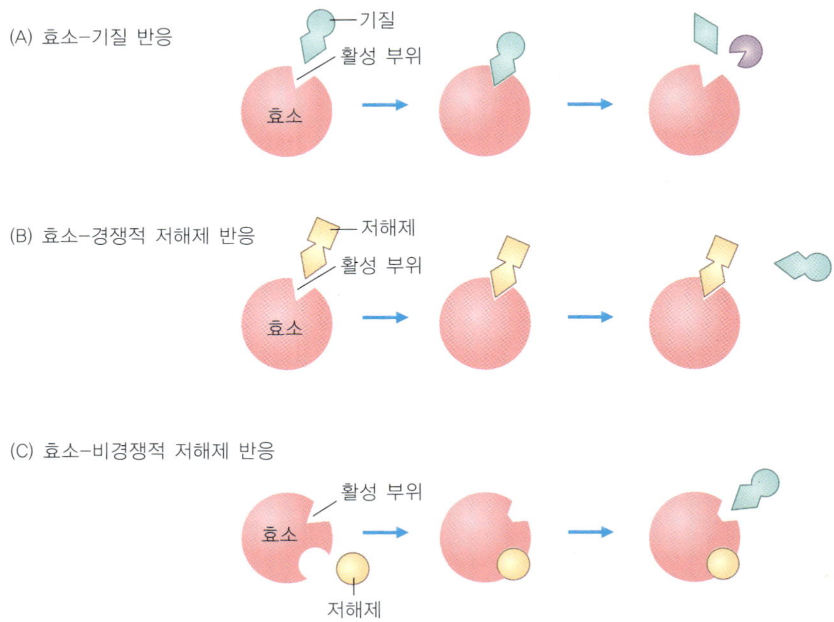

[그림 5-14] 효소 저해제의 작용 메커니즘

4) 식품과 관계있는 효소

식품과 관계있는 효소는 대부분이 가수분해효소와 산화환원효소이다([표 5-9]).

응유효소인 레닌은 40~42℃에서 최대 활성을 보이며, 고구마의 전분을 맥아당 단위로 분해시켜 단맛을 증가시켜 주는 β-아밀라아제는 55℃가 최적온도이며, 70℃에서도 활성을 나타내므로 양질의 식품을 만들기 위해서는 최적온도 조절이 중요하다. 반면 채소나 과일의 갈변 원인물질인 폴리페놀옥시다아제(polyphenol oxidase), 콩 비린내를 일으키는 리폭시게나아제(lipoxigenase) 등 식품의 품질을 열화시키는 효소는 데치거나 끓이는 등의 방법으로 불활성화시켜 식품의 품질을 관리할 수 있다.

[표 5-9] 식품과 관련 있는 효소의 종류 및 기능

<table>
<tr><th>분류</th><th colspan="2">종류</th><th>기능</th></tr>
<tr><td rowspan="9">가수분해효소</td><td rowspan="4">탄수화물 분해효소</td><td>아밀라아제</td><td>고과당 시럽, 식혜 등 제조</td></tr>
<tr><td>락타아제</td><td>락토프리 제품 제조, 아이스크림 등에서 유당의 결정 석출 방지</td></tr>
<tr><td>셀룰라아제</td><td>채소의 가공, 과즙의 청징</td></tr>
<tr><td>펙티나아제</td><td>과즙 청징</td></tr>
<tr><td>지방분해효소</td><td>리파아제</td><td>지방산 제조, 소화제</td></tr>
<tr><td rowspan="4">단백질 분해효소</td><td>파파인</td><td>파파야에 존재, 육류 연화</td></tr>
<tr><td>브로멜린</td><td>파인애플에 존재, 육류 연화</td></tr>
<tr><td>카텝신</td><td>육류 숙성, 연화</td></tr>
<tr><td>레닌</td><td>치즈 제조</td></tr>
<tr><td rowspan="4">산화환원효소</td><td rowspan="3">산화효소</td><td>폴리페놀옥시다아제</td><td>과일의 갈변</td></tr>
<tr><td>티로시나아제</td><td>감자의 갈변</td></tr>
<tr><td>리폭시게나아제</td><td>콩 비린내 생성</td></tr>
<tr><td>환원효소</td><td>알코올탈수소효소</td><td>알코올 발효</td></tr>
</table>

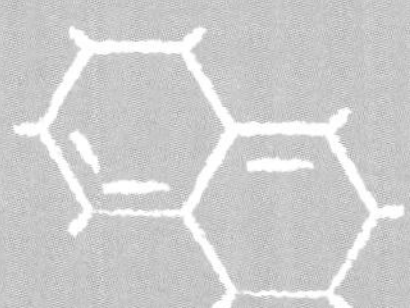

무기질

1. 다량 무기질의 종류와 기능
2. 미량 무기질의 종류와 기능
3. 산성 식품과 알칼리성 식품
4. 식품의 조리 가공 중 무기질의 변화

06

무기질(minerals)은 생물체 내에서 생물체의 구성성분으로 존재하고, 체내에서 효소의 부활제 역할을 하며 인지질, 인단백질, 호르몬, 헤모글로빈, 비타민, 아미노산, 효소 및 조효소 등의 유기화합물의 구성성분이다.

체내에서 적은 양으로 존재하지만 신체발육을 촉진하고 생리적 기능을 조절하는 중요한 기능을 하고 있으며 땀과 분뇨로 매일 다량이 유출되기 때문에 식품으로 끊임없이 섭취해야 한다. 무기잘은 체내에서 뼈나 치아 등을 구성하고, 호르몬과 비타민 등의 체내 기능 물질의 구성 원소이기도 하다. 또 아래와 같은 중요한 생리 조절기능을 하고 있다.

* 체액의 성분으로 산과 염기의 균형 유지를 위해 pH를 조절한다.
* 체내의 삼투압을 조절한다.
* 효소반응의 활성화제, 신경의 자극, 근육수축 등의 조절을 한다.
* 혈액응고에 관여한다.

1. 다량 무기질의 종류와 기능

식품 및 인체 구성성분으로 중요한 생리작용을 나타내는 무기질은 약 20여 종이며 인체 내에서는 약 2~4%를 차지하고 있다. 체내에서 0.1% 이상을 차지하고 1일 권장섭취량이 100㎎ 이상인 무기질을 다량 무기질로 구분하며 그 종류와 기능은 다음과 같다.

1) 칼슘(calcium, Ca)

칼슘은 무기질 중 체내에 가장 많이 함유되어 있으며 인산칼슘(85%), 탄산칼슘(10%) 상태로 존재하며 골격과 치아의 경조직에 98% 함유되어 있고, 나머지 2% 정도는 혈액과 근육에 존재한다.

비타민 D는 칼슘 흡수를 좋게 하여 골격 형성을 도와주며 인(P)은 칼슘을 인산염으로 만들어 골격을 형성하므로 인산을 섭취할 필요가 있다. 이때 칼슘과 인의 비는 1:1이 적당하다. 칼슘의 흡수를 방해하는 것은 수산(oxalic acid)과 피트산(phytic acid)이다. 시금치에 많이 함유된 수산은 칼슘과 결합하여 불용성 물질이 되어 칼슘의 흡수를 방해하며, 곡류의 껍질에 인을 함유하고 있는 피트산은 칼슘과 결합하여 칼슘 피테이트(calcium phytate) 만들어서 칼슘의 흡수를 방해한다. 만성적인 칼슘의 부족은 골질량의 감소와 골다공증의 주요 원인이다. 칼슘은 우유 및 유제품, 달걀노른자, 양배추, 어패류, 미역, 김, 새우, 녹색채소 등에 다량 함유되어 있다.

2) 인(phosphorus, P)

인은 칼슘과 결합하여 뼈와 이를 단단하게 만들며, ATP(adenosine triphosphate)를 만들어 에너지를 생성하고 저장하는 중요한 물질이다. 또 핵산과 인지질의 구성 성분(뇌신경, 세포막)이기도 하며, 삼투압과 pH를 조절하고 당질대사를 원활하게 수행하는 생리작용을 한다.

인은 모든 식품에 골고루 함유되어 있어 결핍증은 거의 없다. 최근 가공식품 및 탄산음료의 소비가 증가하면서 인의 과잉 섭취가 초래되어 칼슘과 인의 균형이 깨지고 뼈가 약화될 우려가 있다. 인은 쇠고기, 닭고기, 생선, 달걀, 우유, 콩, 견과류에 많이 함유되어 있다.

3) 칼륨(potassium, K)

칼륨의 생리작용은 에너지 방출과 글리코겐(glycogen)과 단백질의 합성에 촉매 역할을 하며, 세포의 삼투압 조절, 산과 알칼리의 평형 유지에 중요한 역할을 한다. 또한, 신경 자극의 전달과 췌장으로부터 인슐린(insulin)을 방출하는 역할을 하며, 근육의 이완작용에 관여한다. 칼륨은 과실이나 채소류가 그 주요 급원이다.

4) 황(sulfur, S)

황은 메티오닌만으로도 유황의 필요량을 충당할 수 있으므로 황의 결핍증은 메티오닌 결핍으로 볼 수 있다. 황은 동물 체내에서 합성할 수 없으므로 반드시 식사로 섭취해야 한다. 황의 결핍 증세는 빈혈, 두발 성장의 저해 등이다. 황은 단백질이 풍부한 식품인 육류, 어류, 우유, 달걀, 콩 등에 많이 함유되어 있다.

5) 염소(chlorine, Cl)

염소는 뇌, 척수액과 위액에 많으며, 세포외액에 음이온 상태로 있어 나트륨과 함께 수분 평형을 유지하고 삼투압을 조절한다. 또한 수소와 결합하여 염산이 되어 위액의 산도를 유지하여 소화에 도움을 주며, 세균의 증식을 방지한다. 염소는 소금으로 섭취하며, 정상적인 식사에는 염소가 풍부하므로 결핍증은 없다.

6) 나트륨(sodium, Na)

나트륨은 체액과 조직 사이의 삼투압을 조절하여 수분균형 유지와 혈장과 체액의 산, 알칼리 균형(acid–base balance)을 유지하며, 근육의 이완작용을 한다. 건강한 사람은 결핍증이 없으나 땀을 심하게 흘리면 탈수현상이 생겨 식욕감퇴, 근육경련, 저혈압 증세가 일어나며 과잉 섭취할 경우 삼투압 조절기구와 체액량 조절기구의 장애, 중추신경계 질환 그리고 고혈압을 유발시킨다.

나트륨은 각종 식품에 들어 있고, 나트륨(Na)과 염소(Cl)이 가장 풍부한 급원은 소금이다. 각종 가공식품의 제조 시 안정제, 방부제, 팽창제, 화학조미료, 발색제 등의 식품첨가제를 통한 과잉 섭취에 주의해야 한다.

7) 마그네슘(magnesium, Mg)

근육에는 마그네슘이 칼슘보다 많아서 Mg : Ca = 3 : 1의 비율로 구성되어 있다. 마그네슘은 골격 형성에 부분적인 역할을 하며, 혈액 내의 콜레스테롤(cholesterol) 침착을 방지하는 역할을 한다. 그리고 효소의 촉매작용을 하고 근육을 이완시키는 작용 등을 한다. 결핍되면 신경이 불안정하고 경련이 일어나며, 심장과 간에 장애가 생긴다. 마그네슘은 곡류, 두류, 푸른잎채소, 쇠고기, 해조류, 코코아 등에 많이 함유되어 있고, 식물의 엽록소의 주요한 구성성분이다.

2. 미량 무기질의 종류와 기능

체내 함유량이 0.1% 이하이며 1일 100mg 이하의 섭취량을 필요로 하는 무기질을 미량 무기질로 분류하며 그 종류와 기능은 다음과 같다.

1) 철(iron, Fe)

철은 주로 헤모글로빈(hemoglobin)의 구성성분이며, 미오글로빈(myoglobin)의 성분이기도 하다. 제1철(Fe^{2+})의 형태가 제2철(Fe^{3+})보다 더 쉽게 흡수된다. 위산인 염산과 아스코르브산은 철분의 흡수를 증진시키는 반면 피트산은 흡수를 방해한다.

철이 결핍되면 빈혈증이 생기며, 그로 인해 신체허약, 식욕부진, 생활기능 저하 그리고 어린이의 경우 발육이 늦어진다. 철은 육류(간, 심장), 달걀노른자, 어패류 등의 동물성 식품과 두류, 채소 등에 비교적 많이 함유되어 있다.

2) 요오드(iodine, I)

요오드는 갑상선 호르몬인 티록신(thyroxine)의 구성성분이며 티록신은 열량대사를 조절하는 기능을 하므로 정상적인 발육에 필요하다. 요오드가 결핍되면 갑상선종으로 인해 갑상선이 비대해지며, 성장과 지능 발달이 부진해진다. 특히 임신기에 심한 요오드 결핍은 태아에게 크레틴병(cretinism)을 초래하는 것으로 알려져 있다. 요오드는 김, 미역, 다시마 등의 해조류와 조개, 새우, 굴, 정어리 등의 어패류에 많이 함유되어 있고 곡류, 과일, 채소 등에도 소량 함유되어 있다.

3) 구리(copper, Cu)

구리는 철분의 흡수와 이용을 도와주고 헤모글로빈 형성을 촉진시키는 역할을 하여 빈혈을 예방한다. 구리가 부족하면 철의 이용률이 감소하고 적혈구 합성이 저하되어 빈혈을 유발한다. 구리는 동물의 내장 특히 간에 많이 함유되어 있고 조개류, 코코아, 견과류, 콩류 그리고 푸른 채소에 함유되어 있다. 결핍증으로 빈혈, 생식불능, 심장 기능장애, 신경계 퇴화 그리고 골격에 결함이 생긴다.

4) 아연(zinc, Zn)

아연은 아연을 본태로 하는 탈탄산효소를 구성성분으로 호흡기에서 CO_2 가스 배출과 해당과정에서 중요한 대사기능을 수행한다. 그리고 DNA와 RNA, 단백질 등의 합성에 보조인자(cofactor)로 관여하며, 상처를 아물게 하는 역할을 하고 인슐린 생산에 관여한다. 아연의 결핍증으로 성장과 생식기관 발달 부진 그리고 상처의 회복이 늦어진다. 아연은 굴, 간 등의 식품에 많이 함유되어 있고 콩류, 땅콩 버터 등이 좋은 급원이 된다.

5) 불소(fluorine, F)

불소는 골격과 치아의 칼슘 인산염에 있는 −OH기를 플루로라파타이트(fluoroapatite)로 대체하는 역할을 한다. 음료수 중에 불소가 2.5ppm 이상이면 반상치가 되나 1ppm 정도로 유지토록 하면 충치를 예방할 수 있다. 불소는 음료수와 동식물 식품으로 공급되며 인체 내 골격과 치아에 있다.

6) 망간(manganese, Mn)

망간은 정상적인 골격 성장과 생식기능에 필요하며, 지방산과 콜레스테롤 합성 그리고 신경 흥분의 조절에 필요한 성분이다. 망간이 결핍되면 성장이 지연되고, 생식기능이 저하되며, 에너지대사의 이상과 골격 발달이 저해되는 것으로 알려져 있다. 망간은 견과류, 두류, 채소, 과일 등에 주로 함유되어 있고 동물성 식품에도 미량 함유되어 있으며, 마그네슘으로 대치될 수 있다.

7) 코발트(cobalt, Co)

코발트는 비타민 B_{12}의 구성성분으로 필수적인 영양소이며, 비타민 B_{12}는 악성 빈혈을 방지하는 역할을 한다. 결핍증으로 성장부진, 식욕감퇴, 빈혈 등이 생기며, 다량 섭취할 경우 갑상선이 비대해진다. 코발트는 동물의 간, 콩팥, 굴, 조개류, 우유 등의 식품에 함유되어 있다.

3. 산성 식품과 알칼리성 식품

식품 속의 무기질은 체내에서 (+) 또는 (−) 이온으로 존재하는데, 금속은 양이온, 비금속은 음이온으로 작용한다. 칼슘(Ca), 나트륨(Na), 마그네슘(Mg), 칼륨(K), 철(Fe), 구리(Cu), 망간(Mn), 코발트(Co), 아연(Zn)은 양이온을 생성하며 과실류, 야채류, 해조류, 우유 등에 많이 함유되어 있다. 이 식품들은 체내에서 분해되어 NaOH, KOH 등의 알칼리성이 되므로 이 식품들을 알칼리성 식품(alkali forming foods)이라 한다.

인(P), 황(S), 염소(Cl), 요오드(I)는 음이온을 생성하며, 곡류, 어류, 달걀, 버터, 치즈 그리고 대두를 제외한 두류 등에 많이 함유되어 있다. 곡류는 탄수화물을 많이 가지고 있어 체내에서 산화 분해되어 이산화탄소(CO_2)와 물(H_2O)이생기고 이것이 화합하여 탄산(H_2CO_3)이 생성된다. 탄수화물이 불완전 연소를 할 때는 젖산(lactic acid)과와 피루브산(pyruvic acid)이 생성되며, 육류와 어류에는 단백질이 많이 함유되어 있는데 단백질의 인(P)과 황(S)은 인산과 황산을 형성하여 산성이 되므로 이들 식품을 산성 식품(acid forming foods)라 한다.

과일 중 사과, 밀감 등은 신맛을 가지고 있어 산성 식품으로 보기 쉽지만 신맛을 나타내는 유기산은 체내에서 산화되어 탄산가스와 물로 배출되고 칼륨(K), 나트륨(Na) 등과 같은 알칼리 생성 원소가 많아 알칼리성 식품에 속한다. 식품 섭취 시 육류, 어패류, 채소, 과일 등의 산성 식품을 많이 섭취하면 혈액의 액성이 산성으로 되어 산중독증(acidosis)이 생겨 신체에 질병을 유발할 수 있으므로 산성 식품과 알칼리성 식품을 골고루 섭취해야 한다.

4. 식품의 조리 가공 중 무기질의 변화

식품 중 무기질의 화학적 변화는 pH 변화에 의한 염류와 이온의 가역반응, 효소에 의한 유기태와 무기태의 가역반응이 약간 일어날 뿐이며, 본질적인 화학 변화는 거의 일어나지 않는다.

채소를 가열 조리하면 세포 안팎의 삼투압 차에 의하여 무기질 및 수분의 유출이 일어난다. 세포 내의 삼투압이 높을 때 세포 내의 무기질은 세포 밖으로 유출되고, 세포 밖의 수분은 세포 내외의 삼투압과 같아지려고 한다. 그로 인해 세포는 흡수, 팽윤하게 되고, 세포외액의 무기질이 많아진다.

한편, 소금 등의 무기질에 의해 끓는점이 상승하거나 빙점은 내려간다. 이는 용액의 무기질 농도에 비례하고, 조미료의 종류에 따라서 세포막을 통과하는 속도가 다르다. 물, 간장, 설탕의 순서로 분자량이 적을수록 빨리 통과한다. 만일 채소에 설탕의 단맛을 들여 가공 조리하려면 우선 채소를 설탕에 재운 다음 간장을 넣는 것이 좋다.

비타민

1. 지용성 비타민
2. 수용성 비타민

07

FOOD SCIENCE

비타민은 체내의 물질대사를 원만하게 진행되도록 하는 미량의 유기화합물로 생체 내 구성성분과 에너지원이 아닌 필수물질로 일부 비타민을 제외하고는 체내에서 합성되지 않으므로 외부에서 식품으로 섭취하여야 한다.

* 대체로 체내에서 합성되지 않으므로 음식물을 섭취해야만 공급될 수 있다
* 코발트를 함유하고 있는 비타민 B_{12}를 제외하고 비타민은 유기물질이다.
* 에너지나 신체구성물질로 사용되지 않는다.
* 비타민은 필수물질이지만 미량이 필요하다.
* 대사작용의 조절물질, 즉 보조효소의 역할을 한다.
* 여러 가지 결핍증을 예방 또는 방지한다.

비타민은 용해성에 따라 지용성 비타민(Vitamin A, D, E, K)과 수용성 비타민(Vitamin B 복합체, Vitamin C)으로 크게 구분된다.

[표 7-1] 지용성 비타민과 수용성 비타민의 일반적인 성질

성질	지용성 비타민	수용성 비타민
용해도	지방과 지방용매에 용해되고, 물에는 불용이다.	물에 용해되고, 지방에는 불용이다.
흡수와 이동	지방과 함께 흡수되며 임파계를 통하여 이송된다.	당질과 아미노산과 함께 소화되고 흡수된다. 문맥순환으로 들어간다(간).
방출	담즙을 통하여 체외로 매우 서서히 방출(좀처럼 방출되지 않음)된다.	특히 요를 통하여 빠르게 방출된다.
저장	간 또는 지방조직에 저장된다.	신체는 스펀지같이 일정한 양을 흡수하면 초과량은 배설하고 저장하지 않는다.
공급	필요량을 매일 절대적으로 공급할 필요성은 없다.	필요량을 매일 절대적으로 공급하여야 한다.
전구체	존재한다.	존재하지 않는다.
조리 시 손실	산화를 통하여 약간 손실이 일어나나 조리하는 물에 용해되지는 않는다.	조리하는 물에 용해되므로 조리 시 손실이 생긴다.

1. 지용성 비타민

1) 비타민 A(retinol)

비타민 A는 alcohol의 일종이며 담황색 결정으로 화학적으로 합성된다. 비타민 A와 전구체들은 지방과 지용성 용매에 용해되고, 물에는 불용이며 산·알칼리에 안정하나 공기나 광선(자외선)에서는 불안정하여 쉽게 분해된다. 비타민 A는 cis형 35%와 트랜스(trans)형 65%로 구성되어 있는데 분자 내에 트랜스형이 많을수록 비타민 A의 효력이 높다.

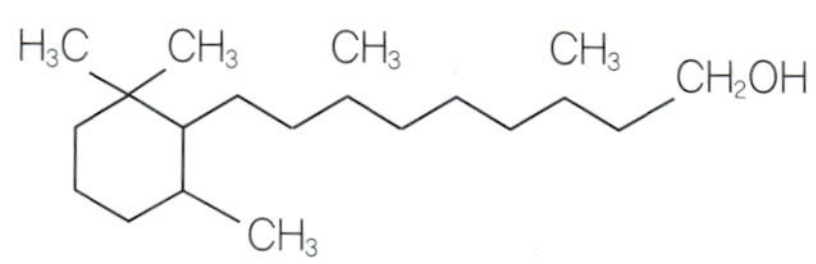

[그림 7-1] 비타민 A(retinol)

비타민 A는 동물계에 주로 함유되어 있으며, 특히 어류의 간유에 많이 함유되어 있고 우유, 버터, 달걀, 간, 신장 등에 함유되어 있다. 카로틴(carotene)은 비타민 A의 전구물질로 체내에서 비타민 A로 전환되며 화학적인 성질과 안정도는 비타민 A와 거의 같다. β-카로틴은 비타민 A로의 생체 전환율을 감안하여 아래와 같이 계산하여 레티놀당량(retinol equivalent, RE)으로 표시한다.

> 1 ㎍RE = 1 ㎍ 레티놀(all-trans-retinol)
> = 2 ㎍ 합성 β-카로틴(all-trans-β-carotene)
> = 6 ㎍ 식이 β-카로틴(dietary all-trans-β-carotene)
> = 12 ㎍ 기타 식이 프로비타민A 카로티노이드
> (other dietary all-trans-β-carotene)

2) 비타민 D(calciferol)

비타민 D는 스테로이드(steroid)핵을 가진 화합물의 일종으로 그중 중요한 것은 D_2와 D_3이며, 비타민 D_2는 에르고스테롤(ergosterol)이 자외선 조사를 받으면 생성된다. 비타민 D_3는 콜레칼시페롤(cholecalciferol)이라 부르며 7-디히드로콜레스테롤(7-dehydrocholesterol)이 자외선 조사를 받아 생성되고, 비타민 D_4는 22-디히드로콜레스테롤(22-dehydrocholesterol)이 자외선 조사를 받으면 형성된다. 피부를 광선에 노출시키면 피하에 있는 7-디히드로콜레스테롤이 비타민 D_3를 합성하게 되므로 비타민 D_3는 동물조직 내에서 합성된다.

비타민 D는 백색 무취의 결정으로 열, 공기에 대하여 안정하나 산성에서는 비교적 불안정하다. 비타민 D는 대체로 어류의 간, 동물의 간, 버섯, 달걀노른자, 우유 등에 함유되어 있다.

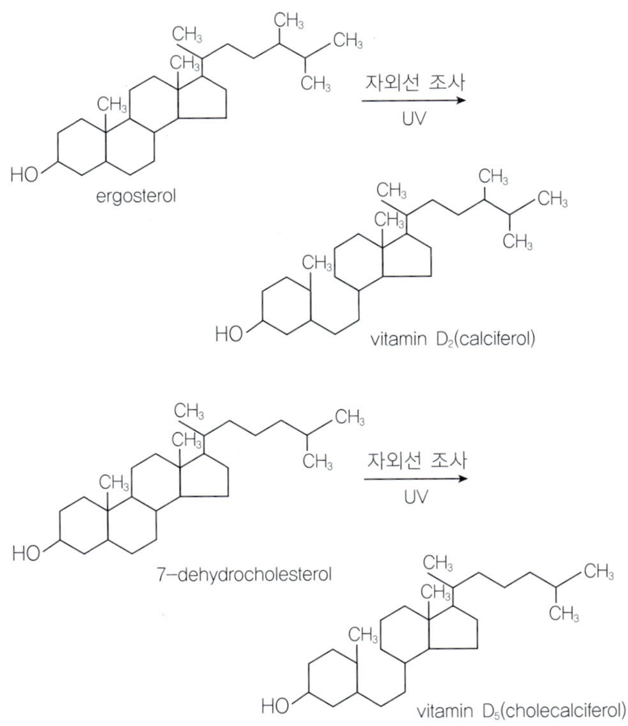

[그림 7-2] 비타민 D

비타민 D의 기능은 소장세포에서 칼슘과 인의 흡수율을 증진시키고, 어린이의 골격과 치아의 정상적인 발육과 성인의 골격 석회화를 정상적으로 유지시킨다. 칼슘과 인을 충분히 주어도 비타민 D가 부족하거나 햇볕을 잘 쬐지 못하면 구루병, 골연화증(osteomalacia)이 생기며, 급성관절염(rheumatic형)의 통증이 온다.

3) 비타민 E(tocopherol)

비타민 E는 여러 이성체 중 가장 많이 존재하는 것이 α, β, γ, δ이며 비타민 E의 효력이 가장 큰 것은 α-tocopherol이다. 비타민 E는 담황색의 점도가 있는 유상물질로 물에는 불용이지만 유기용매에 용해된다. 산에 가장 안정하고, 산소가 없을 때 열에 안정하여 200℃에서도 파괴되지 않는다. 비타민 E는 항산화제의 역할을 하며, 조직 내에서 불포화지방산의 산화를 감소시킴으로써 세포막을 정상적으로 유지시키는 데 도움을 준다.

비타민 E는 곡류의 배아에 많이 함유되어 있고 옥수수기름, 콩기름, 면실유 등에 많이 함유되어 있다. 비타민 E의 결핍증은 거의 나타나지 않지만 비타민 E가 부족하면 세포막의 불포화지방산이 쉽게 산화되어 세포가 손상되며 적혈구의 용혈 현상이나 근육 위축 및 신경 손상까지 가져올 수 있다. 과량의 비타민 E의 섭취는 다른 지용성 비타민인 비타민 K의 기능을 저해하여 혈액응고를 지연시킨다.

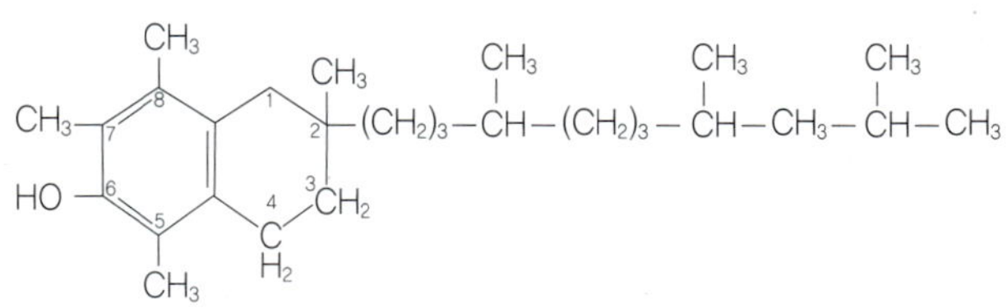

[그림 7-3] 비타민 E

4) 비타민 K

비타민 K는 열이나 산소에는 비교적 안정하나 빛이나 알칼리에 의해서 분해된다. 비타민 K의 혈액응고성 때문에 응고(koagulation)라 하며 비타민 K가 결핍되면 혈액이 응고되는 시간이 길어지고 심하면 출혈이 멈추지 않게 된다. 비타민 K는 지용성 비타민으로 담즙에 의해 흡수되어 간에 주로 저장된다. 비타민K_3~K_7은 합성품이며 메나디온인 비타민K_3는 수용성으로 혈액응고 치료제로 사용하기 쉽다.

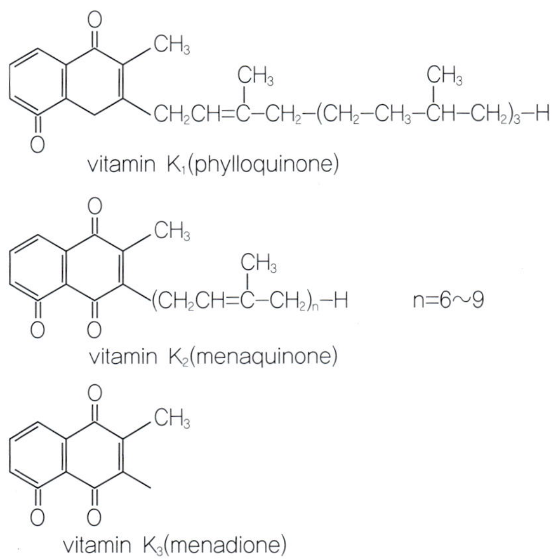

[그림 7-4] 비타민 K

비타민 K는 간에서 혈액응고에 필요한 물질인 프로트롬빈 형성에 관여하지만 프로트롬빈의 구성성분은 아니다. 비타민 K가 부족하면 프로트롬빈이 형성되지 못하므로 혈액응고를 잘할 수 없게 된다. 장내 세균에 의하여 비타민 K를 합성하므로 비타민 K의 결핍증은 별로 나타나지 않는다.

비타민 K는 푸른 채소류에 많이 함유되어 있는데 특히 시금치, 상추, 양배추 등이 좋은 급원이다. 동물성 식품은 비타민 K를 거의 함유하고 있지 않으나 돼지 간 지방에는 함유되어 있고 모유보다 우유의 비타민 K 함량이 더 많다.

2. 수용성 비타민

수용성 비타민은 비타민 B_{12}를 제외하고는 체내에 잘 축적되지 않고 소변으로 배설되므로 규칙적인 공급이 필요하다.

1) 비타민 B_1(thiamin)

비타민 B_1은 항각기성, 항신경염성 비타민(aneurin)이라고 부른다. 비타민 B_1은 수용성이며 열에 불안정하여 100℃ 이상 가열하면 파괴되고 중성이나 알칼리용액에서 불안정하나 산성용액에서는 비교적 안정한 백색 결정체이다.

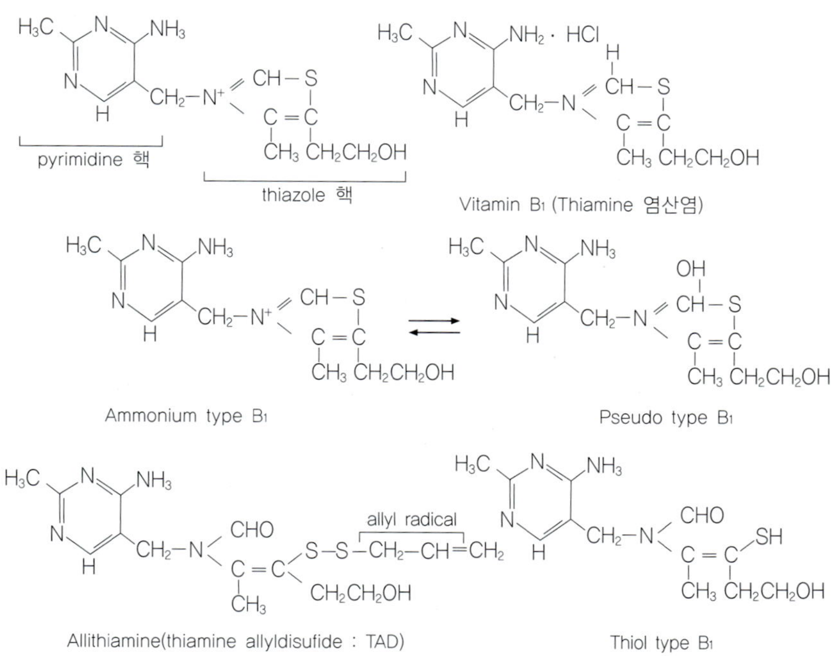

[그림 7-5] 비타민 B_1의 수용액 내의 형태

비타민 B_1은 동식물성 식품에 널리 분포되어 있으며, 식물성 식품에는 곡류의 배아와 겨층에 많고 배유에는 적다. 그러나 밀은 쌀과 달리 배유에도 들어 있어 밀가루에는 많이 함유되어 있으며, 쌀을 주식으로 하는 경우 비타민 B_1의 결핍증이 생길 수 있다. 비타민 B_1의 결핍증으로는 각기병, 다발성 신경염, 말초 신경염과 전신 권태 등이 있다.

2) 비타민 B_2(riboflavin)

비타민 B_2는 노란 결정성 물질로 냄새가 없고 쓴맛을 가지고 있다. 수용액에서 리보플라빈(riboflavin)은 형광성 황록색을 나타내며, 산화제와 산, 열에 대하여 안정하나 알칼리용액에는 대단히 약하다. 비타민 B_2는 동식물계에 널리 분포되어 있고 유리형 인산유도체 또는 특이한 단백질에 결합되어 효소로 존재하고 있다.

간, 어류, 효모, 배아, 달걀흰자, 우유, 채소 등에 많이 함유되어 있고 최근에는 미생물(젖산균, 사상균)에 의해 공업적으로 비타민 B_2를 만들어 내고 있다. 결핍되면 발육장애, 식욕부진, 설염(glossitis), 구각염(cheilosis), 피부염 등과 같은 증상이 나타난다.

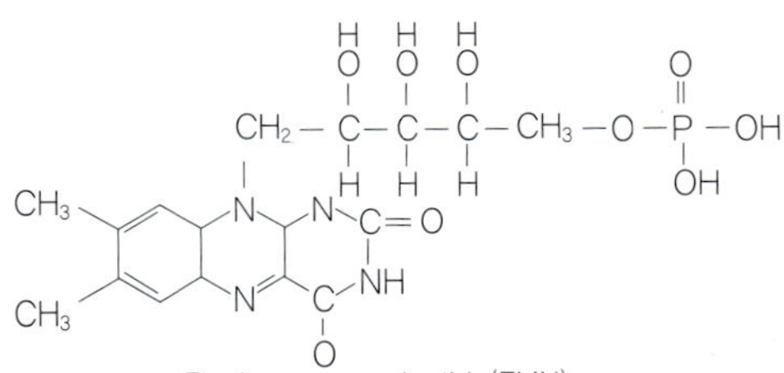

Flavin mononucleotide(FMN)
(Riboflavin monophosphate)

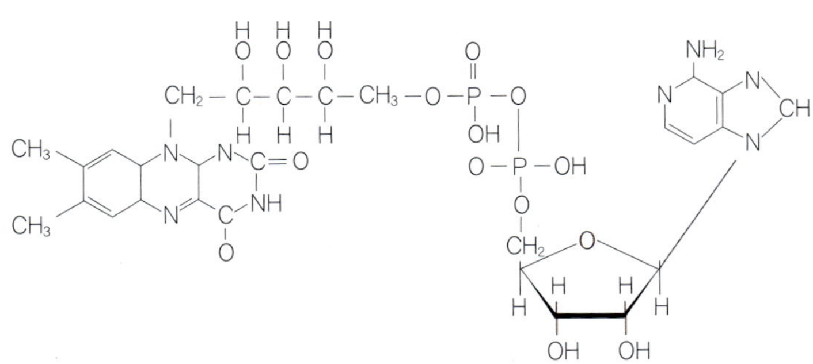

[그림 7-6] 비타민 B_2(riboflavin)

3) 니아신(niacin)

니아신(niacin)은 니코틴산(nicotinic acid)과 니코틴아미드(nicotinamide)의 두 가지를 총칭하는 것으로, 백색 결정체이며 쓴맛을 지니고 있다. 다른 비타민에 비하여 열, 산, 알칼리, 광선과 공기, 조리과정에서 매우 안정하다.

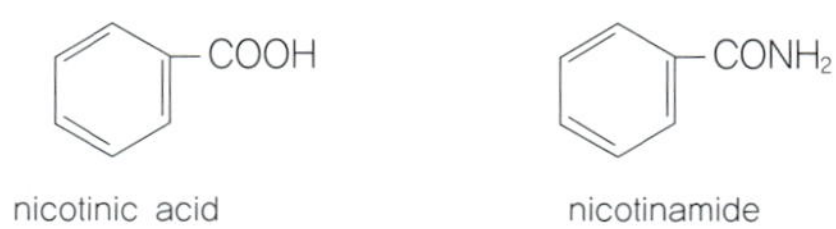

[그림 7-7] 니코틴산과 니코틴아미드

필수 아미노산의 하나인 트립토판 60mg은 체내에서 1mg으로 전환되어 단백질 섭취가 충분하면 니아신의 좋은 급원이 된다. 니아신은 육류, 가금류, 어류, 특히 냉장고기·간에 많이 함유되어 있고, 효모, 땅콩, 곡류 등에도 함유되어 있다. 결핍증은 pellagra로 피부, 소화기관, 중추신경계에 장애가 오고 그 증상은 피부염, 설사, 정신착란 등이며 심하면 사망한다.

4) 비타민 B_6(pyridoxine)

비타민 B_6는 피리딘(pyridine)의 유도체로서 피리독신(pyridoxine), 피리독살(pyridoxal), 피리독사민(pyridoxamine) 등의 세 가지 화합물이 있다. 비타민 B_6는 쥐의 항피부염의 인자로 알려져 있으며 백색 결정체로 냄새가 없고 약간 쓴맛을 가지고 있다. 피리독살과 피리독사민은 공기, 열, 빛에 의하여 쉽게 분해되나 피리독신은 산성 또는 알칼리 용액 중에서도 열에 대하여 안정하지만 중성 또는 알칼리용액에서 빛을 조사하면 분해된다.

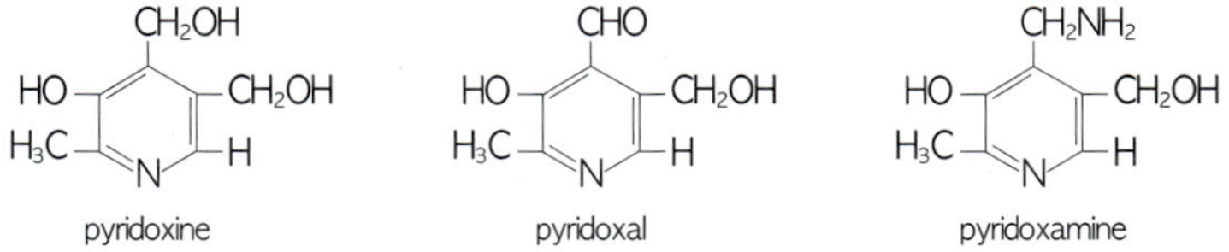

[그림 7-8] 비타민 B_6(pyridoxine)

육류의 내장, 간, 어육, 과실, 두류, 쌀겨, 효모 등에 많고 그 외에 우유, 채소 등에도 함유되어 있다. 결핍증으로 쥐의 경우 펠라그라(pellagra)와 같은 증상이 심하고 사람에게는 빈혈증, 중추신경이상, 피부염 등이 나타나며 비타민 B_2의 결핍증과 유사하다.

5) 판토텐산(pantothenic acid)

판토텐산은 유리산으로 비교적 열에 대하여 안정하나, 산성과 알칼리 용액에서는 비교적 불안정하며 쉽게 가수분해된다. 일반적인 조리, 건조, 산화에는 안정하다. 판토텐산은 동식물계에 널리 분포되어 있으며 특히 간, 효모, 달걀노른자, 육류 등에 함유되어 있고 과일, 채소, 우유 등에도 다소 들어 있다. 판토텐산은 음식물에 널리 분포되어 있고 세균에 의해 장내에서도 합성되므로 사람에게서 이 비타민의 결핍증은 거의 볼 수 없다.

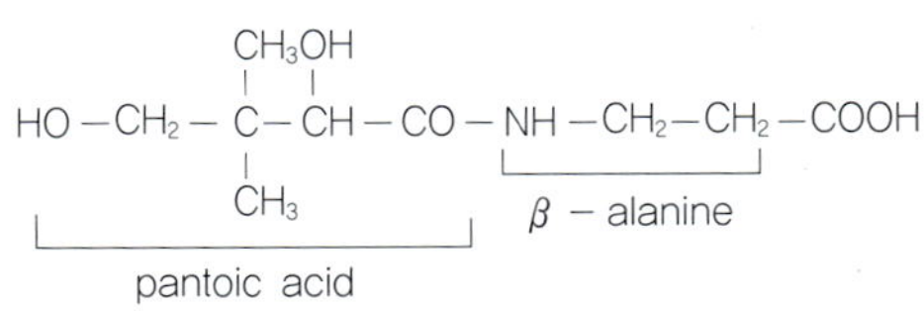

[그림 7-9] 판토텐산(pantothenic acid)

6) 비타민 H(biotin)

비오틴(biotin)은 동물이나 효모 및 박테리아의 성장과 정상적인 기능에 필요한 비타민이다. 비오틴은 단순한 화합물로 수용성의 결정이며 열과 광선 및 산에는 안정하나 알칼리용액과 산화제에 대해서는 불안정하고, 보통 조리과정에서 손실이 적다.

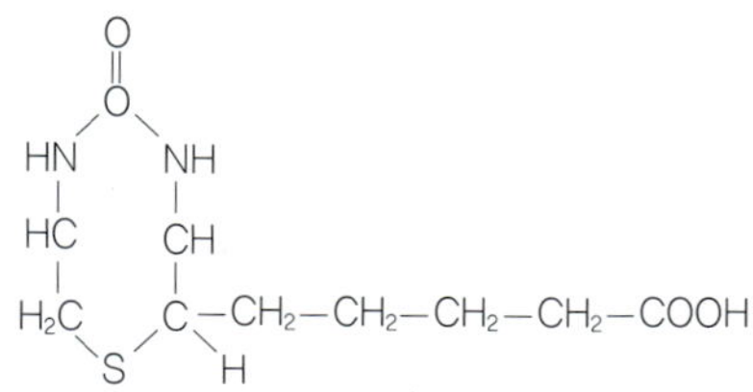

[그림 7-10] 비오틴(biotin)

비오틴은 모든 식품에 널리 분포되어 있고, 특히 간, 콩팥, 달걀노른자, 콩 종류, 견과류 등에 함유되어 있으며 각종 육류의 살코기, 우유, 곡류, 채소, 과일 등에도 소량 함유되어 있다. 비오틴은 장에서 장내세균에 의하여 합성되기 때문에 사람에게 결핍증이 일어나는 경우는 드물며, 난백의 과식으로 비오틴이 결핍되면 피부염 등의 난백병이 생긴다.

7) 엽산(folic acid)

엽산은 노란색의 결정성 화합물로 동식물성 식품에 널리 분포되어 있으며, 특히 간, 시금치와 같은 녹색채소, 콩류 등에 많이 함유되어 있고 양배추, 옥수수, 밀, 감자에도 함유되어 있다. 엽산은 산성일 때 열이나 광선에 의해서 분해되고, 알칼리성에서는 열에 안정하나 광선에 의해서 분해된다. 그러므로 일반적인 조리, 가공, 저장 중에 엽산이 많이 손실된다.

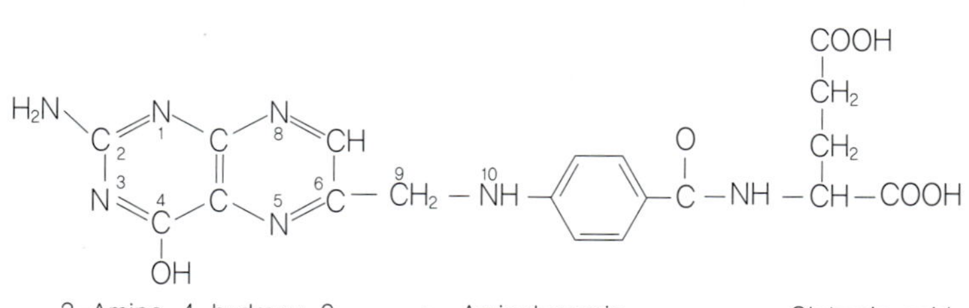

[그림 7-11] 엽산(folic acid)

엽산은 세포분열이 많이 일어나는 유아기, 성장기, 임신기, 수유기에 부족하기 쉽다. 엽산 섭취량이 부족하면 가장 먼저 적혈구 엽산 농도가 낮아지고 거대적아구성 빈혈과 함께 위장 점막 세포의 분열 감소로 인한 위장 장애가 생긴다. 특히 임신 초기 엽산이 부족하면 태아의 신경관 형성에 장애가 생겨 신경관 손상의 기형아를 출산할 확률이 높아 가임기 여성의 엽산 섭취가 중요하다.

8) 비타민 B_{12}(cobalmin)

비타민 B_{12}는 4개의 환원형 pyrrol ring의 결합으로 형성된 porpyrin핵의 중앙에 1개의 Co^{+}를 갖고 프로피온산(propionic acid)과 아미노프로필알코올(aminopropyl alcohol) 및 벤지미다졸 리보타이드(benzimidazole ribotide)로 이루어진 구조를 갖고 있다.

비타민 B_{12}는 성장, 신경조직의 유지, 혈액 형성을 위해서 필요하다. 비타민 B_{12}는 주로 동물성 식품에 함유되어 있는데, 특히 간과 신장에 많이 함유되어 있고 육류, 어류, 굴, 우유, 달걀 등에도 함유되어 있으며 미생물에 의해서 생성된다. 또한 장내세균에 의하여 합성되므로 사람에게는 보통 결핍증이 나타나지 않으나 결핍증세가 생기는 것은 식사를 통한 섭취 부족이라기보다는 흡수의 결함에서 오는 것이다. 결핍증으로 악성빈혈이 발생하는데, 악성빈혈증은 내적 요소를 분비하지 못하는 까닭에 비타민 B_{12}가 흡수되지 않으므로 유전적 원인에서 오는 병으로 추측된다.

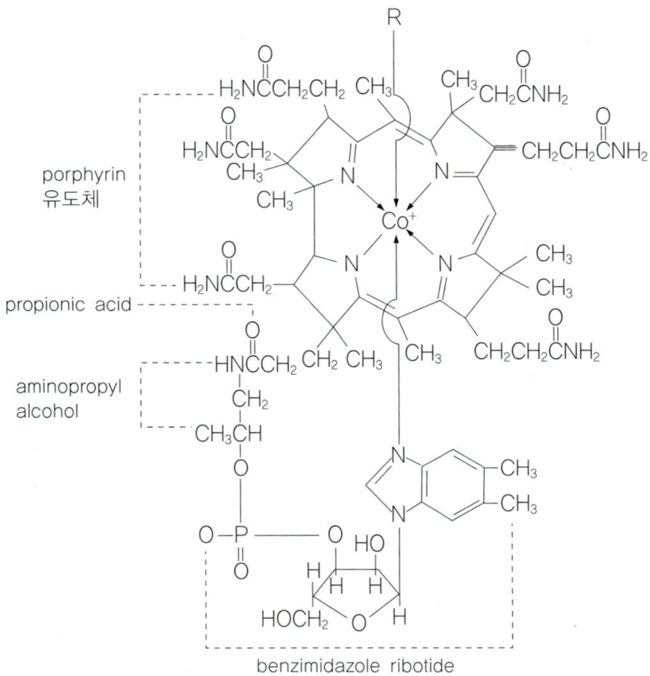

R= ~CN in cyanocobalamin
R= ~OH in hydroxycobalamin
R= ~CH in methylcobalamin

[그림 7-12] 비타민 B_{12}(cobalamin)의 구조

9) 비타민 C(ascorbic acid)

비타민 C는 강한 환원제이며, 모든 비타민 중에서 가장 불안정하기 때문에 식품의 조리, 가공, 저장 중에 쉽게 파괴되어 손실된다. 비타민 C는 건조된 상태로 있을 때 낮은 온도의 산성용액에서는 비교적 안정하나 수용액에서는 쉽게 산화되며 공기 중에서 가열하거나 광선, 알칼리, 미량의 구리와 철분 같은 금속이 있을 때는 비타민 C의 파괴가 촉진한다.

비타민 C는 식품 중에서는 디히드로아스코르브산(dehydroascorbic acid)가 불안정하여 산화가 더 진행되므로 비타민 C로서의 영양가가 손실된다. 식물조직 중에 아스코르빅 산화효소(ascorbic oxidase)가 존재하고 있는데, 이것은 비타민 C의 산화효소로 비타민 C를 산화시키므로 이 효소를 불활성시키려면 데치기(blanching)를 해서 비타민 C의 산화를 최소한 방지할 수 있다. 비타민 C는 수용성이며 열에 약하기 때문에 조리시간을 짧게, 사용하는 물은 소량으로 하고 채소를 썰지 않고 통째로 적용하는 것이 비타민 C 보유량을 최대로 유지하는 방법이며 채소나 과일은 신선한 것을 선택하여 냉장고에 즉시 저장하는 것이 비타민 C의 손실을 줄이는 방법이다.

비타민 C는 고추, 삶은 완두콩, 다래, 파슬리, 케일, 보리 순, 피망, 김 등의 식물성 식품과 구운 전갱이, 바지락 등이 좋은 급원식품이며 신선한 채소와 과일에 그 함유량이 높다. 비타민 C가 결핍되면 상처의 회복이 지연되고 감염에 대한 저항력이 약화되며, 과량 섭취하면 감기, 암, 정신분열증, 고콜레스테롤증의 예방 및 치료에 효과가 있다고 한다.

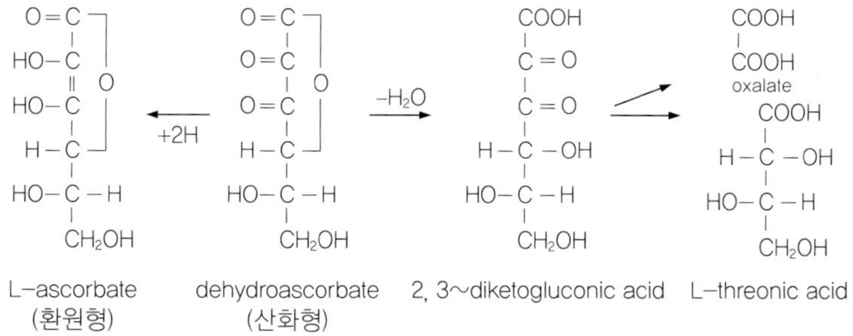

[그림 7-13] 비타민 C의 변화

식품의 색

1. 자연 색소의 분류
2. 식물성 색소
3. 동물성 색소
4. 식품의 갈변

08

FOOD SCIENCE

식품의 색은 그 식품 고유의 특징이다. 식품의 색은 식품의 품질을 나타내며, 소비자의 식품 선택에 영향을 미치는 중요한 요소 중 하나이다. 일반적으로 신선한 식품은 고유의 밝고 선명한 색을 나타내지만, 변질된 식품은 어둡거나 변색되기 때문에 식품의 색은 육안으로 식품의 품질을 평가하는 기준이 될 수 있다. 채소와 과일 등의 식물성 색소에는 인체 내에서 항산화 작용, 세포 손상 억제, 면역기능 향상 등의 역할을 하는 피토케미컬(phytochemical)이 존재하는데, 색소마다 함유된 피토케미컬의 종류와 효능이 다르다

식품의 색은 저장 기간, 조리 및 가공 과정 중에 산소, 광선, 효소, 열, pH 등 다양한 요인에 의해 변색되므로 이에 관한 성질을 이해하고 적당히 조절하여 식품 고유의 색을 유지하도록 할 필요성이 있다.

식품의 색은 광선 중 파장이 380~780nm인 가시광선을 흡수 또는 반사하는 과정에 의해 발현된다. 우리가 식품을 보면 특정 파장의 가시광선이 눈을 통해 망막에 도달된 후 복잡하고 다양한 생화학적 변화가 일어나 신경을 자극하고 뇌에 전달되어 흡수된 광선과 대응하는 색(보색)으로 색을 인식하는 것이다. 발색 이론인 색소원설에 의하면 식품이 색을 나타내기 위해서는 각각 특징적인 화학구조를 가진 발색단(chromophore)이나 조색단(auxochrome) 등의 원자단이 있어야 한다. 발색단은 식품의 색을 발현하기 위한 원인이 되는 원자단으로, 기본적으로 불포화결합을 가진다. 특히 불포화결합이 공액화된 경우는 더욱 선명한 색상을 나타낸다. 발색단으로는 아조기(azo group, $-N=N-$), 카르보닐기(carbonyl group, $C=O$), 에틸렌기(tehylene group, $-C=C-$), 니트로기(nitro group, $-NO_2$), 니트로소기(nitroso group, $-NO$), 티오카르보닐기(thiocarbonyl group, $=C=S$), 에틸렌기(ethylene group, $-C=C-$) 등이 있다. 발색단 중에서 공액구조, 아조기 등은 발색 능력이 강하지만, 에틸렌기, 카르보닐기 등은 발색 능력이 약하다. 따라서 몇 개 또는 몇 가지의 발색단이 어울리거나 발색단에 수산기(hydroxyl group, $-OH$), 아미노기(amino group, $-NH_2$), 카르복실기($-COOH$) 등의 조색단이 결합하여 색을 내는 경우가 많고 본래의 색이 더욱 선명해진다.

1. 자연 색소의 분류

식품에 존재하는 색소는 그 출처에 따라 식물성 색소와 동물성 색소로 나뉘며, 화학적 구조에 따라 테트라피롤 유도체, 이소프레노이드 유도체, 벤조피란 유도체로 분류할 수 있다.

1) 급원에 따른 분류

(1) 식물성 색소

식물성 식품의 색소는 용해성에 따라 수용성 색소와 지용성 색소로 나뉜다.

지용성 색소는 주로 식물 세포의 원형질(protoplasts)인 색소체(plastids)에 존재하며 클로로필과 카로티노이드가 여기에 속한다. 수용성 색소는 후형질(metaplasm)인 액포(vacuole)에 존재하며, 플라보노이드계 색소인 안토시아닌, 안토잔틴과 탄닌 등이 있다.

(2) 동물성 색소

동물성 식품의 색소는 크게 헴(heme)류, 카로티노이드류, 기타 색소로 분류할 수 있다. 헴색소로는 혈액에 존재하는 헤모글로빈과 근육조직에 존재하는 미오글로빈(myoglobin)이 있다. 카로티노이드 색소는 우유, 버터, 난황, 게, 새우, 연어, 송어 등에 존재하며, 기타로는 피부, 오징어 먹물의 검은색 색소인 멜라닌 등이 있다.

[표 8-1] 식품의 급원에 따른 색의 분류

급원	용해도	색소명		함유 식품
식물성 색소	지용성	클로로필		녹색 채소와 덜 익은 과일
		카로티노이드	카로틴	등황색 채소와 과일
			잔토필	
	수용성	플라보노이드	안토시아닌	적자색 채소와 과일
			안토잔틴	백색 채소와 과일
			탄닌류	곡류, 채소류, 과일류
동물성 색소	지용성	카로티노이드계	루테인	난황
			아스타잔틴	게, 새우
		멜라닌		오징어 먹물, 피부
	수용성	헴계	미오글로빈	근육조직
			헤모글로빈	혈액

2) 화학구조에 의한 분류

(1) 테트라피롤(tetrapyrrole) 유도체

4개의 피롤(pyrrole) 핵이 서로 메틴기(methine group, =CH−)에 의해 결합되고, 이중결합이 모두 공액구조인 포르피린 고리(porphyrin ring)를 가지는 색소로 클로로필, 헤모글로빈, 미오글로빈 등이 있다.

(2) 이소프레노이드(isoprenoid) 유도체

8개의 이소프렌(isoprene, $CH_2=C(CH_3)-CH=CH_2$) 단위가 결합하여 형성된 테트라테르펜(tetraterpene)의 기본 구조를 가지고 있다. 다수의 공액 이중결합이 있으며, 카로티노이드가 이에 속한다.

(3) 벤조피란(benzopyran) 유도체

페닐벤조피란(phenyl benzopyran, $C_6-C_3-C_6$)의 구조를 가지는 색소로 플라보노이드 등이 있다.

(4) 기타 구조

갈변 반응에서 생성된 탄닌, 캐러멜 색소 등이 있다.

[표 8-2] 화학구조에 따른 식품색의 분류

분류	화학구조	색소
이소프레노이드 유도체	$CH_2=C(CH_3)-CH=CH_2$	카로티노이드
테트라피롤 유도체	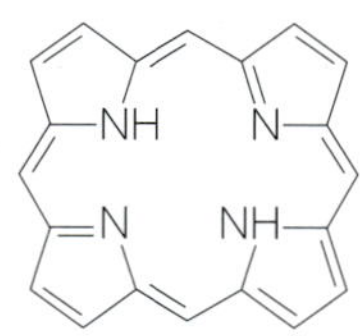	클로로필, 헤모글로빈, 미오글로빈
벤조피란 유도체	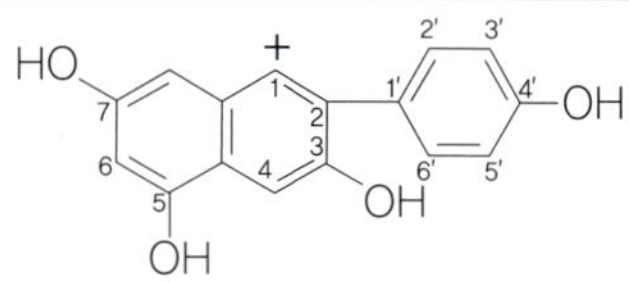	안토시아닌, 안토잔틴

2. 식물성 색소

1) 클로로필

클로로필은 식물의 잎과 줄기의 녹색 색소로 단백질 또는 지단백질과 결합한 상태로 엽록체에 존재하는 지용성 색소이다. 식물의 광합성 작용에 중요한 역할을 하며, 광에너지를 이용해 공기 중의 탄산가스를 당류(sugars)로 합성시킨다.

(1) 구조

클로로필은 4개의 피롤(pyrrole) 핵이 메틴(−CH=)기에 의해 서로 연결되어 포르피린 고리를 이루고, 그 중심에 마그네슘 이온(Mg^{2+})을 가지고 있으며, 피톨(phytol, $C_{20}H_{39}OH$)과 메탄올(CH_3OH)이 각각 에스테르를 형성하고 있는 지용성 색소이다.

클로로필은 a, b, c, d의 4종류가 있다. 고등 식물에는 a : b = 2~3 : 1로 존재하는데, 클로로필 a는 3번 탄소에 메틸기가, 클로로필 b는 알데히드기가 결합되어 있다. 클로로필 a는 청록색을, 클로로필 b는 황록색을 각각 나타낸다. 클로로필 c와 d는 특정한 해조류에 존재한다.

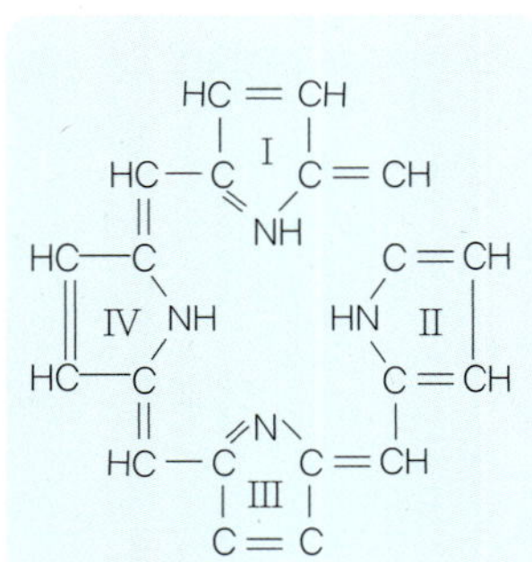

포르피린 고리

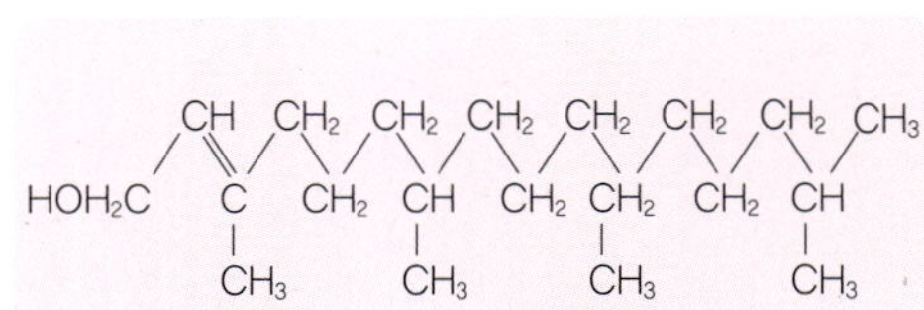

피 톨

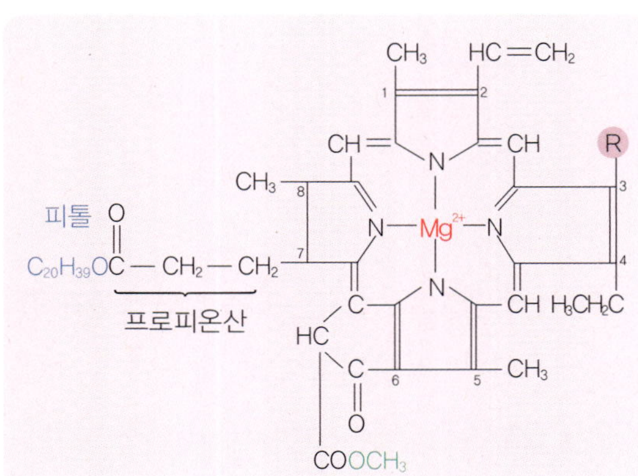

클로로필

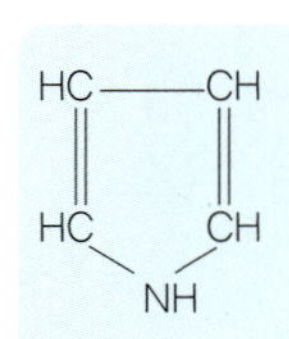

피 롤

R=CH_3: 클로로필 a
R=CHO: 클로로필 b

[그림 8-1] 클로로필의 구조

(2) 색의 변화

클로로필은 산, 알칼리, 금속, 열 등 여러 가지 조건에 의하여 변하는 불안정한 색소이다. 따라서 녹색 채소를 조리 또는 가공할 때 클로로필 고유의 녹색을 유지하기 위해서는 다양한 조건하에서 변화하는 클로로필의 성질을 이해하는 것이 매우 중요하다.

① 산에 의한 변화

클로로필은 산으로 처리하면 포르피린 고리의 중심에 있던 마그네슘 이온이 수소로 치환되어 녹갈색의 페오피틴(pheophytin)이 된다. 페오피틴을 계속 산으로 처리하면 피톨기가 떨어져 나가 수용성인 갈색의 페오포르비드(pheophorbide)가 형성된다.

클로로필의 산에 의한 색의 변화는 식품의 저장, 가공 및 조리 과정에서 많이 볼 수 있다. 녹색 채소를 수확 후 방치하면 자가소화가 진행된다. 자가소화에 의해 액포에 존재하는 유기산과 엽록체에 존재하는 클로로필과 접촉하면 페오피틴이 형성된다. 녹색 채소인 김치, 오이절임 등을 저장하면 발효 과정에서 생긴 초산이나 젖산에 의해 클로로필이 페오피틴으로 변화되어 녹갈색을 띠게 된다. 녹색 채소를 식초, 초간장, 초고추장을 넣어 무친 후 시간이 지나면 녹갈색으로 변한다. 또한 녹색 채소를 삶을 때 채소에 함유되어 있는 유기산이 클로로필과 반응하면 녹갈색으로 변한다. 따라서 녹색 채소를 초무침할 때는 먹기 직전에 하고, 삶거나 데칠 때는 휘발성 산을 신속히 증발시키고 클로로필과 산의 접촉시간을 최소로 해야 한다. 따라서 데칠 때에는 다량의 물을 이용하여 유기산을 희석하고, 데칠 때 뚜껑을 열고 단시간 가열하는 것이 좋다.

② 알칼리에 의한 변화

클로로필을 알칼리로 처리하면 피톨기가 떨어져 나가 녹색의 수용성 색소인 클로로필리드(chlorophylide)가 되고, 다시 메탄올기가 떨어져 나가면 선명한 녹색의 수용성 클로로필린(chlorophyline)을 형성한다. 클로로필리드에 산을 가하면 마그네슘이 수소이온으로 치환되어 갈색의 수용성 페오포르비드가 생성된다.

녹색 채소를 삶을 때 탄산수소나트륨($NaHCO_3$) 등의 알칼리를 가하면 녹색은 유지되지만, 알칼리에 불안정한 비타민 B군과 C 등은 파괴되고, 섬유소가 분해되면서 조직이 물러진다. 알칼리와 함께 탄산마그네슘이나 초산칼슘의 혼합물을 소량 첨가하면 펙틴이 불용성의 칼슘염이나 마그네슘염을 형성하기 때문에 색을 보존하면서 질감이 물러지는 것을 방지할 수 있다.

③ 클로로필라아제에 의한 변화

클로로필라아제(chloropyllase)는 엽록체에 존재하며, 클로로필 a와 b에서 피톨을 분해시키는 효소이다. 클로로필의 최적온도는 50~55℃이고, 85℃에서 불활성화된다. 식물조직이 손상되면 식물조직의 세포 내에 함유되어 있던 클로로필라아제가 활성화되어 클로로필의 피톨기가 분해되므로 녹색의 수용성 색소인 클로로필리드가 형성된다. 녹색 채소를 삶으면 물이 녹색으로 변하는 것은 지용성인 클로로필이 클로로필라아제에 의해 수용성인 클로로필리드로 변했기 때문이다.

④ 금속과의 반응에 의한 변화

클로로필은 구리, 철, 아연 등의 이온 또는 이들의 염과 함께 가열하면 클로로필의 마그네슘 이온이 이들 금속이온과 치환되어 불용성인 청록색의 구리-클로로필, 또는 갈색의 철-클로로필, 아연-클로로필을 형성한다. 이 불용성 물질들을 강한 알칼리로 가수분해하면 피톨기가 떨어져 나가면서 구리-클로로필린이 형성되므로 물에 잘 녹으며 색상도 안정해진다. 녹색 채소가 조리 및 가공 과정 중 산에 의해 녹갈색의 페오피틴으로 전환된 경우에도 구리를 첨가하면 수소이온이 구리이온으로 치환되어 구리-클로로필이 되므로 선명한 녹색을 유지할 수 있다. 예를 들어 완두콩 통조림 제조 시 황산구리($CuSO_4$)를 소량 첨가하면 선명한 녹색이 유지된다.

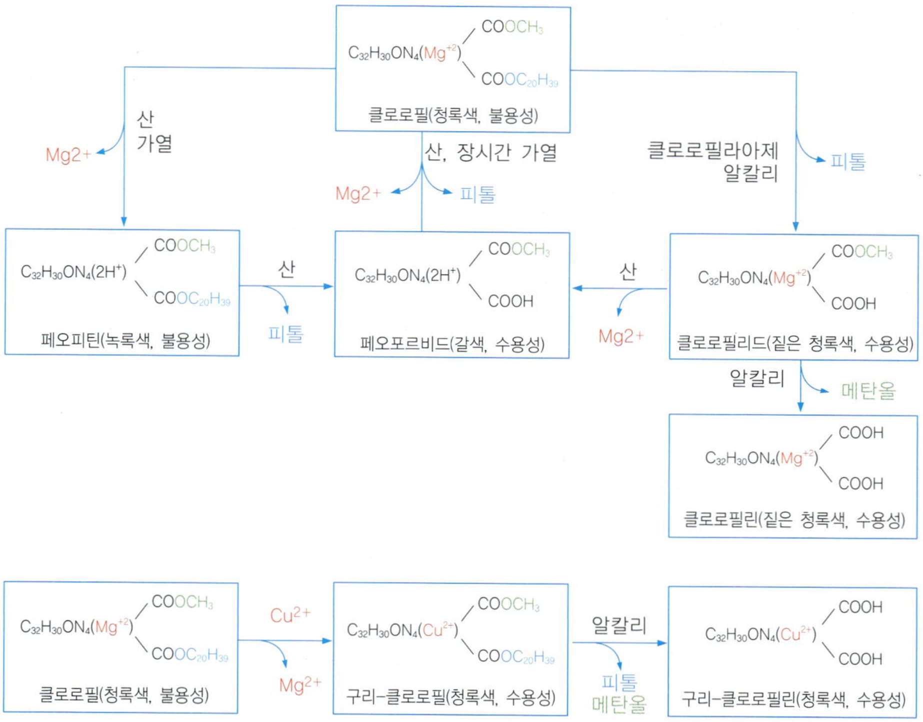

[그림 8-2] 다양한 조건에서 클로로필의 변화

2) 카로티노이드계 색소

카로티노이드(carotenoid)계 색소는 등황색, 황색, 오렌지색, 주황색을 나타내는 지용성 색소이다. 식물이나 미생물은 카로티노이드 색소를 합성할 수 있으나, 동물은 합성하지 못한다. 카로티노이드는 식물체에서 클로로필 색소와 함께 널리 존재한다. 녹색 잎에서 카로티노이드의 색은 클로로필의 색이 우세하여 육안으로 보이지 않으나, 클로로필이 분해되면 선명하게 나타난다. 동물체에는 카로티노이드가 일부 존재한다.

(1) 구조 및 성질

카로티노이드는 이소프렌 단위 8개가 결합하여 형성된 테트라테르펜(tetraterpene)의 기본 구조를 가지며, 그 분자구조 내에 보통 7개 이상의 공액 이중결합이 있다. 기본 구조의 양 끝에는 α-, β- 또는 슈도(pseudo) 이오논(ionone) 핵을 가지는데, 이오논 핵의 종류에 따라 다양한 카로티노이드가 존재한다. β-이오논 핵은 체내에서 분해되어 비타민 A로 전환될 수 있으므로 식품의 색뿐만 아니라 영양학적 가치도 있다. 카로티노이드는 7개 이상의 공액 이중결합(conjugated double bond)를 가지고 있어 산화되기 쉽다. 카로티노이드의 색은 공액 이중결합으로 이루어진 발색단에 기인되는데 열린 공액 이중결합의 수가 많아질수록 황색→ 주황 → 적색으로 색이 짙어진다.

카로티노이드계 색소는 지용성이고, 열에 비교적 안정하며, 약산과 약알칼리에는 파괴되지 않으므로 가공 및 조리에 안정적이다. 그러나 이중결합이 많아 불포화도가 높으므로 산화에는 매우 약해 공기 중의 산소나 리폭시다아제(lipoxidase), 리포페록시다아제(lipoperoxidase), 페록시다아제(peroxidase)와 같은 산화효소 등에 의해 쉽게 산화되어 퇴색된다. 카로티노이드의 퇴색 방지법으로는 가열에 의한 산화효소를 불활성화, 탈기 또는 가스 치환법으로 산소 접촉을 방지, 항산화제 첨가, 포장에 의한 햇빛 차단 등이 있다.

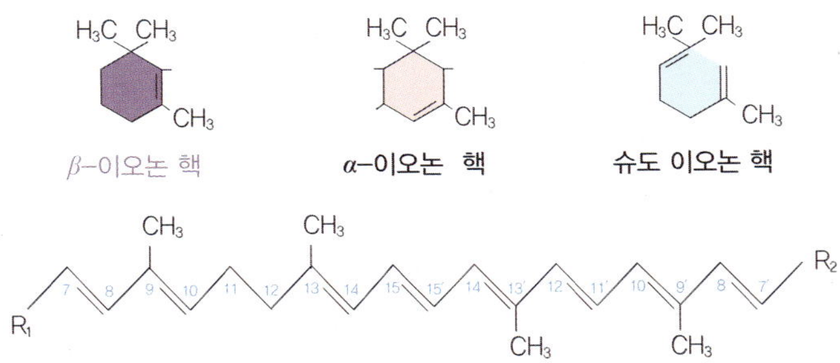

[그림 8-3] 카로티노이드 색소의 기본 구조

(2) 종류

카로티노이드는 크게 카로틴(carotene)과 잔토필(xanthopyll)로 나뉜다.

① 카로틴

카로틴은 이소프렌의 축합체인 탄화수소이므로 지용성이다. 따라서 석유에테르에 녹고, 알코올에는 잘 녹지 않는다. α-카로틴, β-카로틴, γ-카로틴과 리코펜(lycopene)이 있으며, 이 중 α-카로틴, β-카로틴, γ-카로틴은 체내에서 산화되어 비타민 A로 전환될 수 있는 프로비타민 A(provitamin A)이다.

[표 8-3] 식품 중의 중요한 카로틴

색	명칭 및 구조	소재 및 특성
황동색	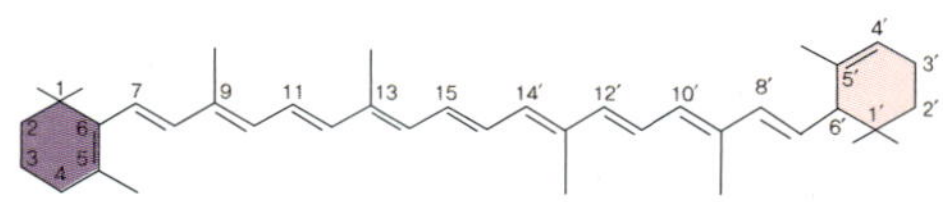 β-이오논 α-카로틴 α-이오논	• 당근, 찻잎 • β-카로틴과 공존 • 체내에서 한 분자의 비타민 A로 전환
	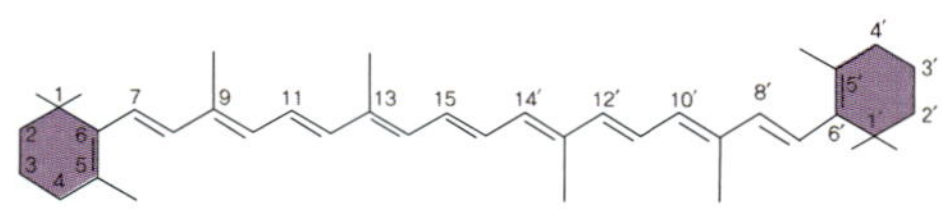 β-이오논 β-카로틴 β-이오논	• 당근, 고구마, 녹엽, 오렌지, 호박, 감귤류 • 체내에서 두 분자의 비타민 A로 전환
적색	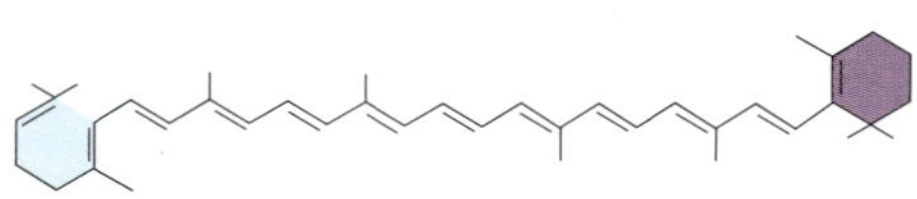 슈도-이오논 r-카로틴 β-이오논	• 당근, 살구 • β-카로틴과 공존 • 체내에서 한 분자의 비타민 A로 전환
	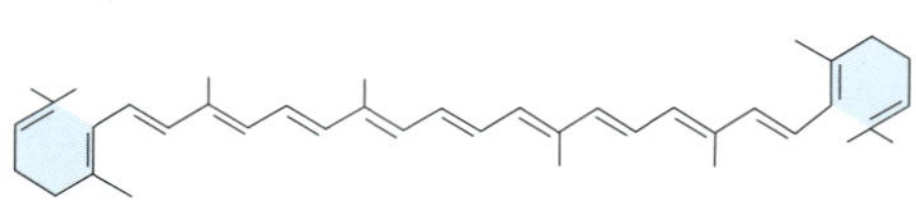 슈도-이오논 리코펜 슈도-이오논	• 수박, 토마토, 감, 앵두 • 비타민 A로 전환되지 않음

② 잔토필

잔토필은 카로틴의 산화유도체로 수산기나 카르보닐 등의 친수성기를 가지고 있으므로 알코올에 잘 녹고, 석유에테르에는 녹지 않는다. 크립토잔틴(cryptoxanthin), 루테인(lutein), 제아잔틴(zeaxanthin), 캡산틴(capsanthin), 아스타잔틴(astaxanthin), 비올라잔틴(violaxanthin), 칸타잔틴(canthaxanthin), 푸코잔틴(fucoxanthin) 등이 있으며, 이 중 크립토잔틴은 β-이오논 핵을 가지므로 프로비타민 A이다.

[표 8-4] 식품 중에 중요한 잔토필

색	명칭 및 구조	소재 및 특성
황동색	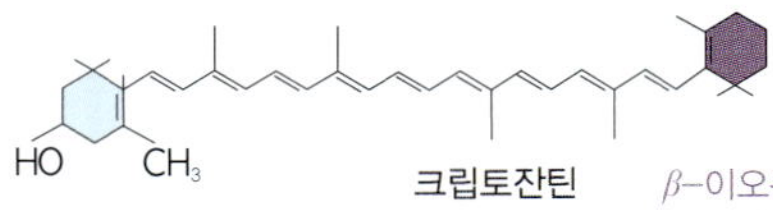 크립토잔틴	• 옥수수, 감, 오렌지 • 체내에서 한 분자의 비타민 A로 전환
	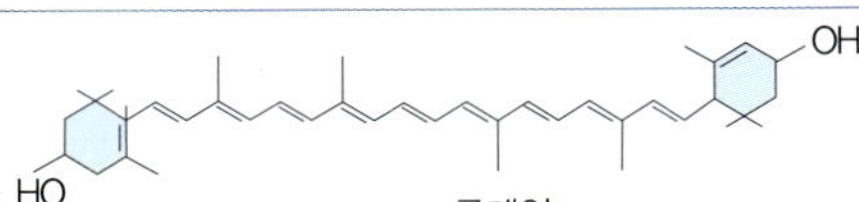 루테인	• 난황, 녹엽, 오렌지, 호박
	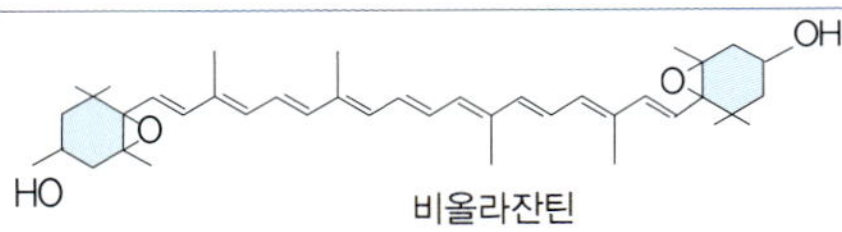 비올라잔틴	• 자두, 고추, 감, 파파야
	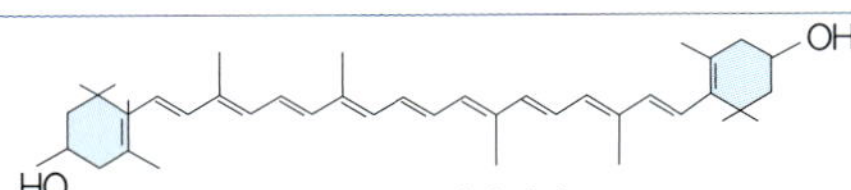 제아잔틴	• 난황, 간, 옥수수, 오렌지
적색	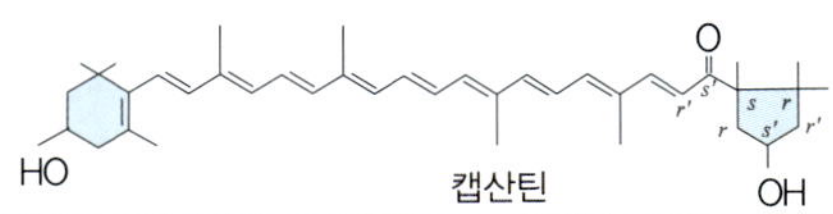 캡산틴	• 고추, 파프리카
	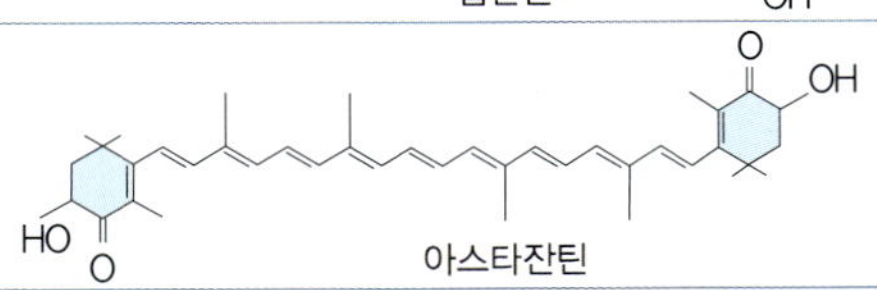 아스타잔틴	• 게, 새우, 연어, 송어
	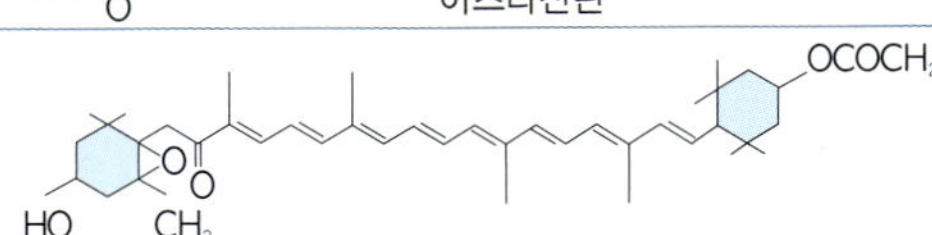 푸코잔틴	• 미역, 다시마
	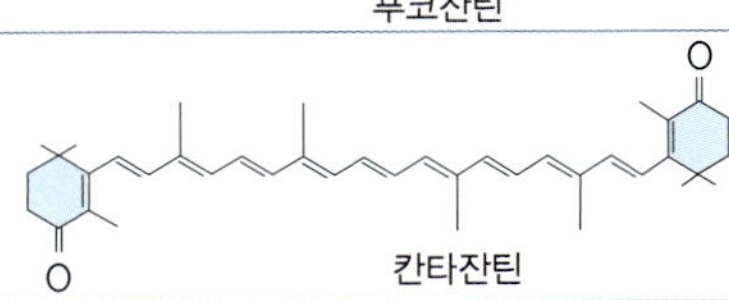 칸타잔틴	• 양송이, 송어, 새우

3) 플라보노이드

플라보노이드(flavonoids)는 식물계에 널리 존재하는 수용성 색소로 식물세포의 액포 중에 유리상태나 여러 당류와 결합한 배당체로 존재한다. 플라보노이드는 좁은 의미로는 안토잔틴(anthoxanthin)을 의미하지만, 넓은 의미로 안토잔틴, 안토시아닌(antocyanin), 탄닌(tannin)을 포함한다.

플라보노이드는 두 개의 벤젠핵이 탄소로 연결된 디페닐프로판(diphenylpropane, $C_6-C_3-C_6$)의 기본 구조를 가진다.([그림 8-4])

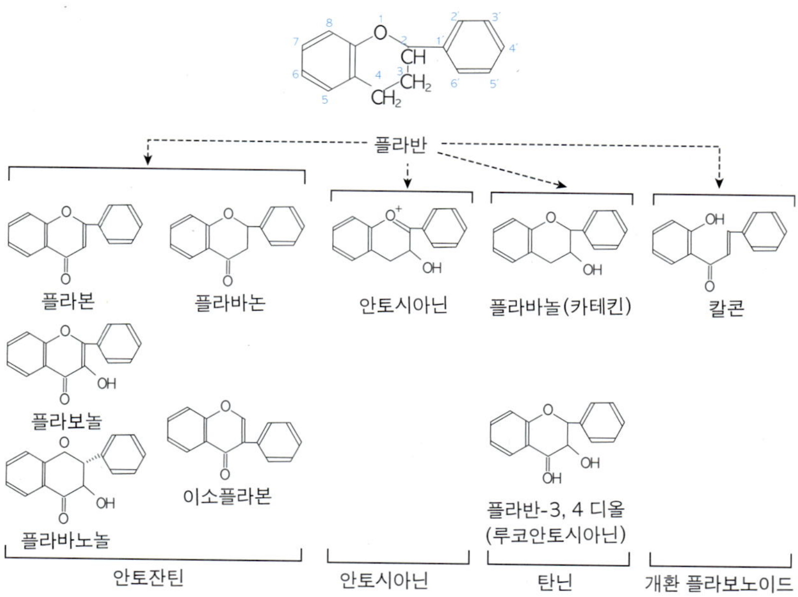

[그림 8-4] 플라보노이드의 구조에 따른 분류

(1) 안토잔틴

안토잔틴은 채소 및 과일에 널리 분포되어 있는 무색, 담황색, 황색 색소로 주로 당과 결합된 배당체로 존재한다. 결합당은 포도당, 갈락토오스, 람노오스, 아라비노오스 등이며, 유리상태로 존재하는 경우는 드물다.

안토잔틴은 치환기에 따라 플라본(flavone), 플라보놀(flavonol), 플라보논(flavanone), 플라바노놀(flavanonol), 이소플라본(isoflavone) 등으로 구분된다.

[표 8-5] 안토잔틴의 분류와 특징

분류	색소명(배당체)	아글리콘명	함유식품
플라본(flavone)	아핀(apin)	아피제닌(apigenin)	파슬리
	트리신(tricin)	트리틴(tritin)	쌀겨
플라보놀(flavonol)	퀘세트린(quercetrin)	퀘세틴(quercetin)	허브티, 양파껍질
	루틴(rutin)	퀘세틴(quercetin)	메밀, 오트밀
	미리시트린(myricitrin)	미리세틴(myricetin)	와인, 포도
플라바논(flavanon)	헤스페리딘(hesperidin)	헤스페레틴(hesperetin)	감귤 껍질
	나린진(naringin)	나린제닌(naringenin)	감귤 껍질
	에리오딕틴(eriodictin)	에리오딕티올(eriodictyol)	감귤 껍질
이소플라본(isoflavon)	다이진(daizin)	다이제인(daizein)	대두
	제니스틴(genistin)	제니스테인(genistein)	대두

① pH에 따른 변화

안토잔틴은 산에서는 안정하여 무색을 나타내지만, 알칼리에서는 비당부분의 고리구조가 열리고 칼콘이 생성되어 황색, 갈색을 나타내거나 배당체들이 가수분해되어 짙은 황색을 나타낸다. 이러한 변화는 가역적이므로 pH가 산으로 변화하면 다시 고리를 형성하여 본래의 구조로 돌아가 무색이 된다.

김초밥을 만들 때 밥에 식초를 넣어주면 밥의 색이 더욱 흰색이 되며, 밀가루에 알칼리인 탄산수소나트륨(중조)을 첨가해 반죽을 하면 황색의 빵, 국수, 튀김옷 등이 만들어진다.

② 금속에 의한 변화

안토잔틴은 금속과 쉽게 결합하여 불용성의 착화합물을 만들어 변색한다. 철과 결합하면 녹색, 갈색, 흑갈색으로 변하며 알루미늄과 결합하면 황색으로 변한다.

따라서 안토잔틴 색소가 있는 채소나 과일은 철이나 알루미늄 용기 사용 시 주의해야 한다.

(2) 안토시아닌

안토시아닌은 꽃, 과일, 채소의 액포에 존재하며, 선명한 적색, 자색 또는 청색을 나타내는 수용성 색소이다.

안토시아닌도 안토잔틴과 마찬가지로 대부분 배당체로 존재하며, 결합당은 주로 포도당, 갈락토오스, 람노오스이다. 안토시아닌의 비당부분(aglycon)을 안토시아니딘(anthocyanidin)이라 하며, 당이 안토시아니딘을 안정화하므로 안토시아니딘 단독으로 자연계에 존재하는 경우는 매우 드물다. 안토시아니딘은 $C_6-C_3-C_6$의 플라빌리움(flavylium) 화합물이며, 안토시아니딘의 종류는 페닐고리에 결합되는 치환기의 종류와 수에 따라 달라진다. 자연계에는 보통 6가지의 안토시아니딘이 분포되어 있다.([표 8-6])

안토시아닌의 다양한 색은 안토시아니딘의 구조에 따라 색이 달라지기 때문인데, 페닐기에 결합한 수산기의 수가 증가할수록 청색이 진해지고, 메톡실기의 수가 증가할수록 적색이 강해지는 경향을 보인다.([그림 8-6])

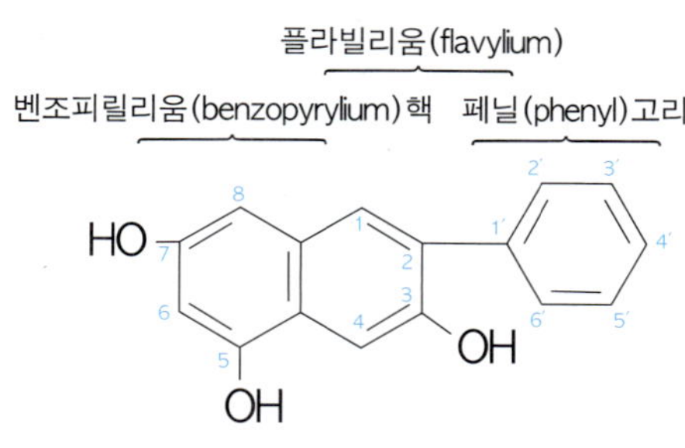

2-페닐-3, 5, 7-트리히드록시벤조피릴리움
(2-phenyl-3, 5, 7-trihydroxybenzopyrylium)

[그림 8-5] 안토시아니딘의 기본 구조

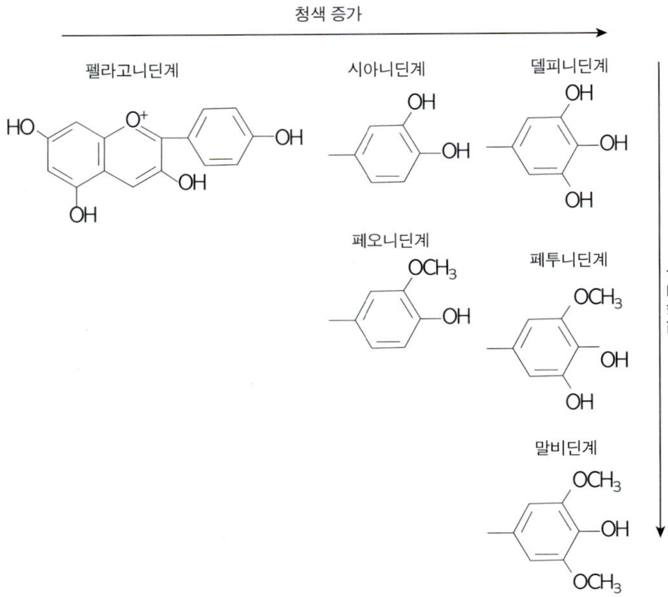

[그림 8-6] 안토시아니딘의 구조에 따른 색의 차이

[표 8-6] 안토시아니딘의 분류와 특징

분류	색소명	색	함유식품
펠라고니딘계(pelargonidin)	칼리스테핀(callistephin)	빨간색	양딸기
시아니딘계(cyanidin)	케라시아닌(keracyanin)	짙은 빨간색	베리류, 자두
델피니딘계(delphinidin)	나수닌(nasunin)	보라색	가지
페오니딘계(peonidin)	페오닌(peonin)	보라색	적양파
페투니딘계(petunidin)	페투닌(petunin)	붉은 보라색	포도, 자두
말비딘계(malvidin)	말빈(malvin)	붉근 보라색	포도, 자두

① pH에 따른 변화

안토시아닌은 산성에서는 적색, 중성에서는 자색, 알칼리성에서는 청색으로 변하며, 이러한 변화는 가역적이다([그림 8-7]). 예를 들면 적양배추로 샐러드를 만들 때 식초나 레몬을 조금 가하면 고운 적색이 된다. 안토시아닌과 안토잔틴이 공존하는 붉은색 채소나 과일에 알칼리를 첨가하면 안토시아닌은 청색으로, 안토잔틴은 황색으로 변하여 결국 녹색으로 변화한다.

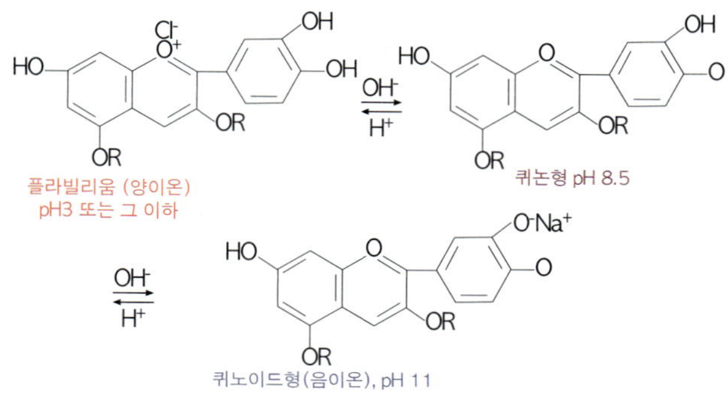

[그림 8-7] pH에 따른 안토시아닌 구조의 변화

② 금속에 의한 변화

안토시아닌은 여러 가지 금속과 반응하여 착화합물을 형성한다. 안토시아닌은 철과 반응하여 청색(펠라고니딘 제외), 주석과는 회색이나 자색, 아연과는 녹색으로 변한다. 가지의 나수닌 색소는 가지 염장 시 철과 접촉하면 pH 4.6 부근에서 고운 청색을 나타내며, 채소나 과일로 통조림 제조 시 캔의 주석에 의해 과육이 회색으로 변색된다.

③ 효소에 의한 변화

안토시아닌은 산소 존재하에서 산화효소에 의해 산화되어 갈변한다. 예를 들어 포도주가 산소와 접촉하면 산화되어 갈색이 된다. 가수분해효소인 안토시아나아제(anthocyanase)는 배당체를 가수분해함으로써 안토시안의 함량을 감소시켜 색을 퇴색시킨다.

(3) 탄닌

탄닌은 식물의 줄기, 잎, 뿌리, 미숙한 과일 등에 널리 분포하는 성분으로 갈변을 일으키는 무색의 수용성 폴리페놀 성분의 총칭이다. 떫은맛이나 쓴맛을 내기도 하며, 무색이지만 산소, 산화효소 또는 금속에 의해 홍갈색, 갈색, 흑색으로 변화한다.

대표적인 탄닌으로는 카테킨, 루코안토시아닌(leucoanthocyanidin), 클로로겐산(chlorogenic acid) 등이 있다.

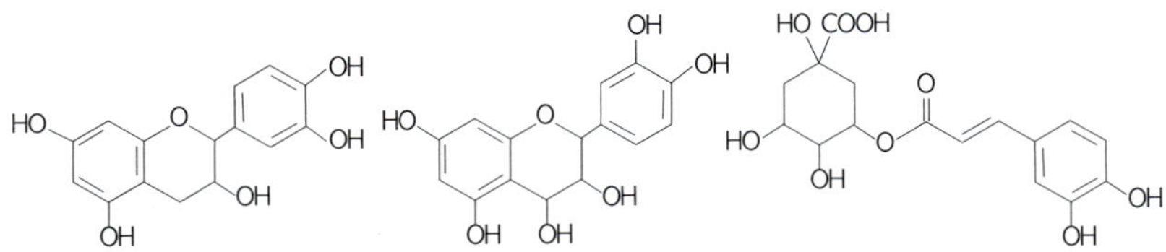

카테킨 루코안토시아닌 클로로겐산

[그림 8-8] 식품 중의 대표적인 탄닌류

① 구조에 따른 분류 및 성질

㉮ 카테킨

카테킨류에는 카테킨, 갈로카테킨, 카테킨 갈레이트, 갈로카테킨 갈레이트, 이들의 광학이성체가 있다. 과일과 채소에는 카테킨이 많고 갈로카테킨은 적으며, 찻잎에는 카테킨 갈레이트와 갈로카테킨 갈레이트가 존재한다. 카테킨과 갈로카테킨은 쓴맛을, 카테킨 갈레이트와 갈로카테킨 갈레이트는 떫은맛을 낸다.

㉯ 루코안토시아닌

루코안토시아닌은 과일, 두류, 차 등에 존재하는 무색 색소이지만 강산성에서 가열하면 적색의 안토시아니딘을 형성한다. 루코안토시아닌은 과일 통조림의 적변현상을 일으키는 물질이다.

㉰ 클로로겐산

클로로겐산은 커피콩, 감자, 사과, 포도 등에 존재하며, 효소적 갈변의 기질이 된다.

② 조리, 가공 중의 변화

㉮ 덜 익은 과일에 함유되어 있는 수용성 탄닌은 떫은맛을 내지만 과일이 익어가면서 불용성 물질로 변하여 떫은맛이 사라진다.

㉯ 탄닌은 공기 중에서 쉽게 산화·중합되어 흑갈색의 불용성 중합체를 형성하

여 떫은맛이 사라진다. 예를 들면 녹차의 발효과정에서 떫은맛을 내는 카테킨류가 폴리페놀산화효소의 작용으로 산화·중합하여 홍차의 테아플라빈(theaflavin)이라는 적색의 불용성 색소를 만들면서 떫은맛이 사라진다.

㈐ 탄닌은 단백질과 결합하여 침전물을 일으킨다. 예를 들면 맥주의 홉(hop)이나 보리 속의 루코안토시아닌은 보리의 글로불린 등의 단백질과 결합해 불용성의 침전물을 만들어 맥주를 혼탁하게 한다.

㈑ 탄닌은 금속과 반응하여 복합염을 형성한다. 주석(Sn) 또는 아연(Zn)과는 옅은 회색, 칼슘(Ca) 또는 마그네슘(Mg)과는 적갈색, Fe^{2+}와는 옅은 갈색 또는 청색, Fe^{3+}와는 암갈색이나 짙은 청색의 화합물을 형성한다. 커피나 차를 끓일 때 경수를 사용하면 차의 탄닌과 경수의 칼슘 이온이나 마그네슘 이온과 결합하여 적갈색의 침전을 형성한다.

3. 동물성 색소

동물성 식품의 색소로는 헴(heme)색소인 헤모글로빈(혈색소), 미오글로빈(육색소)과 카로티노이드인 루테인, 아스타잔틴, 기타 색소가 있다.

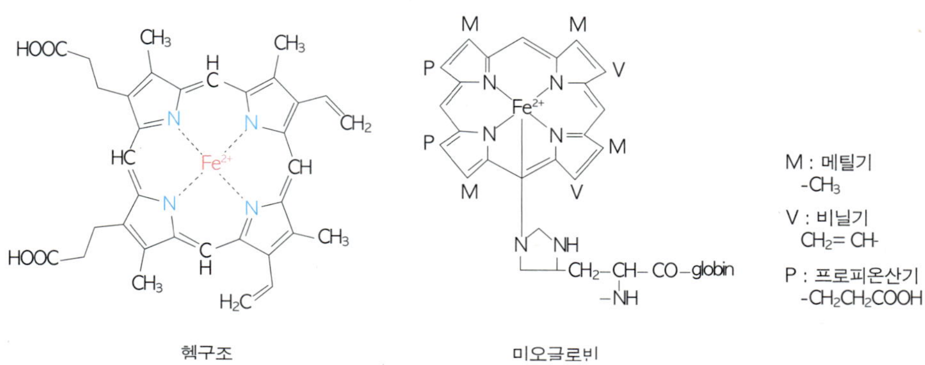

[그림 8-9] 헴의 구조와 미오글로빈의 결합 양식

1) 헴색소

(1) 구조

육류나 참치의 붉은색은 육색소 단백질인 미오글로빈과 혈색소 단백질인 헤모글로빈에 기인하며 이들은 서로 유사한 구조와 특성을 가진다. 미오글로빈과 헤모글로빈은 복합 단백질로 단백질 부분인 글로빈(globin)에 비단백질인 헴색소(적색)가 결합된 형태이다. 미오글로빈은 헴색소 1분자와 글로빈 단백질 1분자가 결합된 단량체 구조이지만, 헤모글로빈은 4개의 헴색소와 글로빈 단백질이 결합된 구조이다. 헴색소는 클로로필과 마찬가지로 피롤 유도체로서 포르피린과 철의 착염으로 되어 있는 적색 색소체이다. 그 중심부에 있는 철 이온은 글로빈 분자 중 히스티딘 잔기의 이미다졸 고리(imidazole ring)의 질소원자와 직접 결합되어 있으며, 이 철 이온은 공기 중의 산소와 결합할 수 있다. 동물은 도살 직후 혈액이 제거되므로 식육으로 사용하는 육류 및 육류가공품은 전체 색소 함량의 90% 이상이 미오글로빈이다. 비교적 붉은색이 옅은 돼지고기, 송아지고기보다는 짙은 붉은색의 쇠고기나 말고기에는 더 많은 미오글로빈이 함유되어 있다.

(2) 산소화 및 산화에 의한 변화

신선한 육류는 2가의 철 이온을 가진 환원형 미오글로빈(Mb, Fe^{2+})에 의해 적자색을 나타내지만 공기 중에 노출되면 산소와 결합하여 선홍색의 옥시미오글로빈(oxymyoglobin;MbO_2, Fe^{2+})이 된다. 이 반응은 철 이온이 2가의 헤모크롬(hemochrome) 형태를 그대로 유지하기 때문에 산소화(oxygenation)라 한다. 옥시미오글로빈은 비교적 안정된 색소이지만 육류를 오랫동안 저장하면 천천히 산화가 일어나 2가 철 이온이 3가로 산화된 헤미크롬(hemichrome) 형태인 적갈색의 메트미오글로빈(metmyoglobin;MetMb, Fe^{3+})이 된다. 메트미오글로빈의 형성을 촉진하는 요인들은 가열, 소금, 자외선, 낮은 pH 등이다. 환원제인 아스코브산(ascorbic acid)은 메트미오글로빈의 형성을 억제한다.

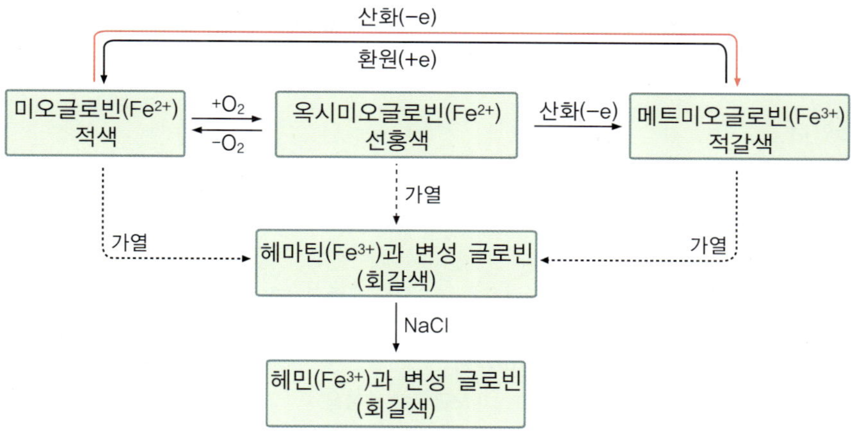

[그림 8-10] 미오글로빈의 산화 · 환원 및 가열에 의한 변화

(3) 가열에 의한 변화

육류를 가열하면 미오글로빈의 글로빈 단백질은 열변성을 일으키고, 동시에 환원형 헴철이 회갈색의 산화형 헴철로 변하면서 분리된다. 이 헴은 헤마틴(hematin, ferriprotoporphyrin, Fe^{3+})으로 알려져 있으며, 유리된 상태로 존재하거나 염소 이온과 결합하여 헤민(hemin)을 형성한다.

(4) 육류 가공 중의 변화

육류를 이용하여 햄이나 소시지 등을 만들 때 살균을 위해 열탕 처리하는데 이때 붉은 육색을 보존하기 위해 질산염이나 아질산염 등의 발색제가 사용된다. 아질산염은 발색에 직접 관여하고, 질산염은 육류에 존재하는 질산환원균에 의해 아질산염으로 환원된 뒤 발색에 관여한다.

육류를 질산칼륨이나 아질산칼륨 용액에 담그면 저장 중 질산칼륨이 세균인 질소환원균의 작용을 받아 아질산염으로 환원되고, 육류의 해당작용 결과 생성된 젖산이 아질산칼륨과 반응하여 아질산(HPO_2)을 형성한다. 아질산에서 생성된 산화질소(니트로기, −NO)는 미오글로빈과 결합하여 선홍색의 니트로소미오글로빈(nitrosomyoglobin)을 형성한다. 니트로소미오글로빈을 가열하면 변성글로빈니트로실헤모크롬(denatured nitrosylhemochrome, Fe^{2+})이 생성된다. 니트로소미오글로빈과 변성글로빈니트로실헤모크롬은 모두 선홍색을 나타내어 육색의 보존 효과를 보인다.

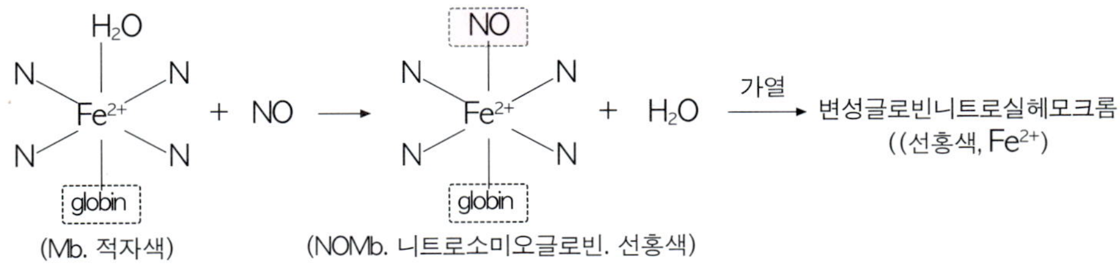

[그림 8-11] 육류 가공 중 육색의 보존 효과

(5) 육제품의 녹변

육류나 육류가공품은 표면을 장시간 빛이나 공기에 노출시키면 헴의 산화에 의해 갈변된 후 회색이나 녹색으로 변색하는 경우가 있다. 이는 헴의 포르피린핵이 파괴되어 생성된 콜레글로빈(choleglobin), 베르도글로빈(verdogloin) 때문이라고 알려져 있다. 또한 육류를 저장하는 동안 세균인 슈도모나스 메피티카(*Pseudomonas mephitaca*)는 황화수소(H_2S)를 생산하여 미오글로빈을 설프미오글로빈(sulfmyoglobin)으로 변화시킨다. 설프미오글로빈은 녹변된 색소이다.

2) 동물성 카로티노이드 색소

육류의 황색지방, 버터, 난황 등 동물성 식품에서 발견되는 카로티노이드 색소는 대부분 동물의 먹이 중에 포함된 색소가 체내에 흡수되어 동물의 조직에 축적되어 나타난다.

(1) 난황과 우유

난황의 황색은 루테인, 제아잔틴, 크립토잔틴 등이며, 우유 및 유제품, 육류 지방의 황색은 카로틴, 잔토필 등에 기인한다.

(2) 어패류와 갑각류

새우, 게, 연어, 송어 등의 색은 아스타잔틴(astaxanthin)에 의한 것이다. 게나 새우는 익히지 않은 상태에서는 회녹색이지만 익으면 적색이 되는데, 이는 아스타잔틴이 동물조직 내에서 단백질과 약하게 결합하여 회녹색을 나타내고 있다가 가열로 인해 단백질이 변성되면 아스타잔틴이 유리되어 적색을 나타내기 때문이다. 아스타잔틴이 산화되면 적색의 아스타신(astacin)으로 바뀐다.

4. 식품의 갈변

식품을 저장, 조리, 가공할 때 식품성분, 효소, 산소, 열 등에 의해 식품의 색이 갈색으로 변하는 현상을 갈변(browning)이라고 한다. 식품의 갈색반응은 색의 변화뿐만 아니라 새로운 냄새와 맛 성분이 만들어지고, 비타민과 아미노산의 손실과 같은 영양성분도 변화하므로 식품의 품질에 큰 영향을 미친다. 식품의 갈변 반응에는 여러 가지가 있으나 일반적으로 효소가 직접 관여하는 효소적 갈변(enzymatic browning)과 효소의 관여 없이 일어나는 비효소적 갈변(nonenzymatic browning)으로 나눌 수 있다. 갈변은 사과, 배, 감자 등과 같은 식품의 품질을 저하시키기도 하지만 홍차, 간장, 된장, 커피, 맥주, 빵, 비스킷처럼 품질을 향상시키는 경우도 있다.

1) 효소적 갈변 반응

효소적 갈변 반응은 사과, 배, 복숭아, 바나나, 감자, 우엉, 양송이 버섯 등 많은 종류의 과일과 채소들의 껍질을 벗기기, 자르기 또는 갈기 등의 조리조작에 의해 조직이 파괴되면 일어난다. 효소적 갈변 반응이 일어나기 위해서는 효소, 기질, 산소의 3가지 요소가 동시에 충족되어야 한다. 과일이나 채소의 조직이 손상되면 식품 중의 폴리페놀이나 티로신 등의 기질이 산소와 접촉하면서 산화효소에 의해 갈색색소인 멜라닌(melanin)을 형성한다. 식품의 갈변에 관여하는 산화효소로는 폴리페놀산화효소(polyphenol oxidase)와 티로시나아제(tyrosinase) 등이 있다.

(1) 폴리페놀산화효소에 의한 갈변

폴리페놀산화효소는 구리(Cu)를 함유하고 있는 금속효소이며 디페놀옥시다아제(diphenoloxidase) 또는 폴리페놀라아제(polyphenolase)라고도 한다. 다양한 식물체에 존재하지만, 식물의 종류에 따라 효소의 특성이 다르고 작용하는 기질도 조금씩 다르다. 폴리페놀산화효소가 작용하는 기질은 카테킨(cathchin), 카테콜(catehol), 클로로겐산(cholrogenic acid), 피로갈롤(pyrogallol), 카페산(caffeuc acid), 퀴세틴(quercetin), 루틴(rutin), 퀴놀(quinol), 3,4-디히드록시페닐알라닌(3,4-dihydroxylphenylalanine, DOPA) 등이다. 폴리페놀산화효소는 산소가 존재할 때 이러한 기질을 o-퀴논 또는 그 유도체를 산화시키는 반응을 촉진시킨다. 퀴논과 그 유도체는 산화, 중합 또는 축합되어 흑갈색의 멜라닌을 형성한다. 이와 같은 기질 및 효소의 함량과 분포는 식물의 종류와 품종, 부위에 따라 다르므로 이에 따라 갈변 정도도 차이가 많다.

일반적으로 폴리페놀산화효소는 철, 구리 이온에 의해 활성화되며, 염소 이온에 의해 억제된다. 폴리페놀류에 의한 효소적 갈변은 일반적으로 신선한 채소나 과일의 기호도 감소시키므로 바람직하지 못하지만 제품의 품질 향상에 긍정적인 경우도 있다. 예를 들면, 사과나 배를 깎아서 공기 중에 방치하면 클로로겐산, 피로카테킨 등이 산화 중합되어 멜라닌 색소를 만드는 경우는 바람직하지 않지만, 홍차 제조시 녹차에 있던 카테킨, 갈로카테킨이 발효에 의해 산화 중합하여 홍차의 적색 색소인 테아플라빈(theaflavin) 색소를 만드는 것은 홍차의 품질 향상에 있어 필수적이다.

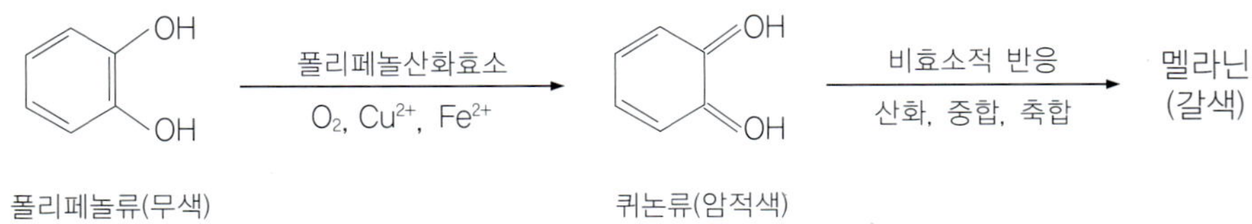

[그림 8-12] 폴리페놀산화효소에 의한 갈변 반응

(2) 티로시나아제에 의한 갈변

티로시나아제는 구리(Cu)를 함유한 수용성의 모노페놀산화효소(monophenol oxydase)이다. 티로시나아제는 폴리페놀뿐만 아니라 벤젠고리에 －OH기가 하나만 존재하는 모노페놀(monophenol) 화합물인 티로신(tyrosine)에도 작용하는 특성이 있다. 이 효소는 채소와 과일, 특히 감자의 갈변과 밀접한 관계가 있다. 감자에 존재하는 티로신은 이 효소에 의해 산화되어 디히드록시페닐알라닌(dihydroxy-pheylalanine, DOPA), DOPA－퀴논, DOPA 크롬(chrome)을 생성하며, 이것이 중합 및 축합 반응을 통하여 갈색의 멜라민 색소를 형성한다. 티로시나아제도 폴리페놀옥시다아제와 마찬가지로 구리 이온(Cu^{2+})에 의해 더욱 활성화되고 염소 이온(Cl^{-})에 의해 활성이 억제된다.

(3) 효소적 갈변의 억제법

효소에 의한 갈변은 효소, 기질, 산소의 3가지 요소가 있을 때 일어나므로 이 중 어느 하나를 제거하면 갈변을 억제할 수 있다. 효소적 갈변의 억제법은 [표 8-7]과 같다.

[표 8-7] 효소적 갈변의 억제 방법

요소	방법		기작	활용 예
효소	pH		효소의 최적 pH인 5.8~6.8을 벗어나게 한다.	구연산, 말산, 초산 등의 수용액에 자른 과일을 담근다.
	온도	가열	효소는 60℃ 이상에서 불활성화된다.	채소, 과일을 데친 후 통조림 등으로 가공한다.
		냉장(냉동)	효소의 최적온도를 벗어나게 한다.	식품을 냉장 또는 냉동 저장한다.
	효소저해제		염소 이온은 효소의 작용을 억제한다.	감자, 과일의 껍질을 벗기고 소금물에 담근다.
	금속이온과의 접촉 차단		폴리페놀옥시다아제와 티로시나아제는 구리를 가진 금속 효소이므로 철, 구리에 의해 효소의 활성이 촉진된다.	철제 칼, 금속용기 대신 스테인레스 또는 비금속 칼과 용기를 사용한다.
산소	산소 대체		산화요인인 산소를 제거한다.	분유, 과자 등의 밀폐 용기에 탄산가스나 질소 등 불활성 가스를 충전한다.
	공기 차단		기질과 산소의 결합을 막는다.	채소나 과일의 껍질을 벗긴 후 물에 담근다.

요소	방법	기작	활용 예
기질	기질 제거	반응 물질인 기질을 제거하여 산화를 방지한다.	감자의 껍질을 벗기고 물에 담가 티로신을 제거한 후 가공한다.
	환원성 물질 첨가	기질을 환원시켜 산화를 방지한다.	아스코르브산을 첨가한다.

2) 비효소적 갈변 반응

효소의 작용을 받지 않고 식품에 함유된 성분 또는 성분의 상호작용에 의해 갈변되는 것을 비효소적 갈변 반응이라 한다. 대표적인 비효소적 갈변 반응으로는 메일러드 반응(maillard reaction), 캐러멜화(caramelization), 아스코르브산 산화반응(ascorbic acid oxidation)이 있다. 식품은 여러 가지 성분으로 이루어져 있기 때문에 한 가지 반응이 단독으로 일어나기보다는 혼합되어 일어나는 경우가 많다.

(1) 메일러드 반응

메일러드 반응은 식품 중의 아미노 화합물과 카르보닐 화합물이 공존하면 상호반응하여 갈색의 멜라노이딘(melanoidine) 색소를 형성하는 반응으로 마이야르 반응, 아미노-카르보닐 반응 또는 멜라노이딘 반응이라고도 한다. 메일러드 반응은 1912년 프랑스의 화학자인 마이야르(Maillard)에 의해 처음으로 보고되었다. 식품 중 아미노기를 가지는 반응물질은 유리 아미노산, 펩티드, 단백질, 아민 등의 질소화합물이며 카르보닐기를 가지는 유리 알데히드기나 케톤기를 가진 환원당 또는 가수분해되어 환원당을 생산할 수 있는 당류이다.

대부분의 식품은 당류와 단백질을 포함하고 있으므로 메일러드 반응은 조리 및 가공, 저장 중 많이 볼 수 있으며, 외부에서 열을 가하지 않아도 느리지만 자연발생적으로 일어날 수 있다. 따라서 식품의 조리, 가공과 저장 중 진행되는 반응을 억제하기 어렵다. 메일러드 반응은 식품의 외관, 맛, 냄새, 영양성분에 영향을 준다. 메일러드 반응에 의해 생성된 성분들은 식품의 향미에 바람직한 영향을 주는 경우가 많지만 지나친 갈변은 불쾌감을 줄 수도 있다. 또한 필수 아미노산인 리신(lysine)

이 파괴되는 등 영양가의 손실을 초래한다. 메일러드 반응이 일어난 식품으로는 간장, 된장, 커피, 식빵, 비스킷, 맥주 등이 있다.

[메일러드 반응과정]

메일러드 반응은 초기단계, 중간단계, 최종단계로 진행되는데 각 단계별 주요 반응은 다음과 같다.

① 초기단계

메일러드 반응이 진행되기 위해서는 아미노화합물이 축합반응에 의해 질소배당체를 형성해야 한다. 예를 들어 알데히드기를 가진 포도당과 아미노기를 가진 글리신이 축합하면 글리코실아민(glycosylamine)이라는 질소 배당체가 형성된다. 글리코실아민은 아마도리 전위(amadori rearrangement)를 일으켜 프럭토실아민(fructosylamine)을 만든다. 아마도리 전위는 질소 배당체의 알도오스(aldose)가 이성체인 케토오스(ketose)로 전환되는 반응이다. 초기단계에서는 식품의 색과 향미 변화가 일어나지 않는다.

② 중간단계

아마도리 전위에서 생성된 프럭토실아민은 산화, 탈수, 분해되어 오손(osone), 데옥시오손(deoxyosone), 불포화된 3,4-데옥시오손으로 전환된 후 다양한 종류의 환상 화합물, 리덕톤(reductone)류, 푸르푸랄(furfural)류 등을 형성한다. 또한 산화된 당류의 분해가 일어나 메틸글리옥살(methylglyoxal), 아세톨(acetol), 아세토인(acetoin), 글리코알데히드(glycoaldehyde), 디아세틸(diacetyl), 글리옥살(glyoxal), 아세트알데히드(acetaldehyde) 등의 저분자 휘발성 물질이 생성된다. 생성된 저분자 휘발성 물질은 식품의 향미를 변화시킨다.

③ 최종단계

중간단계에서 형성된 리덕톤류, 푸르푸랄과 유도체, 각종 분해 생성물 사이에 여러 상호반응이 일어나 갈색을 띤 멜라노이딘(melanoidine)을 형성한다. 최종단계에서 일어나는 반응으로는 스트레커 반응, 알돌형 축합반응, 멜라노이딘 반응이 있다.

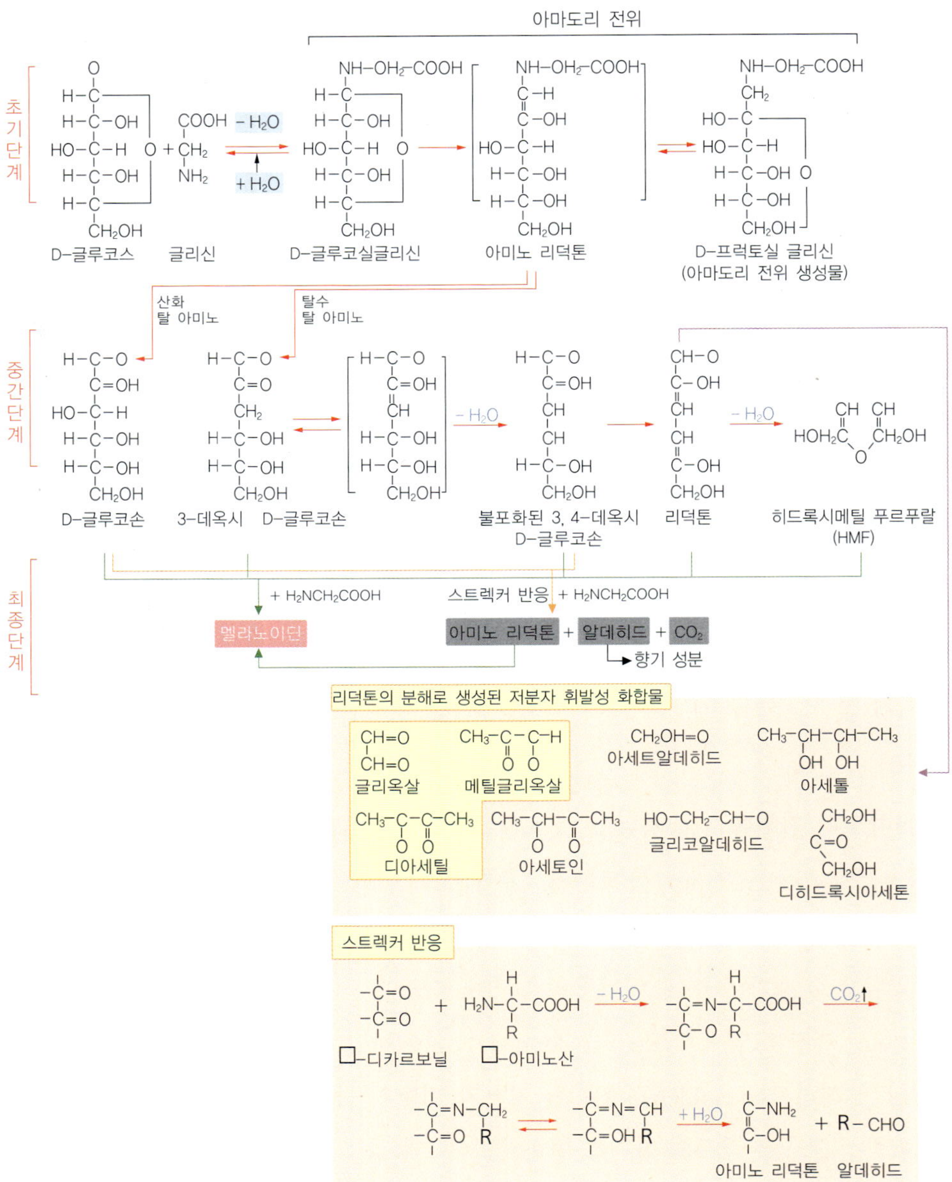

[그림 8-13] 포도당과 글리신의 메일러드 반응과정

㉮ 스트렉커 분해반응 : 중간단계에서 생성된 α-디카르보닐(dicarbonyl)화합물과 α-아미노산은 반응하여 축합물을 생성한 후 탈탄산(decarboxylation), 탈아미노(deamination) 되어 원래 아미노산보다 탄소수가 하나 적은 알데히드와 CO_2가 생성된다. 또한 중간단계에서 생성된 리덕톤류는 반응성이 강하여 갈변의 여러 단계에 참여하게 된다. 스트레커 반응에서 생성된 알데히드는 식품의 냄새 성분이 된다.

㉯ 알돌형 축합반응(aldol condensation) : 메일러드 반응의 중간단계에서 생성된 활성이 강한 카르보닐화합물 중에서 카르보닐기에 바로 인접한 α-탄소에 수소가 결합된 화합물은 알돌형 축합반응을 일으키며 점점 큰 분자량의 화합물을 생성한다. 이 화합물들은 아미노화합물과도 축합반응을 계속하여 분자량이 큰 멜라노이딘 색소를 생성한다.

㉰ 멜라노이딘 형성반응 : 푸르푸랄, 리덕톤, 알돌형 축합반응 생성물들, 스트레커 반응 생성물, 알돌축합생성물, 또는 이들이 아미노화합물과 결합된 화합물 등은 서로 쉽게 축합되어 불포화도가 크고 형광성을 가지고 있는 갈색의 멜라노이딘 색소를 형성한다.

메일러드 반응에 영향을 주는 요인으로는 당의 종류, 아미노산의 종류, pH, 수분, 산소, 온도, 금속 등이 있다.

[표 8-8] 메일러드 반응에 영향을 주는 요인

요인	비고
온도	10℃올라가면 갈변 속도가 3~5배 빨라짐(Q10=3~5)
pH	pH가 증가할수록 갈변은 촉진됨 pH 3 이하에서는 반응 속도가 느림 pH 6.5~8.5에서는 빠르게 일어남
당의 종류	일반적으로 이당류보다는 단당류, 비환원성 단당류보다는 환원성 단당류, 육탄당보다는 오탄당의 갈변 속도가 빠름

요인	비고
아미노 화합물	아민류는 아미노산보다 갈변 속도가 빠름 염기성 아미노산은 중성아미노산이나 산성 아미노산보다 갈변 속도가 빠름
수분	Aw 0.6~0.7의 중간수분활성도에서 갈변 속도가 가장 빠름
아황산염, 황산염, 티올, 칼슘염 등	메일러드 반응 억제

(2) 캐러멜화

캐러멜화 반응은 당류만을 융점 이상(160~200℃)으로 가열했을 때 산화, 탈수 및 분해산물이 중합, 축합반응에 의하여 갈색의 캐러멜 색소와 휘발성 가열 분해 산물이 생성되는 열분해(pyrolysis) 반응이다. 캐러멜화 반응은 pH 6.5~8.2에서 잘 일어난다. 이 반응은 자연발생적으로 일어나지 않으며, 외부로부터 계속적인 에너지 공급이 필수적이다. 캐러멜화 반응은 캔디, 과자, 빵류와 같이 전분 또는 당의 함량이 높은 식품의 가열 공정에서 흔히 일어나며, 반응 결과 생성된 캐러멜 색소는 식품의 색과 향미에 중요한 영향을 미친다. 캐러멜 색소는 간장, 된장, 합성청주, 양주, 청량음료, 과자류 등의 갈색 착색료로도 이용된다.

(3) 아스코르브산 산화반응

아스코르브산은 강한 환원력을 가지고 있어 항산화제(antioxidant) 또는 항갈변제(antibrowning agent)로 널리 이용되고 있다. 그러나 아스코르브산이 비가역적으로 산화되면 항산화제로서의 기능을 상실하고 그 산화생성물이 계속 산화, 중합하거나 아미노화합물, 유기산류와 반응하여 갈색물질을 생성한다. 아스코르브산의 산화에 의한 갈변은 산소의 유무에 영향을 받지 않는다. 이 반응은 pH 2.0~3.5인 산성 조건에서 잘 일어나며 pH가 높아질수록 억제된다. 따라서 아스코르브산의 함량이 높은 감귤류의 가공식품(농축 오렌지주스, 분말 오렌지 등)에서 문제가 될 수 있다.

식품의 냄새

09

1. 후각
2. 냄새의 분류
3. 냄새 성분의 종류
4. 식물성 식품의 냄새 성분
5. 동물성 식품의 냄새 성분
6. 조리 가공에 의한 식품의 냄새

식품의 향기나 냄새는 식품에 미량 함유되어 있는 휘발성 성분에 의해서 나타나며, 식품의 기호와 품질을 결정하기도 한다. 모든 식품은 식품 그 고유의 향기 또는 냄새를 가지고 있으며, 우리는 모두 자신의 경험을 통해, 식품이 가지고 있는 냄새를 통해 그 식품을 기억하는 경우가 많다. 식품의 냄새는 가열조리, 가공 처리, 저장, 발효, 부패 등의 과정에서 현저하게 변화하게 되는데 사람들은 식품이 가지고 있는 고유의 정상적인 냄새보다는 비정상적인 이취(off-flavor)에 대해 매우 민감하게 반응한다. 보통 냄새는 향기와 냄새로 나누어서 이야기하는 경우가 많은데 향기는 식품의 냄새 중 바람직하거나 즐거움을 주는 냄새를 일컫고, 바람직하지 않거나 불쾌감을 주는 경우에는 냄새라는 단어를 사용하고 있다. 사람들이 느끼는 식품의 냄새는 특정 화학물질에 의해서 일어나는 것으로 개인적인 차이에 따라 냄새를 느끼는 정도가 다르고, 화학물질의 농도가 매우 낮고 변화되기 쉬운 휘발성 물질이기 때문에 식품의 냄새를 정확하게 정의하기는 매우 어렵다. 그러나 최근 가스크로마토그래피(gas chromatography, GC), 고속액체크로마토그래피(high performance liquid chromatography, HPLC), 질량 분광도계(mass spectrometer, MS) 등의 기술의 발전이 정밀하고 신속하게 진행되면서 냄새에 대한 연구는 빠르게 이루어지고 있다.

1. 후각

식품의 냄새는 냄새를 가진 성분이 후각기관에 있는 화학적 수용체와 상호작용하여 신경 신호가 되어 후각신경을 자극함으로써 일어나는 감각이다. 즉 후각 상피조직에 분포되어 있는 수용체 세포(receptor cells)와 외부에서 들어온 휘발성 냄새를 가진 화학분자들 사이의 결합, 흡착이 일어나 전기화학적 변화들이 신경신호(neural impulse)로 전환되고 후각신경섬유(olfactory nerve fibers)를 통해서 뇌로 전달되어 특정된 종류와 크기의 냄새를 인식하게 된다. 비강 안쪽에 존재하는 후각 수용체들은 소수성의 단백질로 냄새를 가진 휘발성 화합물 분자가 흡착되어 세포전위변화(olfactory receptor potential change)를 일으키고 이 자극은 전달기구없이 바로 신경세포를 거쳐 대뇌에 전달되게 된다.

일반적으로 사람의 경우에는 상피에 대략 500만 개 정도의 후각세포들이 분포되고 있는 것으로 알려져 있으며, 미각에 비해 10,000배 이상 예민하기 때문에 ppm(parts per million), ppb(parts per billion) 정도의 소량으로도 냄새를 감지할 수 있다.

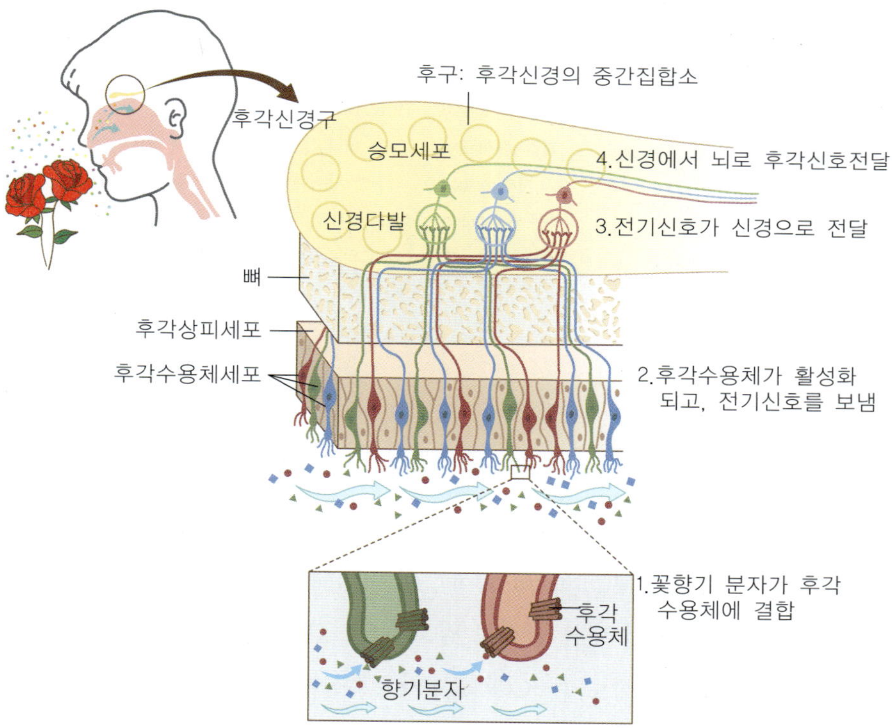

[그림 9-1] 후각수용체와 후각시스템의 구조

2. 냄새의 분류

1) 헤닝의 냄새 분류

헤닝(Henning, H. 1916)은 여러 종류의 냄새를 다음과 같은 6가지로 분류하고 그 냄새의 상관관계를 후각프리즘(smell prism)으로 표시하였다. 프리즘의 여섯 꼭지에는 냄새의 종류가 놓여 있고 각 꼭지로부터의 거리는 그 냄새가 가지고 있는 특징의 상대적 기여도를 의미한다고 하였다.

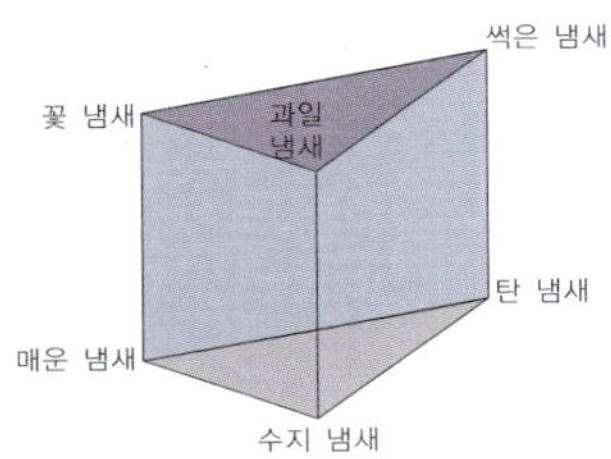

[그림 9-2] 헤닝의 후각 프리즘

냄새의 종류	예
매운 냄새(spicy)	마늘, 생강, 후추 등의 냄새
꽃 냄새(fragnant)	백합, 매화, 장미 등의 냄새
과일 냄새(fruity)	사과, 바나나, 오렌지, 레몬 등의 냄새
수지 냄새(resinous)	테르펜유(terpene oil), 유칼리유(eucalytus oil) 등의 냄새
썩은 냄새(putrid)	썩은 고기, 부패한 달걀 등의 냄새
탄 냄새(burnt)	커피, 타르, 캐러멜 등의 냄새

2) 아무어의 냄새 분류

아무어(Amoore, JE. 1964)는 냄새를 장뇌 냄새(camphorous odor), 사향 냄새(musky odor), 꽃 냄새(floral odor), 박하 냄새(pepperminty odor), 에테르 냄새(ethereal odor), 매운 냄새(pungent odor), 썩은 냄새(putrid odor)의 7가지로 분류하였다. 아무어는 냄새를 내는 물질로 알코올기(−OH), 카르보닐기(>C=O), 알데히드기(−CHO), 에스테르기(−COOR), 카르복실기(−COOH), 벤질기($-C_6H_5$), 니트로기($-NO_2$), 아미노기($-NH_2$) 등이 있다고 했다.

3) 크로커와 핸더슨의 냄새 분류

크로커와 핸더슨(Crocker, EC. & Henderson, LF. 1927)는 냄새를 꽃향기(fragnant), 신 냄새(acid), 썩은 냄새(foul or caprylic), 탄 냄새(brunt)의 네 가지로 분류하고 각 기본적인 냄새를 다시 8개의 강도로 세분화하였다.

기본 냄새	대표적인 화합물
꽃향기	살리실산메틸(methyl salicylate)
신 냄새	20% 아세트산(20% acetic acid)
썩은 냄새	과이어콜(guaiacol)
탄 냄새	2,7-디메틸옥탄(2,7-dimethyloctane)

3. 냄새 성분의 종류

1) 에스테르(ester)류

일반적으로 대부분의 에스테르류는 냄새를 가지고 있으며, 과일 향기의 주성분이다. 탄소수가 10 이하인 에스테르 화합물은 많은 과실향을 이루며 분자량이 커지면 향기가 농후해지고 꽃향을 이룬다. 벤젠핵을 가질 경우 꽃향이 세어지는 경우가 있다.

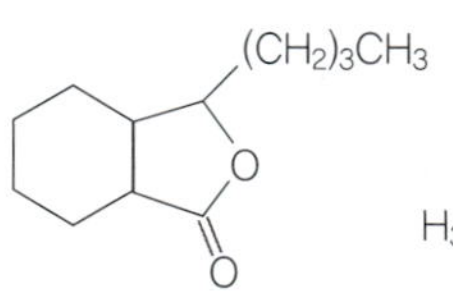

세다놀리드(sedanolide)

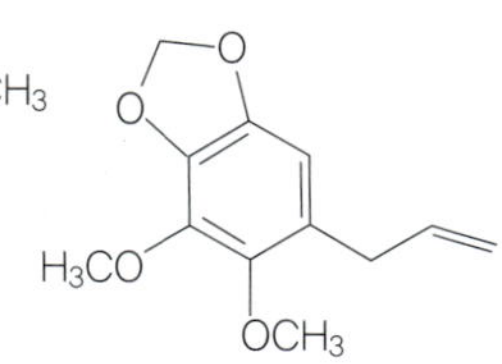

아피올(apiol)

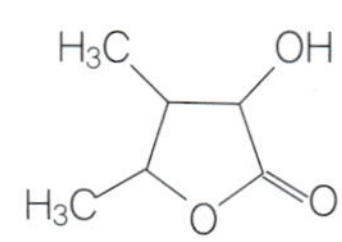

소톨론(sotolon)

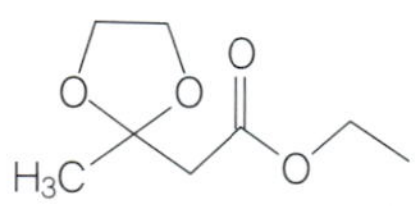

프록톤(fructone)

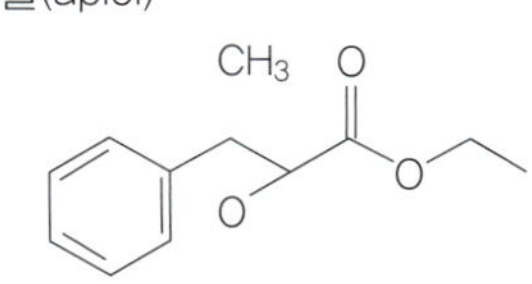

스트로베리 알데히드(strawberry aldehyde)

종류	함유식품	종류	함유식품
초산 의산(amyl formate)	사과, 복숭아	아피올(apiol(aromatic acetal)	파슬리
개미산 이소아밀(isoamyl formate)	배	아세트산 헥실(hexyl acetate)	사과, 꽃
초산 에틸(ethyl acetate)	파인애플	아세트산 이소아밀(Isoamyl acetate)	바나나
아세트산 이소아밀(isoamyl acetate)	배, 사과	살리실산 메틸(methyl salicylate)	윈터그린
부티르산 메틸(methyl butyrate)	사과	부티르산 펜틸(pentyl butanoate)	배, 살구
발레르산 메틸(methyl valerate)	청주	펜탄산 펜틸(pentyl pentanoate)	사과, 파인애플
이소발레르산 이소아밀(isoamyl isovalerate)	바나나	소톨론(sotolon)	단풍시럽, 카레
계피산 메틸(methyl cinnamate)	송이버섯	스트로베리 알데히드(strawberry aldehyde)	딸기
세다놀리드(sedanolide)	셀러리	프룩톤(fructone)	fruity, apple-like

2) 알코올(alcohol)류

알코올류는 대부분 냄새를 가지고 있다. 탄소수 5개 이하의 알코올은 과일, 채소, 송이버섯, 커피 등 대부분 식품의 냄새 성분으로 들어 있다.

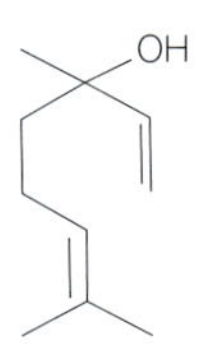

리날로올(linalool)

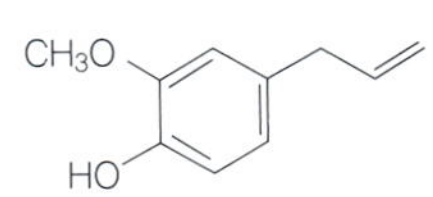

유게놀(eugenol)

종류	함유식품	종류	함유식품
에탄올(ethanol)	주류	푸란메탄올(furfuryl alcohol)	커피
프로판올(propanol)	양파	에틸말톨(ethyl maltol)	캐러멜, 익힌 과일
펜탄올(pentanol)	감자	유게놀(eugenol)	계피
헥센올(hexenol)	찻잎, 푸른 잎	퓨라네올(furaneol)	딸기
헨센알(hexenal)	찻잎	헥산올(1-hexanol)	잔디 냄새
리날로올(linalool)	찻잎, 복숭아	헥센올(cis-3-hexen-1-ol)	풀 냄새
옥텐올(1-octen-3-ol)	송이버섯	멘톨(menthol)	페퍼민트
노나디엔올(2,6-nonadienol)	오이		

3) 테르핀(terpene)류

이소프렌(isoprene)의 중합체인 테르핀류 및 그 유도체를 주성분으로 하는 일련의 화합물이 정유류에 들어 있는데, 이들은 일반적으로 향기를 갖는 동시에 약간의 자극적인 맛이 있으므로 식품 중 매운맛의 성분이기도 하다. 또한 식품 이외에 향신료 중에도 테르핀류를 가지는 향이 여러 가지 있다.

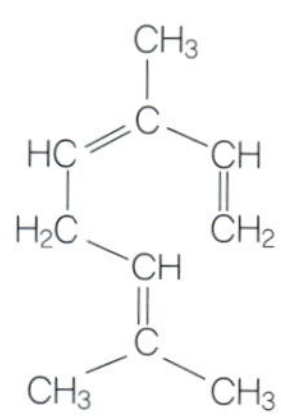

미르센(myrcene)

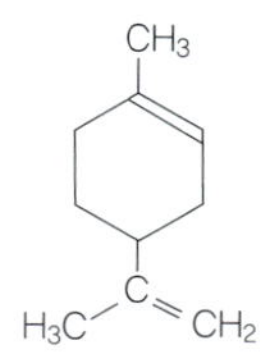

리모넨(limonene)

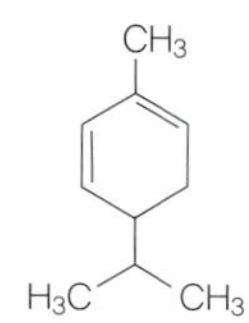

펠란드렌(α-phellandrene)

종류	함유식품	종류	함유식품
미르센(myrcene)	미나리	멘톨(mentho)l	박하
리모넨(limonene)	오렌지	씨네올(1,8-cineole)	카다몬
펠란드렌(α-phellandrene)	후추	시트랄(β-citral)	레몬
캄펜(camphene)	레몬	카르본(carvone)	캐러웨이
리날로올(linalool)	감귤, 고수	멘톤(menthone)	박하
제라니올(geraniol)	녹차	후물렌(humulene)	호프
진기베렌(zingiberene)	생강	파네졸(famesol)	사향초유
셀레닌(β-selinene)	셀러리유	시트로넬올(citronellol)	장미
네롤(nerol)	스위트로즈	네롤리돌(nerolidol)	나무, 신선한 나무껍질
테르피네올(α-terpineol)	라일락	투우존(thujone)	향나무, 세이지
티몰(thymol)	타임(향신료)류		

4) 알데히드(aldehyde)류

알데히드류는 상반된 향을 가진 냄새 성분이다. 식물의 풋내와 각종 채소와 과일의 풍미에 관여하지만, 유지류의 식품에서는 기름진 풍미와 불쾌한 산패취를 나타낸다.

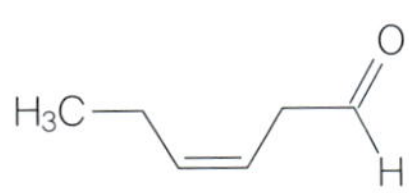

헥센알(3-hexenal)

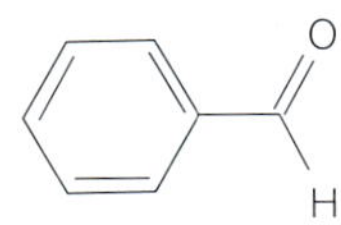

벤즈알데히드(benzaldehyd)

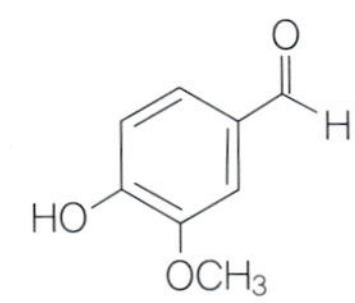

바닐린(vanillin)

종류	함유식품	종류	함유식품
헥센알(hexenal)	찻잎	시트랄(citral), 게라니올(geraniol)	레몬그라스, 레몬오일
벤즈알데히드(benzaldehyde)	아몬드	시스-3-헥센알(cis-3-hexenal)	풋토마토
계피알데히드(cinnamaldehyde)	계피	푸르푸랄(furfural)	불에 그을린 귀리
바닐린(vanillin)	바닐라	네랄(neral)	감귤류, 레몬그라스

5) 황화합물

각종 황화합물은 식품의 냄새 성분으로 많이 존재하며, 특히 채소류 중 엽채류와 근채류의 냄새 성분으로 중요한 성분이다. 휘발성의 황화합물이 극히 소량 존재하면 식품의 향기를 크게 상승시키는 경우가 있다. 미량의 휘발성분인 황화수소(H_2S)는 밥의 구수한 냄새이다. 일반적으로 휘발성 황화합물은 악취를 나타내고 이들 황화합물 중에는 매운맛을 띠는 것이 많이 있다.

$H_3C - SH$

메틸 메르캅탄
(methyl mercaptan)

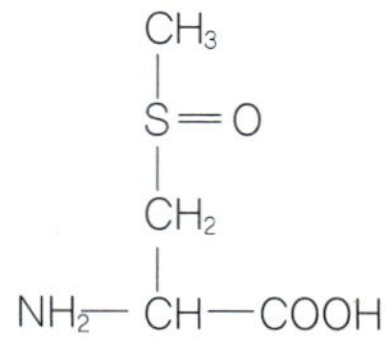

s–메틸–L–시스테인
설폭시드
(s–methyl–L–cysteine
sulfoxide)

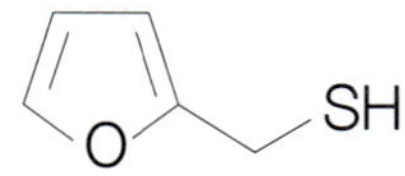

푸르푸릴 메르캅탄
(furfuryl mercaptan)

종류	함유식품
메틸 메르캅탄(methyl mercaptan)	무
프로필 메르캅탄(propyl mercaptan)	양파
디메틸 메르캅탄(dimethyl mercaptan)	단무지
s–메틸–L–시스테인 설폭시드(s–methyl–L–cysteine sulfoxide)	양배추
메틸–β–메틸 메르캅토프로피온산(methyl–β–methyl mercaptopropionate)	파인애플
에틸–β–메틸 메르캅토프로피온산(ethyl–β–methyl mercaptopropionate)	된장
β–메틸 메르캅토프로필 알코올(β–methyl mercaptopropyl alcohol)	간장
푸르푸릴 메르캅탄((furfuryl mercaptan)	커피
겨자유(mustard oil)	겨자, 고추냉이, 무
부추유(chive oil)	마늘, 부추, 양파

4. 식물성 식품의 냄새 성분

1) 사과의 냄새 성분

사과의 냄새 성분은 약 40여 가지가 존재하는 것으로 알려져 있으며, 대표적으로 알코올류, 알데히드류, 아세트산, 피로피온산 등의 에스테르류가 주성분이다.

사과의 냄새 성분			
ethanol	1–propanol	isobutanol	butanol
1–hexanol	2–hexen–1–ol	acetaldehyde	hexanal
ethyl acetate	ethyl propionate	propylacetate	ethyl butyrate
hexylacetate	hexylacetate	isopentane	methylbutylacetate
2–methylbutan–1–ol	2–hexenal	butyl butyrate	

2) 바나나의 냄새 성분

바나나의 냄새 성분은 아세트산, 메탄올, 에탄올, 이소아밀 알코올, 메틸아세트산, 2–헥사날, 2–펜타논 등이 있으며, 바나나의 숙도에 따라 함량이 변화한다.

바나나의 냄새 성분			
2–methyl acetate	4–pentanone	butyl acetate	butyl alcohol
isoamylacetate	amyl alcohol	amyl acetate	butyl butyrate
amyl propionate	hexylacetate	amyl butyrate	hexylalcohol

3) 감귤류의 냄새 성분

감귤류의 특징적인 냄새는 껍질 중에 있는 정유 성분에 기인한 것으로 알려져 있다. 일반적으로 감귤류의 냄새 성분으로는 에틸아세테이트 부티르산, 에틸 카프릴산 등의 에스테르류와 리모넨, 시트랄, 코페인류, 큐베벤류 등의 테르페노이드 화합물이 중요한 냄새 성분들이다.

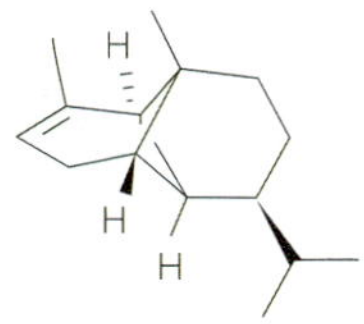

α–copaene

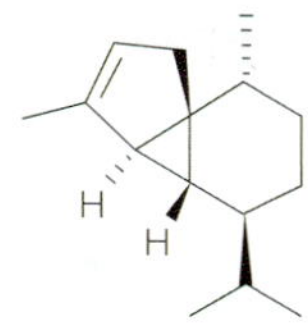

α–cubebene

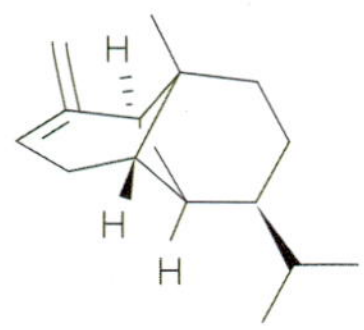

β–copaene

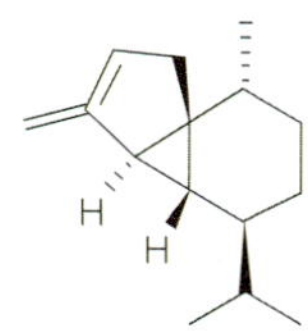

β–cubebene

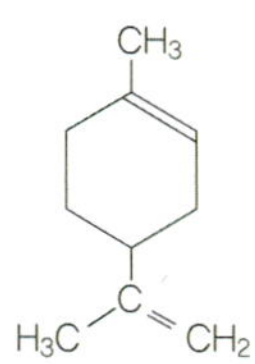

limonene

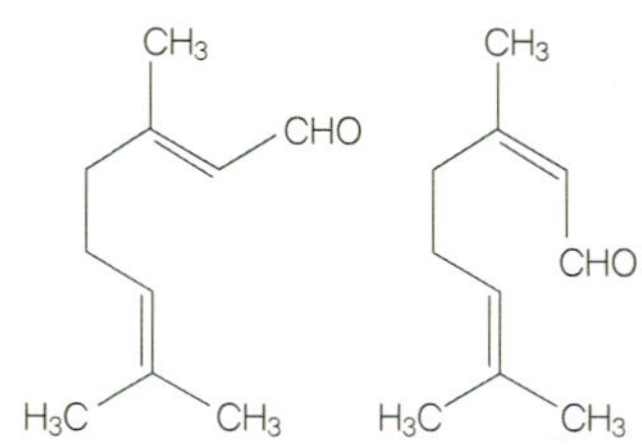

citral (왼쪽 그림)

4) 파인애플의 냄새 성분

파인애플의 휘발성 냄새 성분은 에스테르류, 알코올류 및 카르보닐 화합물 등이며, 특징적인 냄새 성분으로는 2,5–dimethyl–4–hydroxy–3(2H)–furanone, γ–caprolactone 등이 있다.

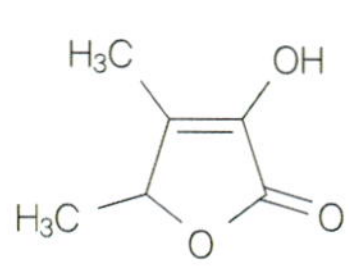

2,5–dimethyl–4–hydroxy–3(2H)–furanone

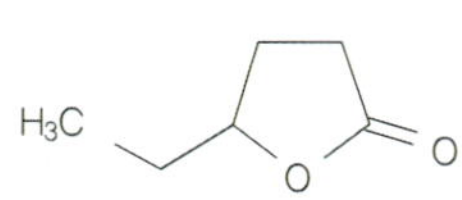

γ–caprolactone

파인애플의 냄새 성분	
methyl-β-methylthiopropionate	ethyl-β-methylthiopropionate
methyl-β-hydroxycaproate	2,5-dimethyl-4-hydroxy-3-(2H)-furanone
γ-caprolactone	p-allylphenol

5) 복숭아, 배의 냄새 성분

복숭아와 배는 주로 탄소수가 적은 에스테르, 유기산, 알코올류, 알데히드류, 케톤류 등으로 구성되어 있다.

복숭아의 냄새 성분			
acetaldehyde	2-hexenyl-acetate	γ-caprolactone	γ-nonalactone
ethyl acetate	hexylalcohol	benzyl acetate	hexylbenzoate
methyl acetate	acetic acid	γ-heptalactone	α-pyrone
ethanol	benzaldehyde	caproicacid	δ-decalactone
hexylformate	iso-valericacid	benzyl alcohol	γ-octalactone
hexylacetate	ethyl benzoate		

배의 냄새 성분			
ethanol	ethyl 4-decenoate	methyl acetate	ethyl decanoate
propanol	ethyl 3-hydroxyoctanoate	ethyl acetate	methyl 2,4-decadienoate
hexanol	ethyl 6-dodecenoate	amyl acetate	ethyl 2-decanoate
methyl octenoate	propyl -2,4-decadienoate	hexylacetate	ethyl dodecanoate
octylacetate	ethyl 2,6-dodecadienoate	ethyl octenoate	ethyl 2-dodecanoate
methyl 4-decenoate	methyl 8-tetradecenoate	methyl decanoate	ethyl tetradecenoate

6) 채소의 냄새 성분

채소류의 독특한 냄새는 대부분 채소가 가지고 있는 당류, 아미노산, 대사물들에서 형성된 휘발성인 알데히드류, 케톤류, 산류, 에스테르류, 테르페노이드 화합물 등의 냄새 성분과 채소에 함유되어 있는 황화합물들 또는 그 분해 생성물들에 의한 것이다. 채소 조직에 존재하는 황화합물은 1) 단백질 내 황함유 아미노산, 2) 휘발성 황화합물, 3) 휘발성 황화합물들의 배당체, 4) 비휘발성 황산염 등이 있다.

7) 향신료의 냄새 성분

향신료는 자극성의 향미를 가지고, 음식에 풍미를 주거나, 착색하거나, 식용을 증진시키거나, 소화 흡수를 돕는 기능이 있는 것으로 특징적인 냄새를 가지고 있다. 향신료의 냄새는 대부분 향신료가 가지고 있는 여러 성분이 조합된 휘발성의 정유 성분으로 가열하면 그 냄새가 더 강하게 나타난다. 특히 향신료는 식물 전체를 쓰지 않고 향을 강하게 가지고 있는 부위가 있어 이를 활용하게 된다.

향신료	냄새 성분
올스파이스(Allspice)	Eugenol, β-caryophyllene
아니스(Anise)	(e)-Anethole, methyl chavicol
월계수(Bay laurel)	1,8-cineole
후추(Black pepper)	Piperine, s-3-carene, β-caryophyllene
캐러웨이(Caraway)	d-carvone, carvone derivatives
카다몬(Cardamon)	α-terpinylacetate, 1,8-cineole, linalool
계피(Cinnamon), 계수나무(cassia)	Cinnamaldehyde, eugenol
칠리(Chilli)	Capsaicin, dihydrocapsaicin
정향(Clove)	Eugenol, eugeneylacetate
고수(Coriander)	d-Linalool, C10-, C14-2-alkenals
쿠민(Cumin)	Cuminaldehyde, *p*-mentha-1,3-diene

향신료	냄새 성분
딜(Dill)	d–Carvone
회향(Fennel)	(e)–Anethole, fenchone
생강(Ginger)	Gingerol, shogaol, neural, geranial
말린 육두구 껍질(Mace)	α–pinene, sabinene, terpinen–4–ol
겨자(Mustard)	Ally isothiocynate
육두구(Nutmeg)	Sabinine, α–pinene, myristicin
파슬리(Parsley)	Apiol
사프란(Saffron)	Safranol
강황(Turmeric)	Turmerone, zingiberene, 1,8–cineole
바닐라(Vanilla)	Vanillin, *p*–OH–benzyl–methyl ether
바질(Basil, Sweet)	Methylchavicol, linalool, methyl eugenol
마조람(Marjoram)	Sabinene hydrates, terpinen–4–ol
오레가노(Oregano)	Carvacrol, thymol
로즈마리(Rosemary)	Verbenone, 1,8–cineole, camphor, linanool
세이지(Sage, Clary)	Salvial–4(14)–en–1–one, linalool
세이지(Sage, Dalmation)	Thujone, 1,8–cineole, camphor
세이지(Sage, Spanish)	Sabinylacetate, 1,8–cineole, camphor
세이보리(Savory)	Carvacrol
타라곤(Tarragon)	Methyl chavicol, anethole
타임(Thyme)	Thymol, carvacrol
서양박하(Peppermint)	1–Menthol, menthone, menthfuran
박하(Spearmint)	1–Carvone, carvone derivatives

5. 동물성 식품의 냄새 성분

1) 우유의 냄새 성분

신선한 우유의 냄새 성분으로는 아세트알데히드(acetaldehyde), 펜타날(pentanal), 헥사날(hexanal), 노나날(nonanal), 도데카날(dodecanal)과 같은 탄소수 12개 이하의 직선상의 포화알데히드, 아세톤(acetone), 부타논(butanone−2), 펜타논(pentanone−2) 등과 같은 카르보닐 화합물(carbonyl coompounds), 저분자량의 지방산, 메틸설파이드(methyl sulfide) 등이 중요 성분이다.

2) 버터의 냄새 성분

신선한 버터의 주요 냄새 성분으로는 디아세틸(diacetyl), 이소발렐알데히드(isovaleraldehyde), 델타락톤(δ−lactones)과 우유의 냄새 성분 등을 함유하고 있다.

버터의 냄새 성분			
acetic acid	propionic acid	butyric acid	caproic acid
caprylic acid	diacetyl	acetoin	acetaldehyde
propionaldehyde	butanal	valeral	hexanal
nonanal	acetone	pentanone−2	hexanone−2
nonanone−2	undecanone−2		

3) 치즈의 냄새 성분

숙성과정을 거치지 않은 치즈는 우유의 냄새 성분을 갖고 있으며, 숙성과정을 거친 치즈들은 우유의 냄새 성분과 우유의 가열 처리의 결과로 형성된 냄새 성분, 젖산균들의 대사과정에서 생성된 냄새 성분 등이 있다.

치즈의 냄새 성분			
decanoic acid	octanoic acid	ethanol	acetoic
dodecanoic acid	acetic acid	2,3-butanediol	hexanoic acid
δ-dodecanolactone	δ-decanolactone	butanoic acid	methional
homofuraneol	diacetyl	butyric acid	methanethiol
furanone	dimethyl sulfide		

4) 어류의 냄새 성분

신선한 어류에서는 특별한 냄새가 나지 않지만 신선도가 떨어짐에 따라 디메틸아민(dimethylamine), 트리메틸아민(trimethylamine), 피페리딘(pipperidine), δ-아미노발레린산(δ-aminovaleric acid), 암모니아(ammonia) 및 기타의 휘발성 염기질소 화합물, 휘발성 황함유 화합물 등이 형성되며, 특히 휘발성 아민 화합물에 의해서 비린내를 갖게 된다. 특히 가장 중요한 생선 비린내의 성분인 트리메틸아민과 디메틸아민은 신선한 어류의 냄새가 없는 트리메틸아민옥시드(trimethylamine oxide)에서 효소 작용에 의해 형성되어 비린내를 갖는다.

5) 육류의 냄새 성분

육류에는 시스테인(cysteine), 시스틴(cystine), 글루타티온(glutathione)과 같은 함황 아미노산이나 펩티드(peptides)들이 풍부하게 함유되어 있어 저장, 가공, 조리 과정에서 육류에 존재하는 당류나 첨가된 당류에 있는 포도당과 같은 환원당류와 갈색화 반응을 일으켜 특유의 냄새 성분들을 형성한다. 육류의 경우 저장 중 단백질의 부패가 일어나게 되면 황화합물의 화학반응에 의해 메틸메르캅탄, 황화수소, 인돌, 스카톨, 아세트산, 포름산 등의 성분에 의해 부패취가 난다.

6. 조리 가공에 의한 식품의 냄새

각종의 가공 또는 가열 조리된 식품에서는 피라진류(pyrazines), 옥사졸류(oxazoles), 옥사졸린류(oxazolines), 카르보닐류(carbonyls), 피롤류(pyrroles), 피리딘류(pyridines), 티올류(thioles) 등의 휘발성 화합물들이 식품의 가열 처리 중에 갈색화 반응(메일러드 반응)에 의해 형성되며, 특히 피라진 유도체들이 특유의 냄새 성분으로 형성된다. 피라진 유도체들은 육류 가공품류, 볶은 보리, 코코아 제품들, 땅콩류, 옥수수튀김, 각종 감자제품, 참기름, 우유 가공제품, 닭고기 수프, 숭늉 등 가열 조리된 식품에서 널리 발견되고 있다. 이러한 피라진류는 식품 중의 환원당류와 아미노산 사이에서 일어난 메일러드 반응으로 형성된 아미노카르보닐 화합물과 아미노산의 스트랙커 분해반응, 그리고 축합반응, 탈수소반응 등으로 형성된다.

가열 조리된 식품 또는 가공식품에서는 피라진 유도체들과 유사한 휘발성 헤테로환상 화합물인 피롤(pyrroles)과 20여 개 이상의 피롤 유도체 등이 있으며, 가열 조리된 아스파라거스, 가열조리 및 가공된 소고기들, 맥주, 초콜릿, 커피, 볶은 땅콩, 볶은 찻잎 등에 존재한다.

1) 가열 또는 가공처리된 식물성 식품의 냄새 성분

가열 처리된 채소(토마토, 양배추, 옥수수, 녹차), 두류 또는 기타의 가열된 식품에서는 비교적 많은 양의 디메틸설파이드(dimethyl sulfide), 디메틸디설파이드(dimetyl disulfide), 디메틸트리설파이드(dimethyl trisulfide), 호모세린(homoserine) 등이 생성된다.

2) 쌀, 쌀밥, 밀, 빵의 냄새 성분

쌀 또는 쌀밥의 냄새는 아세트알데히드, 카프로알데히드(n−caproaldehyde)와 메틸에틸 케톤(methylethyl ketone), 발레르알데히드(n−valrealdehyde) 등이 있으며, 환원당과 아미노산 사이의 메일러드 반응에 의해 형성된 2−아세틸−1피롤린

(2–acetyl–1–pyrroline), 3–methylbutanal, dimethyltrisulfide, hexanal, 4–vinyl-guaiacol, e–methylbutanal 등이 있다. 빵의 냄새 성분은 아세트알데히드, 부틸알데히드, 헥사날, 헵타날, 크로톤알데히드(crotonaldehyde), 디아세틸, 발레르알데히드 등의 밀의 냄새 성분을 대부분 갖고 있으며, 반죽, 발효 과정에서 효소들에 의해 형성되는 산류, 알코올류, 에스테르류, 에테르류, 푸란유도체, 알데히드류, 케톤류, 피라진류, 피롤 유도체, 황함유 화합물 등 약 160여 종의 냄새 성분이 존재한다.

3) 가열조리된 육류의 냄새 성분

가열조리된 육류의 냄새 성분들은 육류 속의 아미노산이나 단백질들의 가열 분해, 다른 성분과의 상호작용에 의해 형성되는 것으로 메일러드 반응, 캐러멜화 반응, 육류 속의 지방질 성분의 가열조리 중의 산화에 의한 카르보닐 화합물, 가열에 따른 황함유 아미노산들의 분해에 의한 휘발성 황화합물, 휘발성 아민화합물들이 존재한다.

가열조리된 소고기의 냄새 성분			
methanal	ethanal	propanal	butanal
propanone	butanone	ammonia	methylamine
methanol	ethanol	hydrogen sulfide	methanethiol
ethanethiol	dimethyl sulfide	formic acid	acetic acid
propionic acid	butyric acid	4–hydroxy–5–methyl–3(2H)–furanone	
4–hydroxy–2,5–dimethyl–3(2H)–furanone		thiazoles	thiazolines
oxazoles	pyraznies	pyrroles	pipperidines
pyridines			

4) 훈연된 식품의 냄새 성분

훈연된 식품들의 냄새는 유기산이나 카르보닐 화합물, 훈연 중의 연기에서 들어오는 페놀 화합물(phenolic compounds)에 의한 것으로, 페룰린산(ferulic acid), 4-비닐구아이아콜(4-vinylguaiacol), 4-메틸구아이아콜(4-methylguaiacol), 3-메톡시-4-히드록시아세토페논(3-methyl-4-hydroxyacetophenone), 3-메톡시-4-히드록시벤조산(3-methoxy-4-hydroxybenzoic acid), 구아이아콜(guaiacol), 4-에틸구아이아콜(4-ethylguaiacol) 등이 있다.

식품의 맛

1. 미각
2. 중요한 맛 성분

FOOD SCIENCE

10

식품의 맛이란 여러 가지 요소가 어우러진 입안에서의 느낌(mouthfeel)으로 종합적 감각을 말한다. 맛은 기호와 밀접한 관련이 있으며 개인차에 따라 다르게 판단되며 식품을 선택하는 중요한 요소가 된다. 식품의 맛은 시각, 청각, 후각, 미각, 촉각 등과 텍스처 등 복합적인 성분과 어우러져 식품의 풍미(flavor)에 의하여 감지된다. 또한 문화적인 정서와 식습관 등에 따라 맛에 대한 인식 및 평가는 달라지며 같은 식품이라도 나라마다 다르게 평가될 수 있다.

1. 미각

1) 미각의 인식 기작

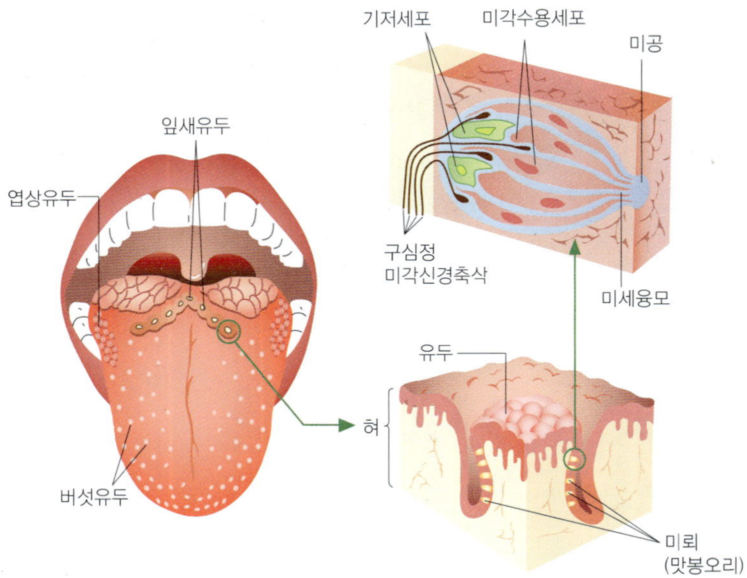

출처: 한국교육학술정보원

[그림 10-1] 혀의 유두와 미뢰

미각은 혀의 상피세포에 위치한 미뢰에 연결되어 있어 일어나는 감각이다. 타액이나 음식물의 즙액이 용해되어 미공과 미뢰로 도달하여 맛 세포의 수용체와의 결합을 통해 미각을 자극하여 맛을 감지한다. 따라서 이 자극이 미뢰의 내부에 분포되어 있는 미각신경에 의해 대뇌의 미각중추에 전달됨으로써 기억되었던 어떤 맛으로 인식하게 된다.

2) 맛의 종류

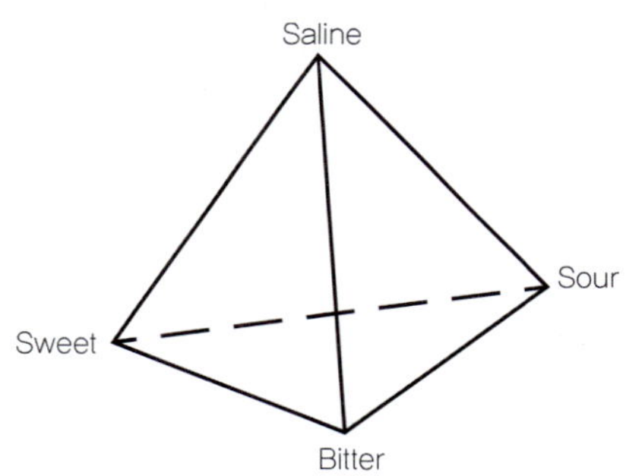

[그림 10-2] 헤닝에 의해 표현된 기본 맛의 정사면체

1924년 독일의 헤닝(Henning)은 식품의 맛을 4원미(four primary taste)로 분류하며 단맛(sweet taste), 쓴맛(bitter taste), 신맛(sour taste), 짠맛(salty taste)의 네 가지로 분류하였고 모든 것의 기본이 되는 맛이라 하였다. 이것을 또한 [그림 10-2]와 같이 맛은 정사면체를 형성하며 네 가지 맛의 정사면체로 둘러싸여 공간의 어느 한 점으로 나타날 수 있다고 하였다. 일반적으로 기본 맛을 대표하는 물질로 단맛은 가장 농도가 높을 때 느껴지는 설탕(sucrose) 또는 과당(fructose), 다음으로 짠맛은 소금(NaCl) 또는 브롬화나트륨(NaBr), 신맛은 염산(HCl), 구연산(citric acid) 또는 초산(acetic acid), 그리고 쓴맛은 퀴닌(quinine) 또는 카페인(caffeine)이다.

최근에는 모든 맛을 간단한 4원미로 설명하기는 곤란하다고 인식하게 되었으며 그 예로 감칠맛(umami taste) 또는 맛난맛(palatable taste), 매운맛(hot taste), 떫은맛(astringent taste), 아린맛(acrid taste) 등을 들 수 있다. 이 밖에도 교질맛(colloidal taste) 알칼리맛(alkaline taste), 금속맛(metallic taste) 등이 있다.

3) 미각의 감수성

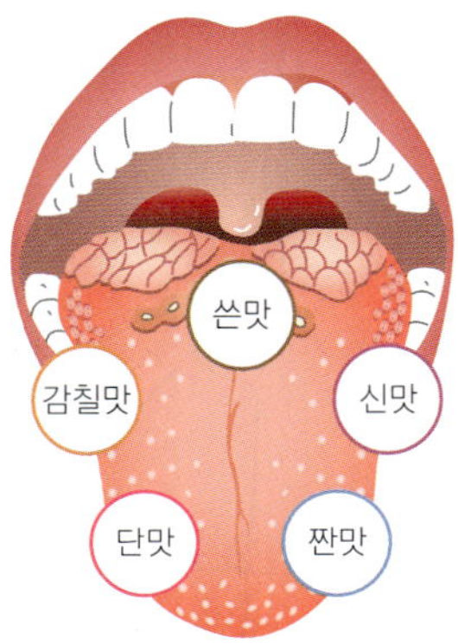

[그림 10-3] 맛의 종류별로 감지되는 혀의 부위

모든 미뢰가 맛을 똑같이 예민하게 감지하는 것은 아니다. 네 가지의 기본 맛에 대한 감수성은 혀의 부위에 따라 차이가 있으며 일반적으로 단맛은 혀의 앞부분, 쓴맛은 혀의 뒷부분, 신맛은 혀의 양쪽 가장자리, 짠맛은 혀의 앞 양쪽 가장자리에서 가장 예민하게 느껴진다.

4) 미맹(taste blind)

미맹은 미각을 잃은 상태로 어떤 물질에 대해 쓴맛을 느끼나 일부의 사람은 무미(無味)라는 사실을 발견하게 되는데 이런 사람을 미맹이라고 한다.

쓴맛은 개인차가 있으며 페닐티오우레아(phenylthiourea) 또는 페닐티오카바마이드(phenylthiocarbamide, PTC) 성분으로 미맹은 쓴맛을 못 느낄 뿐 다른 정미성분에 대해서는 정상이어서 일상에는 지장이 없다.

5) 맛의 역가

어떤 물질의 맛을 인지하는 능력은 사람마다 차이가 있어 미각의 정도를 비교하는 방법으로 역가(threshold value)를 사용한다. 맛의 역가란 맛을 느낄 수 있는 기본 맛들의 최저농도 또는 절대역가(absolute threshold value)라고도 한다. 일반적으로 단맛은 농도가 높을 때 느껴지고 짠맛, 신맛, 쓴맛의 순서대로 맛의 농도를 느끼게 된다. 그러나 미각은 온도, 성별, 연령, 기질, 건강 등에 따라 다르며 사람의 주관성에 의해 결정되며 그 값은 학자들에 의해 차이를 나타낸다. 맛의 역가는 몰(mole) 농도 또는 백분율(%)로 표시한다.

종류	물질	농도(g/100ml)
단맛	설탕(sucrose)	0.30
짠맛	소금(NaCl)	0.75
신맛	초산(acetic acid)	0.004~0.009
쓴맛	퀴닌(quinine)	0.00005~0.0005

6) 미각의 생리현상

(1) 맛의 대비

단팥죽에 소금을 소량 첨가하면 단맛이 더 강해지는 것으로 주된 맛 성분의 맛이 강해지는 것이다. 이는 단맛 성분에 소량의 짠맛 성분이 혼합되면 단맛이 증가하거나 짠맛 성분에 소량의 신맛 성분이 혼합되면 짠맛이 증가하는 경우가 이에 해당된다.

(2) 맛의 억제

두 종의 정미성분이 혼합되었을 경우 주된 맛 성분의 맛이 약화되는 것이다. 커피의 쓴맛에 설탕을 섞으면 쓴맛이 단맛에 의해 억제되어 쓴맛이 약해지는 것을 말한다.

(3) 맛의 상승

같은 종류의 두 가지 정미성분을 섞어 주면 감미가 훨씬 더 강해지는 것을 알 수 있다. 이것은 같은 종류의 두 가지 성분을 섞으면 각각의 성분이 갖고 있는 맛보다 그 혼합액의 맛이 훨씬 강하게 상승되는 것을 말한다.

(4) 맛의 상쇄

간장이나 된장은 강한 소금맛이 있으나 각각의 맛이 감칠맛으로 상쇄되어 조화로운 맛으로 느끼게 된다. 두 종의 맛 성분이 혼합되었을 때 각각의 고유한 맛이 어우러지기보다 약해지거나 없어지는 현상을 맛의 상쇄라 말한다.

(5) 맛의 변조

한 종의 정미성분을 느낀 직후에 다른 정미성분의 맛을 정상적인 맛으로 느끼지 못하는 현상을 말한다. 예를 들면 오징어와 귤을 섞어 먹으면 쓴맛이 느껴지는 경우가 이에 해당된다.

(6) 맛의 피로

같은 정미성분을 계속 맛보면 맛을 거의 느끼지 못하다가 진한 맛이 느껴지게 되면 그 맛이 싫증나는 맛으로 느껴지는 경우를 맛의 피로라 한다. 황산마그네슘 성분은 첫 맛은 쓰게 느껴지나 조금 지나면 단맛이 느껴진다.

(7) 맛의 상실

맛의 상실은 맛을 못 느끼는 상태로 오렌지주스를 마시면 신맛만 느껴지는 경우이다. 열대식물인 짐네마 실베스터(gymnema sylvestre) 잎을 씹으면 단맛과 쓴맛이 느껴지지 않는다.

2. 중요한 맛 성분

1) 단맛(sweet taste)

단맛물질에는 크게 천연 감미물질과 인공 감미물질로 구분된다. 천연 감미물질은 당류, 배당체, 아미노산 및 그 방향족 물질 등이 있고 인공 감미물질로는 지속적인 감미맛을 가진 아스파탐(aspartame), 아세설팜, 단맛이 쓴맛처럼 느껴지는 사카린(saccharin) 등이 있다.

(1) 천연 감미물질

① 당류

사람들은 단맛에 대한 욕구가 매우 높다. 대표적으로 단맛은 단당류와 이당류로 천연 감미 성분이 단맛을 느끼게 한다. 단맛은 당의 종류, 이성체 등 차이가 있고 온도에 의해서도 영향을 받는다. 따라서 설탕은 감미의 표준이 되게 되는데 이때 과당(fructose)을 냉수에 녹인 직후가 가장 달고 온도가 올라감에 따라 단맛이 약해져 50℃ 이상에서는 설탕보다 약하게 느껴진다. 또한 포도당(glucose)도 비슷한 현상이 일어나게 되는데 α-형이 β-형으로 되어 단맛이 약해진다. 따라서 설탕은 비환원성 당으로 물에 녹거나 가열하거나 시간이 경과하더라도 감미가 변하지 않고 일정하게 느껴지게 된다.

② 당알코올

D-자일로오스를 환원하여 얻게 되는 당알코올류의 감미는 포도당에 수소를 첨가하면 설탕의 50%이다. 이노시톨(inositol)은 생체에 흡수되지 않아 비만 방지용으로 쓰이고 자일리톨(xylitol)은 충치 예방용, 솔비톨(sorbitol)은 당뇨병 환자에게 좋다. 만니톨(mannitol)은 곶감의 흰가루에 함유되어 설탕에 비해 50~60% 정도의 단맛을 갖고 있다.

③ 배당체 및 그 유도체

특유의 성분은 독특한 향과 함께 매우 오래 지속되는 단맛이 난다. 배당체 및 유도체인 차조기 잎의 단맛 성분인 페릴라틴(perillatin)은 설탕의 2,000배의 감미이다. 또한 스테비아(stevia) 잎의 스테비오사이드(stevioside)는 설탕보다 200~300배가 더 달다. 감초의 뿌리에서 추출한 성분인 글리시리진(glycyrihizin)은 설탕의 약 250배의 감미이고 감차의 잎에 함유되어 있는 필로둘신(phyllodulcin)은 설탕의 800배의 감미를 가지고 있다.

④ 아미노산 및 그 유도체

일반적으로 천연 아미노산보다는 합성 아미노산이 단맛을 지니는 경우가 있는데 아미노산의 단맛은 광학이성체에 따라 다르게 느껴진다. 예를 들어 고기 추출물의 단맛은 글리신(glycine), 알라닌(alanine) 등의 맛이고 오징어, 새우, 게 등의 단맛 성분은 베타인(betain)이다.

(2) 인공감미료

천연당의 대용품으로 발달되어 있는 인공감미료는 상쾌한 맛은 있으나 뒷맛이 없으며 감미도는 설탕의 200배 정도로 설탕의 감미와 유사하다.

① 사카린(saccharin)

사카린은 널리 알려진 단맛의 대표적인 분자로 단맛과 뒷맛이 쓰게 느껴지나 글리아신과 함께 사용하면 쓴맛이 설탕의 약 500배의 감미를 갖고 있으며 무색의 결정이나 다량 섭취하면 소화장애, 신장 장애 및 발암성 연구보고가 있어 제한하고 있다.

② 아스파탐(aspartame)

아스파탐은 설탕의 단맛과 비슷하고 상쾌한 맛을 내며 설탕, 과당, 포도당과 같이 있을 때 상승된다. 감미도는 설탕의 200배로 아미노산인 L-아스파르트산(L-aspartic acid)과 L-페닐알라닌(L-phenylalanine)을 원료로 저칼로리 음료에 사용하고 당뇨병과 비만을 방지하기도 한다.

③ 올리고당(oligosaccharide)

설탕 대체물질로 물리적인 특성 및 감미가 비슷한 올리고당은 인체에 유익한 기능도 가지고 있어 기능성 식품으로도 인정받고 있다. 올리고당은 2~5개의 단당류로 이루어진 설탕, 맥아당이 가진 단점을 보완하고 있다. 또한 단맛은 있지만 열량이 없고 장내 비피더스균이 있어 장의 건강에 도움이 된다.

이 외에 둘신(dulcin), 시클라메이트(cyclamate) 등이 있으나 인체에 분해되는 발암물질로 밝혀져 사용이 금지되었다.

2) 신맛(sour taste)

구분	성분	식품
유기산	초산(acetic acid)	식초, 김치
	젖산(lactic acid)	김치, 고기, 요구르트, 치즈
	호박산(succinic acid)	청주, 조개, 식초
	사과산(malic acid)	사과, 복숭아, 포도
	구연산(citric acid)	감귤류, 매실
	주석산(tartaric acid)	감귤류, 파인애플
	L-아스코르브산(L-ascorbic acid)	포도, 감귤류, 채소
	L-글루콘산(L-gluconic acid)	곶감
무기산	탄산(carbonic acid)	탄산음료, 맥주
	인산(phosphoric acid)	청량음료

신맛 성분의 강도는 pH와 정비례하지 않으며 무기산, 유기산, 산성염 등이 있다. 신맛을 나타내는 유기산으로 초산, 젓산, 호박산, 주석산 등이 있으며 이때 해리된 음이온은 상쾌한 맛과 감칠맛을 부여하게 된다. 유기산은 혀에서 서서히 해리되므로 신맛이 지속되어 신맛을 강하게 느낀다. 또한 무기산은 용액 중에서 대부분 해리되므로 수소이온의 농도가 높지만 혀에 접촉되면 신맛이 사라진다.

3) 짠맛(salty taste)

짠맛 정미성분은 대부분의 식품 속에 함유되어 있으며 대표적인 물질로 소금(NaCl)이 있다. 소금은 생리적인 욕구가 많으며 유기염 및 무기염이 짠맛을 나타내고 있다. 이는 염이 이온으로 해리되기 때문이며 음이온이 짠맛을 나타내는 세기의 순서는 다음과 같다.

음이온의 짠맛 세기 : $SO_4^{-2} > Cl^- > Br^- > I^- > HCO^{3-} > NO^{3-}$

양이온의 짠맛은 부가적인 맛을 내는 역할을 하게 되는데 짠맛의 세기는 $NH_4^+ > K^+ > Na^+ > Li^+$ 순으로 나타나게 된다.

4) 쓴맛(bitter taste)

구분	성분	식품
배당체(glycoside)	나린진(naringin)	감귤 껍질
	쿠쿠르비타신(cucurbitacin)	오이 꼭지부
	케르세틴(quercetin)	양파 껍질
알칼로이드(alkaloid)	카페인(caffeine)	차, 커피
	데오브로민(theobromine)	코코아
	퀴닌(quinine)	키나
케톤류(ketones)	후물론(humulone), 루풀론(lupulone)	호프(hop)
무기염류	$MgCl_2$, $CaCl_2$	간수
아미노산	L-트립토판(L-tryptophan) L-루이신(L-leucine) L-페닐알라닌(L-phenylalanine)	치즈의 변질 시 생기는 쓴맛
기타	사포닌(saponin)	콩, 도토리

쓴맛 식품에는 커피, 코코아, 맥주, 차 초콜릿 등의 쓴맛이 다량 함유되어 있을 경우 불쾌하게 느껴지고 미량으로 존재하면 미뢰를 자극하고 긴장시켜 주므로 식품의 맛을 높여 주는 효과가 있다. 쓴맛 성분에는 알칼로이드(alkaloid), 배당체(glycoside), 케톤(ketone)류, 무기염류, 아미노산, 사포닌 등이 있다.

5) 매운맛(hot taste)

미각 성분을 자극하는 매운맛은 일종의 통각(痛覺)으로 순수한 미각 성분이라 볼 수 없다. 매운맛 성분으로 황화합물, 산 아미드류, 아민류, 방향족 알데히드 및 케톤류 등으로 나눌 수 있다. 적당히 섭취하면 음식의 풍미를 높이고 소화액의 분비를 촉진, 식욕 증진 효과를 돋우게 된다.

구분	성분	식품
방향족 (aldehyde류, ketone류)	진저론(zingerone) 쇼가올(shogaol)	생강
	커큐민(curcumine)	울금
	신나믹알데히드(cinnamic aldehyde)	계피
황화합물	시니그린(sinigrin) 시날빈(sinalbin)	겨자유, 고추냉이
	알리신(allicine)	마늘, 양파
산 아미드(amide)류	캡사이신(capsaicine)	고추
	채비신(chavicine)	후추
	산스훌(sanshool)	산초
아민(amine)류	히스타민(histamine) 티라민(tyramine)	부패한 생선, 변패된 간장

6) 감칠맛(umami taste)

감칠맛 또는 맛난맛은 육수를 낼 때 다시마, 고기 등을 통한 성분이 추출되어 식욕을 돋우고 구수한 맛을 내게 된다. 감칠맛은 일종의 혼합맛으로 단맛, 짠맛, 신맛, 쓴맛이 구성된 맛이다. 예전부터 감칠맛을 내기 위한 방법으로 육류의 추출액, 해조류, 버섯, 된장, 간장 등을 사용하였다. 감칠맛을 내는 물질은 아미노산과 그 유도체, 콜린 및 유도체 등이 있다.

분류	성분	식품
아미노산과 유도체	글루탐산(glutamic acid)	다시마
	글리신(glycine)	오징어, 새우, 게
	크레아틴(creatine), 크레아티닌(creatinine)	어류, 육류
	글루타민(glutamine)	어류, 육류, 채소
	아스파라진(asparagine)	어류, 육류, 채소
펩티드(peptide)	카노신(carnosine)	어류, 육류
	글루타치온(glutathione)	동식물계 식품에 널리 분포
뉴클레오티드 (nucleotide)	구아닐산(guanylic acid, GMP) 이노신산(inosinic acid, IMP)	GMP : 송이버섯 IMP : 어류, 육류
기타	호박산(succinic acid)	조개류, 청주 등 발효식품
	타우린(taurine)	오징어, 문어
	트리메틸아민옥사이드 (trimethylamine oxide)	생선

7) 떫은맛(astringent taste)

떫은맛은 혀 표면의 미각신경이 마비됨으로써 수렴 또는 수축되는 것으로 복잡한 감각의 맛이다. 식품 속에 주로 폴리페놀류(polyphenols)인 탄닌류(tannins), 지방산, 알데히드류 등도 떫은맛의 원인이 된다. 특히 탄닌 성분에 의해 덜 익은 감, 도토리, 차, 포도주 등의 식품에 떫은 맛이 강하게 느껴지며 미약한 떫은맛은 다른 식품과 어우러져 독특한 풍미를 갖는다. 감의 떫은맛은 페놀 화합물인 시부올(shibuol) 때문이며 차에서 풍미를 가늠하는 중요한 인자로 홍차의 떫은맛의 대표적인 성분인 테아플라빈(theaflavin), 녹차의 테아닌(theanin) 등이 있다.

8) 아린맛(acrid taste)

아린맛은 쓴맛과 떫은맛이 섞여 불쾌감이 느껴지는 감각으로 방향족 아미노산인 호모젠티스산(homogentisic acid)에 의한다. 아린맛을 내는 식품으로 죽순, 고사리, 토란, 우엉, 가지 등으로 침출액에서 느껴지게 된다.

9) 교질맛(colloidal taste)

교질맛은 원활미라고도 하며 식품이 혀의 표면과 입속의 점막이 접촉될 때 일어나는 맛이다. 주로 교질 상태에 의하여 식품 중의 고분자 화합물인 다당류나 단백질에 기인한 것이다. 예를 들어 밥과 떡의 호화전분, 찹쌀밥의 아밀로펙틴에 의한 점활맛, 한천의 갈락탄(galactan), 잼류의 펙틴질 등의 다당류가 식품에 교질맛을 주는 성분이다. 고깃국의 젤라틴, 튀긴 식품의 부드러운 맛이나 마요네즈와 버터, 토란의 뮤신 등도 교질맛을 준다.

10) 금속맛(metallic taste)

금속맛은 구강 안의 표피 등이 접촉에 의해 느껴지는 것으로 철, 은, 주석 등 금속이온의 맛으로 수저나 포크 등에서 느끼게 된다.

11) 알칼리맛(alkaline taste)

식품의 OH^-에서 기인한 맛으로 가공 중에 첨가되는 중조($NaHCO_3$), KOH 등에 의해 알칼리 맛을 느끼게 된다.

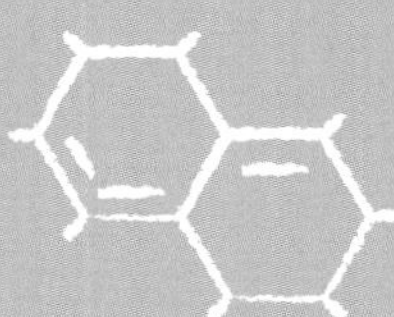

식물성 식품

1. 곡류
2. 두류
3. 서류
4. 채소류
5. 과일류
6. 해조류
7. 버섯류

11

FOOD SCIENCE

식물성 식품은 전 세계의 인류가 주식으로 섭취하고 있는 식품 중 가장 큰 비율을 차지하는 식품이다. 곡류, 두류, 서류, 채소류, 과일류, 해조류와 버섯류로 분류할 수 있다. 곡류와 서류는 탄수화물의 급원이고, 두류는 주로 단백질의 급원이 되며, 채소류, 과일류, 해조류, 버섯류은 무기질, 비타민, 식이섬유가 풍부하다.

1. 곡류

곡류는 전 세계의 인류가 주식으로 섭취하고 있는 식품 중 가장 큰 비율을 차지하고 있어, 탄수화물 함량이 많고 주된 열량원이 된다. 대량생산이 가능하며, 1차 가공만으로도 주식으로 이용이 가능하여 편리한 식품 재료가 될 수 있다. 수분함량이 낮아 저장·수송·유통이 편리하다. 인류에게 식량자원이 될 뿐 아니라 사료로도 이용 가능하다.

곡류는 미곡(쌀), 맥류(보리, 밀), 잡곡(옥수수, 귀리, 메밀, 조, 수수 등)으로 분류할 수 있다.

곡류는 바깥쪽부터 왕겨, 쌀겨(과피, 종피), 호분층, 배아(새싹을 위한 영양분으로 단백질, 무기질, 지질이 골고루 들어 있음), 배유로 구성되어 있다. 쌀겨층을 제거하면 영양이 풍부한 현미, 통밀, 보리쌀이 된다. 다시 겨층을 제거하면 영양은 적으나 소화가 잘되는 정백미, 밀가루, 보리 알곡이 된다.

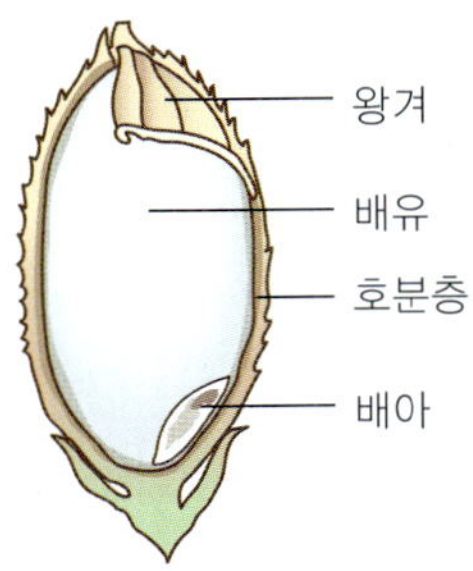

[그림 11-1] 곡류의 구조

곡류에 함유된 영양성분과 그 함량은 탄수화물이 약 70%, 단백질이 약 10%, 지질과 회분이 약 2%이며 무기질 중에서는 칼슘의 함량이 적다. 또한 비타민 B군이 많고 비타민 C는 거의 함유되어 있지 않다.

1) 쌀

벼는 열대나 아열대 지역에서 재배되는 일년생 초본 식물이다.

현미의 쌀겨층과 호분층을 제거한 백미를 대개 쌀이라 부른다. 쌀겨층 제거 정도에 따라 주조미(70%), 백미(92%), 배아미(93%), 7분도미(94%), 5분도미(96%)로 나눌 수 있으며, 도정도가 커질수록 영양성분은 감소되나, 밥맛과 소화 흡수율은 좋아진다.

쌀의 품종은 인디카종(indica type)과 자포니카종(japonica type)으로 나뉜다. 인디카종은 쌀알이 가늘고 긴 타원형을 보이고 있으며 배유가 연하고 껍질 부분이 질기고 단단하여 배유 부분을 분쇄하기 쉽고 점성이 낮은 특징을 보이며, 미얀마, 캄보디아, 베트남, 타이, 필리핀, 중국 남부 등지에서 재배 생산되고 있다. 아밀로오스 함량이 약 25% 정도이다.

자포니카종은 길이가 짧고 원형이며, 단단한 초자질로 되어 있어서 분쇄되기 어렵고 점성이 높은 특색을 보인다. 이는 아멜로펙틴 함량이 많아 호화 시 끈기와 점성이 높아지기 때문이다. 우리나라, 일본, 중국 양자강 하류 유역과 대반에 분포 재배되고 있다.

쌀은 전분 함량이 약 70~80%로 가장 많다. 단백질 함량은 약 7%이며, 주 단백질은 오리제닌이며 리신과 트립토판 함량이 적은 불완전 단백질이기 때문에 콩류 등과 같이 섭취하면 아미노산가(amino acid value)를 높일 수 있다. 지질은 주로 올레산, 리놀레산, 리놀렌산과 같은 불포화 지방산으로 구성되어 있다. 백미에는 지질의 함량이 적고 전분 분자 내에 존재하고 있어 추출하기는 곤란하고 불포화지방산의 비율이 높으므로 쉽게 산패되어 묵은 냄새가 나는 원인이 된다. 무기질은 칼륨, 인, 마그네슘 등이 많이 함유되어 있으나, 도정 과정에서 많이 손실된다. 비타민 B_1은 주로 배아와 겨층에 상당량 함유되어 있으며, 정백미는 도정으로 인하여 손실된다. 전반적으로 쌀에 함유되어 있는 영양소는 도정 시 제거된다. 그 외 수분 함량은 14~16%로 구성되어 있다.

또한 쌀겨 중에 존재하는 피틴산(phytic acid)이나 피틴산염은 칼슘과 결합하여 소장에서 칼슘의 흡수를 방해할 수 있다. 쌀겨의 기름 중에 존재하는 감마 오리자놀(γ-oryzanol)은 페룰산(ferulic acid)과 트리테르펜 알코올(triterpene alcohol)의 에스테르로서 식품 지질에 대하여 항산화 작용이 있는 것과 인체에 대하여 자립신경 실조증 등에 대한 약리효과가 있음도 알려지고 있다.

2) 밀

밀은 10,000여 년 전부터 재배되어 온 인류 최초의 곡물로 비교적 냉랭하고 건조한 온대지역에서 재배된다. 세계 각 지역에서 재배되고, 식량작물 중 지리적으로 가장 넓게 분포되어 있어 오늘날 세계 각국에서 중요한 곡류로 사용되고 있다.

다른 곡류와 비교하여 배유가 부드러우며 겉껍질이 단단하여, 겉껍질을 제거할 때 쉽게 부서져 가루가 되며, 가루형태로 제분하여 사용한다.

밀의 품종은 식물학적 분류에 의하여 1립계, 2립계 및 보통계가 있으며, 1립계 밀은 가장 원시적인 것으로 식용되지 않는 품종이며, 2립계인 듀럼밀(durum wheat)은 마카로니나 스파게티의 원료로 사용되는 것으로 한정된 지역에서만 재배되고 있다. 보통계 밀은 일명 빵밀이라고도 하는 것으로 세계에서 가장 보편적으로 재배되고 있는 품종이다. 파종 시기에 따라 봄밀과 겨울밀, 경도에 의해 경질밀과 연질밀, 입자의 색에 의해 백색밀과 적색밀로 구분할 수 있다.

밀의 단백질은 글루텐이며, 제빵, 제과, 제면에 사용되는 밀가루의 가장 중요한 성분으로 밀알의 경도가 높을수록 함량이 높다. 건조된 글루텐의 함량으로 강력분, 중력분, 박력분으로 분류할 수 있다. 단백질 함량이 높은 강력분은 주로 제빵에 이용되고, 단백질 함량이 낮은 박력분은 제면, 제과에 사용된다.

[표 11-1] 밀가루의 종류와 용도

	글루텐 함량(%)	용도
강력분	11 이상	빵, 국수, 만두, 파이 껍질
중력분	8~10	
박력분	8 이하	튀김옷, 케이크, 쿠키 등

밀은 과피, 종피, 호분층으로 구성되는 피부와 배유부로 나뉘며 제분에 의해 배유부를 모은 것이 밀가루이다.

밀의 성분은 90% 이상이 전분이다. 단백질은 약 8~13%이며, 글리아딘(glyadin)과 글루테닌(glutenin)의 혼합물이 글루텐(gluten)이다. 글루텐은 제빵과 제면에 중요한 점탄성을 부여하는 성분이다. 아미노산 중에는 글루탐산이 많고 리신 함량이 가장 낮다. 과거에 조미료 모노소디움 글루타메이트(monosodium glutamte, MSG)의 재료로 밀가루의 글루탐산이 이용되기도 하였다. 조성 지방산은 리놀레산, 팔미트산, 올레산이 함유되어 있다. 특히 배아에는 비타민 E(tocopherol)가 다량 함유되어 있다. 반면 무기질인 칼슘과 철분은 부족하다.

3) 보리

한랭하고 거친 지역에서 잘 자라는 일이년생 초본식물로 우리나라에서는 쌀 다음으로 많이 먹는 주식용 곡류이다.

겉보리(대맥)와 쌀보리(나맥)로 구분하는데 겉보리는 과피와 부피가 밀착되어 도정하기 어려우며, 쌀보리는 부피가 쉽게 분리되므로 도정하기 쉽다. 또한 고열 증기로 연하게 한 다음 가압하여 누른 납작보리(압맥)와 도정하여 홈을 제거하도록 파쇄한 할맥도 있다. 이삭에 붙은 씨알 줄의 주에 따라 이조종과 육조종으로 나뉘며, 보통 주식용으로 사용되는 것은 육조종이며 이조종은 맥주 제조 원료로 사용된다.

보리를 발아시킨 엿기름이 있으며, 여기에는 β-아밀라아제가 함유되어 있으며 이 효소는 활성이 높고 강한 당화력이 있어 맥주, 물엿, 식혜, 고추장 제조에 이용되고 있다.

보리의 주성분은 당질이 68–77%이고 단백질이 10% 정도 함유되어 있다. 보리의 단백질은 호르데인(hordein)이며, 아미노산 중에 리신과 함황 아미노산이 적다. 배유 부분에 섬유소가 많이 분포되어 있으며, 또한 베타글루칸(β–glucan)과 같은 소화가 곤란한 식이섬유소가 함유되어 있다. 베타글루칸은 혈중 콜레스테롤을 감소시키고, 혈당을 조절할 수 있다. 비타민 B_1의 함량이 높아 보리와 혼식할 경우, 쌀에 부족한 비타민 B_1을 보충할 수 있다. 반면 비타민 A나 C는 거의 함유되어 있지 않다.

4) 옥수수

옥수수의 원산지는 남미 북부이고, 콜럼버스가 1493년에 스페인에 도입함으로써 전 세계에서 재배하게 되었다. 옥수수는 5000년 이상의 긴 재배 역사를 가지며 우리나라에서는 1700년대에 포르투칼 인들에 의해 중국을 거쳐 들어 왔다. 북미에서는 옥수수를 콘(corn)이라 하고 그 밖의 지역에서는 메이즈(maize)라 하며, 쌀, 밀과 더불어 세계 3대 곡물로 지칭되고 있다.

옥수수의 주성분은 전분으로 약 70%이며, 시판되는 옥수수 전분(corn starch) 가루는 감자 전분에 비하여 호화 온도가 높으며 색이 희고 호화 시 투명도가 높아 고급 요리에 이용되고 있다. 단백질 함량은 적고, 주로 제인(zein)이며, 트립토판과 필수 아미노산의 함량이 크게 부족한 대표적인 불완전 단백질이다. 옥수수를 주식으로 하는 원주민 지역에서는 트립토판의 부족으로 인하여 펠라그라(pellagra)라고 하는 피부병이 발생하게 된다. 지질은 배아에 다량 함유되어 있으며, 리놀레산, 올레산, 팔미트산으로 구성되어 있다.

5) 메밀

메밀의 주성분은 당질 66% 정도로 다른 건조 곡류에 비하여 낮은 편이나 단백질 함량이 높은 편이다. 또한 리신과 트립토판 함량이 높다. 메밀 중의 전분은 25% 정도의 아밀로오스를 함유하고 있으며 주된 단백질은 프롤라민이지만 함량이 낮아

제면성이 떨어지므로 국수 상태로 만들려면 밀가루를 섞어 주어야 한다

그 외 비타민 B군이 상당히 많이 함유되어 있으며 특히 비타민 P로 알려진 루틴(rutin)이 함유되어 있어 혈관의 저항력을 높이고 혈압을 내리는 효과가 있다.

메밀가루 중에는 아밀라아제, 말타아제, 리파아제 등의 효소가 다량 함유되어 있어 메밀국수는 소화가 잘되어 부담 없이 먹을 수 있는 좋은 음식이다.

6) 조

조는 일년생 식물로 원산지에 대한 설로는 아프카니스탄설이 유력하며 그 외 동아시아와 아프리카라는 설도 있다. 우리나라에서는 B.C. 3000년대 전반기의 유적인 황해도 봉산군 지탑리 주거지에서 조가 출토되고 있어 이 땅에서 조가 사용된 역사가 상당히 깊다

곡류 중 가장 작은 종실로 메조와 차조로 나뉘며, 다른 곡류에 비해 수확량이 적다. 주요 성분은 약 70% 이상이 전분이며, 단백질은 프롤라민(prolamin)과 글루텔린(glutelin)이며, 필수 아미노산 중에서 리신의 함량이 극히 낮다. 무기질 중 칼슘이 많이 함유되어 있다.

7) 수수

수수는 일년생 식물로 원산지는 열대 아프리카이며 B.C. 3세기에 이집트에서 재배되어 기원 전에 중앙아시아, 인도로 전파되었고 중국에서는 4세기경에 재배되었으며 현재의 주산지는 인도, 중국, 미국 등지이다. 우리나라에서는 신석기 중기경에 조, 기장, 피와 더불어 수수의 농사가 이루어졌다고 하는 것으로 보아 수수는 재배 역사가 깊은 곡물 중의 하나이다.

곡식용 수수와 사탕수수로 분류되며 사탕수수는 13% 내외의 당을 함유하여 제당 원료로 이용된다.

탄닌(tannin)이 약 0.1% 함유되어 떫은맛을 내며 소화성이 낮고 청산이 함유되어 있으므로 다량을 먹으면 중독 현상이 나타난다.

2. 두류

두류는 콩과에 속하는 식물로 두류의 주성분으로 단백질, 전분, 유지가 고루 함유되어 있다. 두류 중에는 지질의 함량이 많은 대두와 땅콩, 탄수화물의 함량이 많은 팥, 녹두, 강낭콩, 완두 등이 있다. 또한 대두와 녹두는 싹을 틔워 콩나물과 숙주나물로 이용한다.

1) 대두

고온다습한 기후에서 재배되는 작물로 만주와 한반도가 원산지이다.

대두 단백질은 글리시닌(glycinin)이며, 단백질 함량이 약 40% 이상으로 단백질의 좋은 급원식품이며, 아미노산 조성이 우수하고 특히 리신이 비교적 많아 쌀이나 밀의 단백질 부족을 보충할 수 있다. 지질이 20% 내외로 지질 함량이 풍부하며, 불포화 지방산 함량도 높은 편이다. 불포화지방산이 많아 혈중 콜레스테롤의 축적을 억제하고 토코페롤의 존재로 항산화 작용도 가진다.

전분은 1% 이하로 매우 적고 소량의 스타키오스나 라피노오스 같은 소당류가 포함되어 있다. 비타민은 B_1, B_2가 많으며, 콩나물, 숙주나물과 같이 발아하면 종실에 거의 없던 비타민 C가 생성된다. 갈아 놓은 콩은 산화효소인 리폭시게나아제(lipoxygenase)에 의하여 공기 중에서 산화되어 콩 비린내를 생성하므로 빠른 시간 안에 소비하는 것이 좋다. 또한 콩에 함유된 이소플라본, 펩티드, 피트산, 사포닌 등의 생리활성 물질이 암, 심장질환, 골다공증, 신장질환의 예방에 탁월한 효과를 지닌다.

2) 팥

팥은 종피의 색이 안토시아닌계 색소인 적갈색인 것이 많지만 회백색, 담황색, 갈색 등인 것도 있다.

팥의 주성분은 당질이 64%이며, 콩과는 달리 전분으로 세포내 단백질에 단단히 쌓여 있다. 가열하면 단백질이 응고되므로 전분이 호화하기 어려워 부드럽게 삶으려면 시간이 많이 걸린다. 단백질은 파세올린(phaseolin)으로 약 20% 이상 함유되어 있다. 지방 0.1% 정도 함유되어 있으며, 팥은 황화합물로 인해 조리 시 특유의 냄새가 난다. 비타민 B_1이 많고 무기질로는 칼륨과 인이 많다.

사포닌이 함유되어 있어 변통을 돕는 효과가 있다. 또한 팥의 표피에는 시아니딘(cyanidin) 배당체가 들어 있어 아린맛이 있다.

팥은 팥고물, 양갱, 단팥죽, 팥빙수, 빙과 등에 이용되며, 쌀, 잡곡 등과 혼식용으로도 많이 쓰인다.

3) 강낭콩

원산지는 남미이고 종피의 색은 백색, 갈색, 적자색 등이 있으며 크기는 콩보다 크다.

주성분은 당질로 전분의 형태로 존재하며 단백질이 많은 편이다. 줄기와 잎은 영양소가 골고루 분포되어 있어 좋은 사료로 이용된다. 강낭콩은 주로 밥에 넣어 먹기도 하며, 떡고물, 앙금, 샐러드, 과자 등의 원료로 사용된다.

4) 잠두(작두콩)

꼬투리가 작을 때는 누에 모양을 하고 누에가 고치를 지을 때쯤에 익어 간다고 잠두라 부른다. 크기가 작두같이 커서 작두콩이라고 불린다.

비타민 A, B_1, B_2, C를 비롯한 단백질, 지방, 당질 등 각종 영양소를 고르게 함유하고 있다. 미숙한 상태에서는 채소로, 잎은 약용으로 쓰이며 그 밖에 제과, 통조림, 안주로도 이용한다.

5) 땅콩

땅콩은 유리하게 열매가 땅 속에 들어 있다. 땅콩의 주요 성분은 단백질 약 25%,

지방질은 약 45% 함유되어 있어 기름을 짜거나, 과자와 빵 가공에 이용한다. 땅콩의 지방질은 낙화생유로 널리 애용되고 있으며, 대두유와는 달리 포화지방산이 많고, 불포화지방산이 적게 함유되어 있다. 비타민 B군이 비교적 많은 편이며, 특히 비타민 B_1과 니아신(niacin)이 다른 두류보다 많은 것이 특징이다. 땅콩은 식용유, 피넛 버터, 마가린 등으로 많이 이용된다.

6) 녹두

녹두의 원산지는 인도이며 우리나라 전국에서 고르게 재배되고 있다. 종피의 색은 녹색이 많지만 황색, 녹갈색, 흑갈색인 것도 있다.

주성분이 당질이고 전분의 형태로 존재하며 단백질 약 21%, 비타민 A를 함유하고 있다. 칼슘, 인, 철, 칼륨 등의 무기질도 다량 함유되어 있다. 녹두는 특히 향미가 좋아서 녹두 빈대떡, 청포묵 등으로 애용되고 있으며, 이 밖에 떡고물, 녹두죽, 숙주나물 등으로 이용되고 있다.

7) 완두콩

두류 중 가장 서늘한 기후에서 재배가 잘 되며, 추위에도 강하다. 종실은 둥글고 표면이 팽팽하거나 주름이 잡혀 있으며 백색, 녹색, 황색 등으로 다양하다.

주로 통조림으로 가공하고 있으며, 밥에 넣어 먹거나 떡, 과자 등의 원료로 많이 이용된다.

3. 서류

다년생 식물의 뿌리와 줄기에 다량의 전분과 그 외의 성분을 저장한다. 서류는 일반적으로 전분이 풍부하므로 전분류 식품에 속하며 중요한 에너지 공급원이다.

1) 고구마

고구마는 영양분을 저장하기 위하여 특수한 형태로 비대해진 저장뿌리이다. 우리나라에서는 조선시대 영조 39년(1763년)에 조엄이 일본 통신사로 가던 중 대마도에서 종자를 부산으로 보내 그 재배와 저장법을 알린 것이 시초이며 돌아올 때 동래와 제주도에 씨앗을 가져다 시험재배하면서 전파시켰다.

당질이 30% 내외로 주식 대용이며, 과거에 구황 작물로 이용될 정도였다. 저장하면 아밀라아제에 의해 전분이 맥아당으로 분해되므로 감미가 증가한다. 식이섬유소도 다량 함유되어 있다. 주 단백질은 이포메인(ipomein)이며, 무기질 중 칼슘 함량이 매우 높다. 또한 비타민 C 함량이 높으며 카로틴의 함량도 높아 황색을 나타낸다. 최근 개발된 보라색 육질의 고구마는 항산화 효과가 높은 플라보노이드가 함유되어 있다.

고구마를 절개하여 공기 중에 노출시키면 갈변이 되는데, 이는 산화효소 폴리페놀옥시다제(polyphenol oxidase)에 의해 클로로젠산(chlorogenic acid)이 산화 갈변되고, 얄라핀이 공기 중에서 산화되어 갈색으로 변하게 된다. 얄라핀(jalapin)은 생고구마의 유백색 점액의 주성분인 방향족 탄화수소를 갖는 배당체이다.

2) 감자

감자의 원산지는 안데스 산맥의 고지대로 알려져 있고, 오늘날 유럽, 북미 등의 세계 여러 나라에서 품종이 개발되고 각 지역의 기후 풍토에 적합한 품종이 생산, 소비되고 있다.

감자의 주성분은 당질이 18.5%로 가장 많고 그중 전분이 주를 이루며 전분은 저장 중에 발아하면 감소된다. 단백질은 1.5% 정도 함유되어 있으며 주된 단백질은 글로불린계 튜버린(tuberin)이다. 또한 비타민 B_1과 C의 함량이 높은 편이다. 지질 함량이 낮기 때문에 저열량 식품으로 각광받고 있다.

감자 중에 함유되어 있는 특수 성분은 약한 독성이 있는 알칼로이드(alkaloid)인 솔라닌(solanine)이며, 25mg 이상 다량 섭취하면 중독이 일어난다. 중독 증상은 복통, 위장장해, 허탈감, 가벼운 의식장해가 있는 것이 알려져 있으며 다량을 섭취하면 중추신경계의 기능이 저하된다. 솔라닌은 껍질과 싹에 주로 함유되어 있으므로 껍질을 벗기면 70% 정도가 제거되고, 가열에 의해서도 분해된다. 따라서 감자를 저장한 때에 싹이 나면서 껍질의 색이 녹색으로 변하면 껍질을 두껍게 깎아 제거해 주는 것이 좋다. 썩은 부위는 셉신(cepsin)이라는 독성물질을 생성한다.

한편 감자의 껍질을 벗기거나 썰어 두면 표면의 색이 산화되어 갈색으로 변하는 것을 볼 수 있다. 이것은 감자에 존재하는 폴리페놀(polyphenol)이나 티로신(tyrosine)이 이들의 산화효소 폴리페놀옥시다제(polyphenoloxidase)나 티로시나제(tyrosinase)에 의하여 산화, 갈변되어 멜라닌을 생성한다. 이러한 갈변 현상은 즉시 가열하거나 물에 담가 줌으로써 효소나 기질 물질을 희석해 주면 방지된다.

감자는 전분, 물엿, 포도당의 원료로, 포테이토칩, 프렌치프라이 등의 간식으로, 분말화하여 빵의 품질 개량제로 이용된다.

3) 곤약감자

곤약감자의 주성분은 탄수화물인 글루코만난(glucomannan)이다. 글루코만난은 물을 흡수하여 팽윤되어 점착성의 콜로이드 상태로 된다. 곤약은 곤약감자 가루를 젤리화하여 만든 제품으로 수분이 대부분이며 조금만 먹어도 포만감을 주므로 다이어트 식품으로 이용된다. 또한 혈중 콜레스테롤 농도를 저하하고 당뇨병 환자의 혈당치 상승을 억제하는 효과가 있다고 알려져 있다.

4) 토란

수분함량이 높으며 주성분은 전분, 펜토산(pentosan), 갈락탄(galactan) 등의 탄수화물이며 단백질과 칼슘이 감자나 고구마에 비하여 많은 편이다. 단백질의 구성 아미노산인 이소로이신과 리신의 함량이 낮은 편이다.

미끈미끈한 점성은 갈락탄이라는 당단백질이며, 이로 인하여 요리할 때 양념의 침투가 어렵다. 따라서 조미하기 전에 가열하거나 소금물로 끓여 내면 점질물이 녹아 나오고, 토란도 하얗게 된다.

토란의 아린맛은 호모젠틴산(homogentinic acid)이며, 가열에 의해 제거가 가능하다. 그리고 토란에는 수산과 알칼로이드가 미량 함유되어 있어 피부에 닿으면 가려워지는데 이때 가열하거나 식초를 넣어 주면 가려움을 방지할 수 있다.

5) 카사바

카사바는 타피오카, 만쵸카, 감자나무 등으로 불리기도 한다. 카사바는 열대성 지역에서 재배된다.

주성분은 전분으로 이를 타피오카 전반이라 하며, 호화가 잘되어서 후식을 만드는 데 다양하게 이용되고 있다. 그 외에도 빵, 알코올 음료 제조에 이용된다.

4. 채소류

채소는 수분을 90% 이상 함유하고 있어, 저장의 어려움이 있다. 채소는 수확 후에도 증산작용과 호흡작용이 왕성하므로 품질이 저하되기 쉽다. 따라서 저장온도를 낮추어 대사와 호흡작용을 억제하고 냄새 성분의 손실을 감소시킬 수 있다. 탄수화물, 단백질, 지질 함량이 적은 반면, 비타민 A와 C가 풍부하고 B_1, B_2 함유로 인체의 각종 생리기능을 조절하는 작용을 하며 무기질 중 칼륨, 칼슘, 마그네슘, 인, 철을 함유하고 있다. 또 식이섬유소가 풍부하여 정장작용 및 변비 예방효과가 우수하고 채소 고유의 색을 나타내는 색소는 클로로필(chlolophyll), 카로티노이드(carotenoid), 플라보노이드(flavonoid), 안토시아닌(anthocyanin)이며, 이들 색소는 생리활성 물질이기도 하다.

1) 엽경채류

엽채류는 식물의 잎과 줄기를 식용하는 것으로 수분(90%)과 섬유소가 풍부하게 들어 있으며 열량이나 단백질의 급원은 아니지만 비타민 A와 비타민 C가 많고 또한 무기질 중 K, Ca, Fe 등이 많다.

(1) 배추

배추의 원산지는 중국 북부지방으로 고려시대 때부터 우리나라에서 널리 재배되기 시작한 작물로 현재 우리나라에서 중요한 채소 중의 하나이다.

배추는 수분이 약 90~96%를 차지하며, 섬유소가 풍부하여 정장작용이나 변비예방에 효과적이다. 또한 비타민C, 칼슘, 칼륨, 나트륨이 많다.

(2) 양배추

양배추는 서유럽과 지중해 연안이 원산지로 우리나라에 도입된 것은 20세기 이후이다. 겨자과에 속하는 채소로 황화합물인 이소티오시아네이트(isothiocyanate)류가 함유되어 있어 비타민 A, B군, C의 함량이 높으며 무기질 중 칼슘, 인, 철분이 풍부할 뿐 아니라 섬유소도 많이 함유되어 있다. 양배추에서 추출된 메틸메티오닌설포늄(methionine methlysulfonium)은 특이한 맛과 향을 주는 성분으로 동물실험에서 위궤양을 치유하는 효과가 있어서 비타민 U라고 명명된 항궤양성 인자가 있다. 비타민 U는 조직을 새롭게 하거나 손상된 조직을 회복하는 효과가 있어 위궤양, 십이지장궤양 치료에 효과적이다.

(3) 상추

원산지는 지중해 연안 지방부터 서아시아에 널리 분포되어 있다. 상추는 주로 날것으로 먹기 때문에 조리에 따른 영양손실이 적다. 성분은 수분이 약 94%로, 비타민 A가 많고 비타민 E, 무기질 중 철, 칼슘이 비교적 많이 함유되어 있다. 포도당과 필수 아미노산 중 루신(leucine), 발린(valine)이 다른 채소보다 함량이 많으며 특이한 향과 감칠맛이 있어 입맛을 크게 돋우어 준다. 우리나라에서는 잎상추를 가장 많이 재배하며 4계절 재배가 가능하다. 항상 싱싱한 색과 맛, 향 그리고 씹는 맛을 주며 신경안정 작용을 하는 알칼로이드 성분이 불면증에 효과가 있다.

(4) 시금치

시금치는 냉랭한 기후를 좋아하고 추위에 강한 작물이다. 비타민 A, C와 철분, 칼슘이 풍부하고 빈혈 예방에 효과가 있는 엽산이 들어 있다. 특히 곡류에서 결핍되기 쉬운 리신(lysine)과 트립토판(tryptophan)이 다량 함유되어 있다. 시금치에 함유되어 있는 색소는 클로로필과 카로틴이다. 카로틴은 비타민 A의 전구체이고 아스코르브산, 무기질 등을 풍부하게 함유하고 있다. 유기산으로는 수산, 사과산, 구연산이 많이 있어 가열하면 푸른색이 갈색으로 변한다. 수산은 칼슘의 흡수를 저해한다.

(5) 부추

부추는 지역에 따라 솔, 정구지로 불린다. 독특한 맛과 냄새는 알릴디설파이드(allyl disulfide)라는 냄새 성분이다. 부추의 향미 성분인 알릴디설파이드는 마늘과 같이 비타민 B와 복합체를 이루어 흡수를 돕고 소화력 증진, 살균작용 등이 있다. 부추는 카로틴, 비타민 B_2, 비타민 C, 칼슘, 철 등의 영양소를 많이 함유하고 있으며, 부추떡, 부추전, 부추죽, 부추잡채, 부추김치 등이 있고 독특한 향미로 인해 부재료로 많이 사용되고 있다.

(6) 파

파는 특이하고 자극적인 냄새와 매운맛을 가진 휘발성 황화합물질을 가지고 있다. 소화액 분비를 촉진하며 소화를 돕고, 진정 및 발한 작용을 하기도 한다. 비타민 A, B_1, B_2, C, D, E 모두 풍부하게 함유되어 있다.

(7) 죽순

대나무의 지하경에서 돋아나는 어린 싹으로 아린맛 성분인 호모겐티스산(homogentisic acid)이 함유되어 있어 물에 우려낸 후 이용한다. 단백질, 섬유소, 비타민 B_1이 많이 함유되어 있다.

(8) 미나리

미나리는 아시아 원산의 작물로 논, 습지, 물가 등에서 주로 재배되며 칼슘, 칼륨과 비타민 A, C 등이 다량 함유되어 있으며 다른 채소에서 맛보지 못하는 독특한 향미가 있어 생선 탕류의 요리에 사용되며, 나물이나 김치 등에 쓰인다.

수분 94.9%, 비타민 A의 전구체인 베타카로틴이 풍부하며 그 밖에 비타민 B_1, B_2, C가 다량 함유되어 있다.

(9) 아스파라거스

단백질 함량이 많으며, 아미노산 중 특히 아스파라진(asparagine) 함량이 높다. 만니톨, 비타민 C가 많고 혈관 강화작용을 하는 루틴과 쓴맛을 주는 사포닌을 지닌다.

(10) 셀러리

남부유럽이 원산지로 연한 잎과 줄기를 식용하며 특유의 냄새 성분인 세다놀리드(sedanolid)가 있다. 대부분 생식으로 이용하며, 수프나 소스류의 향미를 내는 데 이용한다. 셀러리는 비타민 A와 B_1의 급원으로 좋으며 칼슘, 인, 철 이외에 나트륨, 염소, 칼륨, 마그네슘 등도 풍부하게 들어 있어 영양가가 좋고 소화기능을 돕는 역할을 한다.

2) 근채류

근채류는 채소의 뿌리나 줄기를 식용으로 하는 것으로 수분과 섬유소가 풍부하며 전분, 당류 등과 같은 탄수화물도 상당히 많이 함유되어 있으나 비타민이나 무기질의 함량은 그리 많지 않다.

(1) 무

원산지는 중국 또는 지중해로 배추와 더불어 우리나라의 2대 채소 중에 하나이다. 아밀라아제(amylase)가 함유되어 있어 소화가 잘되며 비타민 C, 철분, 식이섬유소가 함유되어 있다. 무의 냄새는 메틸 메르캅탄 성분에 의한 것이고, 알릴 화합물에 의해 독특한 매운맛과 향을 낸다. 무의 매운맛은 휘발성이 강하고 수용액 중에서 불안정하여 차츰 소실되는 특성을 지닌다. 무청에는 비타민 C와 철분, 식이섬유소가 함유되어 있다.

(2) 당근

중앙아시아가 원산지로 우리나라에서 재배된 기간은 비교적 짧은 편이나 많이 이용되고 있는 채소이다. 수분이 86~90%, 당질이 7.6%로 비교적 단맛을 지닌다. 비타민 A의 주요 급원식품인 당근은 채소 중 카로틴이 가장 많이 함유되어 있다. 주황색이 진할수록 β-카로틴 함량이 많다. β-카로틴의 흡수는 생식보다는 기름을 이용하여 조리해야 흡수율이 높아지며 야맹증 예방에 효과적이다.

또한 당근에는 비타민 C를 파괴하는 아스코르비나아제(ascorbinase)가 존재하므로 무나 오이 같은 채소와 함께 섞거나 즙을 낼 경우 비타민 C가 파괴되므로 주의해야 한다.

(3) 양파

비늘 줄기에 함유된 자극적인 방향성분은 프로필 알릴 디설파이드(propyl allyl disulfide)이며 가열로 분해되어 단맛이 강한 프로필 메르캅탄(propyl mercaptan)이 된다. 무기질로는 칼륨, 칼슘, 철, 인, 나트륨 등이 풍부하며 퀘세틴(quercetin)인

항산화 성분이 있다.

(4) 마늘

강한 살균력과 독특한 풍미를 지닌 향신료로 항균 효과가 탁월하다. 마늘은 수분 70%, 당질 약 25%를 함유하고 있으며, 칼슘, 철, 알루미늄, 망간, 구리 등도 함유하고 있다. 마늘의 자극적인 맛은 휘발성 황화합물인 알리신(allicin)이고, 디설파이드(disulfide)는 주요 향미 성분이다.

(5) 연근

연근의 원산지는 중국이며 연꽃의 지하경을 식용으로 하고 있다. 당질로는 전분과 섬유질이 주로 함유되어 있으며 무기질은 칼륨의 함량이 높다. 또한 폴리페놀화합물인 클로로겐산(chlorogenic acid) 등이 함유되어 있어 공기 중에 노출되면 갈변된다.

3) 과채류

과채류는 다년생의 과실로 조리에서 채소로 쓰는 것으로 수분과 섬유질, 비타민류가 많고 단백질, 무기질은 비교적 적게 들어 있다.

(1) 호박

호박은 비타민 A와 비타민 C도 적절히 함유되어 있으나, 아스코르비나아제(ascorbinase)가 있어 비타민 C가 파괴되기 쉽다. 단호박은 베타카로틴의 함량이 높을 뿐만 아니라 비타민류, 칼슘, 나트륨, 인 등의 영양소와 섬유질이 풍부한 건강식으로 소비가 증가하고 있다.

(2) 오이

오이의 푸른색은 엽록소인 클로로필이 함유되어 있기 때문이다. 어린 오이에는 비타민이 C가 26mg% 들어 있으나 수확기에는 반 이하로 감소한다. 또한 칼륨은 과잉의 염분을 체외로 배출시키는 작용과 이뇨작용을 촉진한다. 유기산 중 사과산 함량이 많으며, 꼭지의 쓴맛 성분은 쿠쿠르비타신(cucurbitacin)이다.

(3) 가지

가지는 수분이 약 94%를 차지하며 비타민 A는 적고, 소량의 비타민 C를 함유하고 있다. 색소는 안토시안의 일종인 나스닌(nasnin)으로 산화되면 변색하고, 조리할 때 명반이나 철분을 넣으면 색소를 고정시킬 수 있다.

(4) 고추

고추는 신미종(매운 고추), 감미종(풋고추), 서양고추(파프리카, 칠리, 피망)로 나눌 수 있다. 고추는 기호식품임과 동시에 향신료로서 김치류와 일반음식의 양념으로 이용하고 있다.

고추의 매운맛 성분인 캡사이신은 식욕 증진, 소화 촉진 작용이 있으며 과육에 많다. 과피의 적색 색소는 캡산틴과 카로틴 때문이다.

마른 고추의 일반성분은 수분 11~14%, 조지방 15~18%, 단백질 12~16%, 정유 0.3~0.8%를 함유한다. 주석산, 구연산, 사과산이 풍부하게 함유되어 있고 특히 풋고추와 고춧잎에는 비타민 A, C가 많으며 고추씨에는 비타민 E가 다량 함유되어 있다.

(5) 토마토

토마토는 성숙함에 따라 엽록소가 감소하고 황색의 카로틴(carotene)과 적색의 리코펜(lycopene)이 증가한다. 비타민 A가 매우 풍부하고 약 20mg%의 비타민 C가 함유되어 비타민 C의 급원식품이다. 토마토에는 구연산, 사과산, 주석산, 호박산 등을 함유하여 향미를 내고 항산화력을 지니며 루틴(rutin)도 함유되어 있다.

4) 화채류

화채류는 주로 꽃잎, 꽃봉오리, 꽃받침 등을 식용으로 하는 채소이다.

(1) 브로콜리

브로콜리는 양배추의 변종으로 가지 끝에 녹색 꽃눈이 빽빽하게 들어찬 꽃봉오리를 식용으로 한다. 칼슘, 철분 등의 무기질과 비타민 A, C의 함량이 많다. 주요 유기산은 사과산과 구연산이며 옥살산과 숙신산도 소량 함유하고 있다.

(2) 콜리플라워

원줄기 끝에 젖빛이 도는 흰색 꽃봉오리가 달리며 이를 식용으로 한다. 주요 유기산은 사과산과 구연산이고 비타민 C가 풍부하게 들어 있다.

5. 과일류

과일은 채소에 비하여 각종 유기산이 풍부하며 포도당, 과당, 설탕 등 단맛 성분과 조화를 이루어 상쾌한 맛을 제공한다. 또한 펙틴질을 함유하여 잼, 젤리와 음료를 제조할 수 있고 각종 소화효소를 지녀 후식으로 적당하다.

1) 핵과류

핵과류는 씨방이 성장 발달하여 결실한 과일로 안에 딱딱한 핵이 있고 그 속에 종자가 있는 과일이다.

(1) 복숭아

중국이 원산지로 고온 다습한 여름에 수확되며 과육의 색에 따라 백도와 황도가 있는데 우리나라에서는 백도가 많이 재배되고 있다. 백도는 산미가 적고 감미가 강한 즙액을 지닌다. 황도는 카로틴 함량이 더 많으며 통조림에 이용한다.

당질이 10% 내외로 주로 포도당, 과당, 설탕 등이 함유되어 있어 단맛이 있고, 유기산은 사과산, 구연산이 존재하며 향미 성분으로는 개미산(formic acid), 초산(acetic acid), 카프릴산(caprylic acid) 등의 에테르와 아세트알데히드 등이 함유되어 있다.

(2) 자두

자두는 가공하거나 생과일로 이용하는 것을 plum이라 하고 씨와 같이 건조할 수 있는 품종을 prune이라고 한다. 자두의 붉은색은 안토시아닌 색소이며, 자두의 주성분은 당질이 10% 내외로 당분, 섬유소, 펜토산, 펙틴 등이며, 구연산, 사과산, 주석산 등의 유기산을 함유하고 있다.

(3) 살구

살구는 달고 신맛을 지닌 향기가 좋은 과일로 당분의 함량이 5~8%이며 포도당, 과당, 자당으로 구성되어 있다.

유기산으로는 구연산, 사과산, 주석산 등이 들어 있으며, 과육의 황색 색소는 다량의 카로틴과 리코펜에 기인하며, 비타민 A가 풍부하다.

(4) 대추

대추의 원산지는 중국, 우리나라, 북아프리카이며 품종도 다양하다. 열매가 많이 열리는 대추는 풍요와 다산의 의미가 함축되어 있다.

대추는 당질이 25% 내외로 풍부하여 100g당 약 270kcal의 열량식품이며 칼슘, 인, 철분, 식이섬유소 등이 비교적 많이 함유되어 있다.

2) 인과류

꽃받침이 발달하여 과육부가 된 것으로 씨방에 종자를 함유하며 배꼽 반대편에 꼭지를 지닌다.

(1) 사과

과당과 포도당이 대부분이고 전분은 미숙과에 약간 존재하다가 성숙하면 없어진다. 유기산은 사과산, 구연산, 주석산 그리고 젖산과 수산이 미량 함유되어 있다. 사과의 껍질을 벗기면 사과 속의 폴리페놀 물질이 폴리페놀 옥시다아제에 의해 갈변되기 쉽다.

(2) 배

배는 우리나라 전국에 재배 가능하며, 품종은 재래종, 중국배, 서양배, 일본배 등으로 나누어진다. 우리나라 품종의 배는 수분 함량이 많고 당도가 높으며 과피가 얇고 육질이 단단하며 연한 것이 특징이다.

당분은 10% 내외로 주로 과당이 많고 유기산은 사과산, 구연산, 주석산 등이 함유되어 있다. 과육에 펜토산(pentosan)과 리그닌(lignin)으로 이루어진 두꺼운 석세포(stone cell)가 있어 촉감이 까칠까칠하다.

(3) 감

감은 당분이 11% 내외로 그 함량이 많고 그중 포도당 6%, 설탕 5%, 과당이 2~3%이며, 카로틴은 카로티노이드 색소가 많아 비타민 A의 좋은 급원이 된다. 특히 비타민 C가 풍부하며, 감잎에는 비타민 C가 과육보다 10~20배 정도 많이 들어 있으므로 잘 활용하면 좋다.

감의 떫은맛은 수용성 탄닌인 시부올(shibuol)이다. 시부올은 수용성으로 세포내에 존재하며, 먹을 때 혀에 녹아 떫은맛을 낸다. 떫은맛을 없애는 과정을 탈삽이라 하며, 이는 가용성 시부올을 불용성으로 만드는 것이다. 탈삽 방법은 탄산가스법과 알콜법을 이용한다. 감을 말려 곶감을 만들 때 표면의 흰가루는 만니톨(mannitol) 성분이다.

3) 장과류

장과류는 과실의 겉껍질이 특히 얇고 먹는 부분인 육질의 즙이 많으며 그 속에 작은 종자가 들어 있다.

(1) 딸기

딸기의 색소는 안토시아닌계 색소이며 유기산은 사과산과 구연산이 많다. 비타민 C가 풍부하다. 수확된 딸기는 수송이나 저장 중 손실량이 많기 때문에 보존에 어려움이 있다. 생과로 이용하는 것 외에 잼, 시럽, 아이스크림 등으로 가공되어 사용된다.

(2) 포도

포도는 당질이 15% 내외로 함유되어 있고 포도당과 과당이 대부분이다. 유기산은 주로 주석산, 사과산이 약 1% 정도 함유되어 있고 과피의 색소는 안토시아닌계 색소에 기인한다. 껍질에는 떫은맛이 나고 과피에는 왁스층이 한겹 입혀져 있다. 펙틴질과 검(gum)질이 들어 있어 좋은 젤리를 만들 수 있다.

포도는 당분이 많고, 색소 및 방향성분이 등이 있어 주로 생과로 이용되나 과즙을 발효시켜 포도주나 포도즙, 젤리, 통조림, 건포도 등으로 이용된다.

(3) 무화과

무화과는 수분이 87% 내외로 비교적 적고, 당질이 20% 내외로 함량이 많다. 특히 포도당과 과당의 함량이 높아 단맛이 강하다.

무화과의 흰 유즙 속에는 단백질 분해효소인 피신(ficin)이 있어 고기의 연화제로 사용하면 좋다. 또한 펙틴과 당단백질인 뮤신(mucin)을 함유하고 있어 장의 활동을 도와준다.

4) 견과류

견과류는 단단한 외과피에 싸여 있는 열매로, 먹을 수 있는 부분은 곡류나 콩 종류처럼 떡잎에서 이루어진 것인데 외과피가 단단하며 종자 부위는 식용이 가능하다.

(1) 밤

밤은 당질이 35% 내외로 많고, 단백질 함량은 3% 내외로 알부민이 함유되어 있다. 또한 칼슘, 비타민(A, B, C) 등이 풍부하여 발육과 성장에 좋아 날로 먹기도 하며 각종 요리 재료로 활용된다. 과육의 표층에는 카로티노이드계 색소인 루테인(lutein)이 들어 있고, 밤의 속껍질 중에는 떫은맛 성분인 탄닌이 들어 있다.

(2) 은행

은행나무는 지구에서 살아온 온 역사가 길다. 식물학자들은 은행나무가 약 3억 5,000만 년 전인 고생대 때부터로 추정하고 있다.

은행의 주성분은 당질이 38% 내외로 주로 전분이 많고, 단백질, 지방 외에 카로틴, 비타민 C 등을 함유하고 있다. 그 밖에 청산배당체를 함유하고 있으므로 은행을 많이 먹으면 중독을 일으킬 수도 있다.

은행의 고약한 냄새는 겉껍질의 빌로볼(bilobol)과 징코산(ginkoic acid)이 함유되어 있기 때문이다.

(3) 잣

잣은 지방질이 64% 내외로 함량이 많아 칼로리가 높다. 지방산 조성은 올레산(oleic acid), 리놀레산(linoleic acid) 등 불포화지방산으로 이루어져 있다.

(4) 호두

호두의 성분은 지방질 60% 내외, 단백질 20% 내외로 풍부하고 무기질과 비타민 B_1도 적당히 함유되어 있다. 지방산은 주로 리놀레산(linoleic acid)이며, 단백질은 글루텔린(glutelin)이 많다.

5) 감귤류

감귤류는 비타민 C의 급원식품으로 우리나라는 주로 제주도에서 재배, 생산하고 있다. 종류로는 온주밀감, 여름밀감 오렌지, 유자, 레몬, 자몽, 금귤 등이 있고 구연산과 사과산 같은 과일의 맛을 내는 유기산 함량이 많으며, 익을수록 단맛이 증가한다. 비타민 C가 매우 풍부하게 함유되어 있어 평균 40mg% 이다.

6. 해조류

해조류는 클로로필, 카로티노이드, 파이코에리트린의 색소에 따라 남조류, 갈조류, 홍조류 등으로 분류된다. 녹조류는 얕은 바다에 살며 갈조류, 홍조류 순으로 생육환경이 깊어진다.

요오드나 칼륨 등 무기질과 비타민이 풍부하고 수용성 식이섬유가 많은 알칼리 식품이며 당질로는 만니톨, 알긴산, 라미나린, 카라기난, 한천 등 육상식물에서는 볼 수 없는 특수한 다당류가 들어 있다.

1) 김

홍조류에 속하는 김은 우리나라 서남해 연안인 완도와 경남 남해안 일대에 양식을 하고 있다. 김에는 단백질 함량이 약 30~40%이고, 트레오닌, 발린, 루신, 이소루신, 리신, 메티오닌, 페닐알라닌, 트립토판 등의 필수 아미노산이 많이 들어 있다. 탄수화물인 한천이 가장 많이 들어 있으며, 그 밖에 헤미셀룰로오스, 소르비톨, 둘시톨 등이 들어 있다

나트륨 · 칼륨 · 칼슘 · 인 · 철 등의 무기질이 들어 있으며 카로틴이 많이 들어 있어 비타민 A의 좋은 공급원이 된다. 그 밖에 리보플라빈 · 니아신 · 비타민 C 등도 비교적 많이 들어 있다.

2) 미역

미역의 탄수화물은 40% 정도로 많은 함량을 보이며, 단백질 20% 내외, 당질 35% 내외, 회분 27% 내외로 많으며 요오드의 함량도 많은 갈조류이다.

칼슘과 갑상선 호르몬의 주성분인 요오드가 많아 청소년기 성장발육과 산모의 산후조리 식재료로 좋다. 미역의 탄수화물은 만니톨(mannitol), 알긴산(alginic acid) 등이고, 이를 구성하고 있는 갈락탄(galactan)의 형태이다.

3) 다시마

다시마는 갈조류이며, 글루탐산을 다량 함유하여 맛이 좋으므로 국물 내기에 이용한다. 표면의 하얀 가루는 감미 성분인 만니톨이다. 세포벽의 성분은 알긴산과 라미나린(laminarin)이다. 라미나린은 갈조류의 저장성 다당류이다. 또한 무기질이 다량 함유되어 있고, 요오드, 칼륨, 칼슘이 많이 들어 있다. 미역 속의 아미노산인 라미닌(laminin)은 혈압강하 효과 및 혈액 속의 콜레스테롤을 저하시키는 효과가 있다.

4) 우뭇가사리

한천은 홍조류에 속하는 우뭇가사리 즙을 응고, 동결, 융해, 건조하여 제조한다. 아가로오스와 아가로펙틴으로 구성되며 미생물의 배지, 젤리, 양갱, 과자, 다이어트 식품, 캡슐의 제조에 이용된다.

7. 버섯류

엽록체를 지니지 않아 자신의 생활에 필요한 영양분을 만들 수 없으므로 고목이나 노목에 기생하는 균류이다. 영양기관인 균사체와 번식기관인 자실체로 되어 있으며 고목이나 부식토 밑에 솜털 모양의 가는 균사로 생육하고 있다가 우기에 수분이 충분하거나 적당한 환경조건이 형성되면 자실체가 싹을 틔운다. 버섯류는 눈으로 식별할 수 있는 대형의 자실체를 형성하는 무리의 총칭으로 독특한 맛과 향미로 널리 식용된다.

1) 표고

표고버섯은 우리나라에서 생산량이 가장 많은 버섯이고, 에르고스테롤(ergosterol)이 함유되어 비타민 D의 공급원이며 비타민 B_1, B_2도 다량 함유되어 있다. 표고버섯 특유의 맛 성분은 핵산 성분인 구아닐산(guanylic acid)과 아미노산 성분인 글루타민, 글루탐산, 알라닌 등의 아미노산이다. 냄새 성분은 렌티오닌(lenthionin)이며, 표고버섯의 균사체에서 추출한 에리타데닌(erithadenine)은 혈압강하와 혈당조절에 효과적이다.

2) 송이

송이는 우리나라를 비롯하여 일본, 북한, 중국 대륙에 분포한다. 강원도 양양, 고성지역, 소백산지역 등지에서 주로 생산되며, 살아있는 소나무의 뿌리와 함께 땅속에서 사는 독특한 버섯이며, 향이 진하다. 송이 특유의 냄새 성분은 메틸 시나메이트(methyl cinnamate), 메틸 에스테르(methyl ester), 마스타게올(matsutakeol)이 혼합된 것이다. 아미노산인 글루탐산, 아스파르트산, 구아닐산이 감칠맛을 준다.

3) 양송이

송이버섯과의 담자균류에 속하는 식용버섯이다. 송이에 비해 갓이 부드럽고 자루는 짧다. 양송이에는 다른 버섯류에 비하여 단백질이 풍부하며, 무기질과 비타민 B군, 에르고스테롤이 함유되어 있다.

4) 느타리

느타리버섯은 활엽수의 고목에 군생하며, 에르고스테롤, 비타민 C, 철분이 풍부하다. 느타리버섯은 말려서 저장하며, 국거리 · 전골감 등으로 쓰거나 삶아서 나물로 먹는 식용버섯이며, 인공 재배도 많이 한다.

동물성 식품

1. 수조육류
2. 어패류
3. 난류
4. 우유 및 유제품

12

FOOD SCIENCE

우리가 먹는 수조육류에는 쇠고기, 돼지고기, 양고기 등의 수수조육류와 닭고기, 오리고기, 칠면조고기, 꿩고기 등의 가금류가 포함된다. 우리나라에서는 쇠고기를 가장 좋아하는 반면, 중국에서는 돼지고기, 인도에서는 염소고기, 이슬람 국가에서는 양고기의 인기가 높아 나라마다 수조육류에 대한 선호도가 다르다.

1. 수조육류

1) 수조육류의 구조

수조육류는 크게 근육조직, 결합조직, 지방조직, 골격조직으로 이루어져 있다.

(1) 근육조직

근육조직(muscle tissue)은 동물조직의 30~40%를 차지하며 뼈에 부착된 골격근(횡문근), 내장과 혈관을 구성하는 내장근(평활근)과 심장에만 존재하는 심근으로 나누어진다. 이 중에서 주로 식용으로 이용되는 것이 가로무늬가 있는 골격근이다.

근육조직은 액틴(actin)과 미오신(myosin) 단백질이 화합되어 근원섬유(myofibril)를 만들고, 근원섬유가 모여 근섬유(muscle fiber) 또는 근섬유 다발을 만든다. 근섬유는 다시 근육(muscle)을 만들어 힘줄(tendon, 건)에 의해 뼈에 부착된다([그림 12-1]).

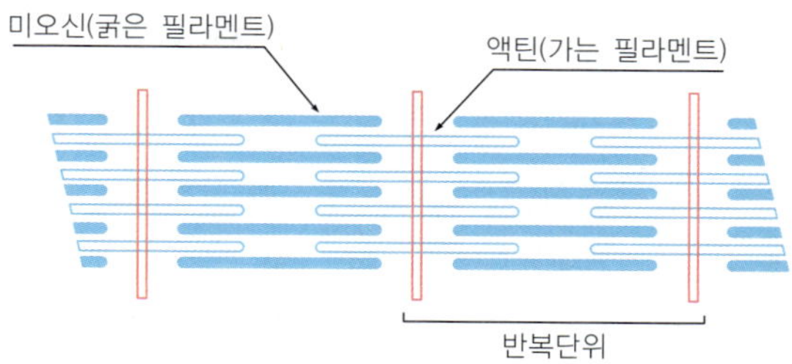

[그림 12-1] 근육 수축에 의한 액토미오신의 형성

(2) 결합조직

근섬유와 지방조직을 둘러싸고 있는 결합조직은 근육이나 장기를 다른 조직과 결합하는 힘줄 등을 말하며, 다량의 콜라겐 섬유(collagen fiber), 엘라스틴 섬유(elastin fiber) 그리고 소량의 레티쿨린 섬유(reticulin fiber)로 구성되어 있다. 운동을 많이 하거나 나이가 들면 결합조직이 발달하게 되며, 암컷보다 수컷에, 돼지고기와 닭고기보다 쇠고기에 많다.

(3) 지방조직

지방조직은 대부분 중성지질이며 소량의 인지질도 존재하는데, 조직에 따라 5~80%에 이르기까지 매우 다양하다. 지방의 양은 동물의 성별과 나이, 식이, 운동량 및 부위에 따라 영향을 받는다. 돼지는 소보다 지방이 많으며 성장하면서 지방량이 증가하고 암컷의 지방량이 수컷보다 많다.

사료가 좋고 비육한 가축의 근육에는 근육 사이에 얼룩무늬 지방 즉 마블링(marbling)이 잘 형성되어 고기의 육질이 부드럽고 품질이 좋아서 높은 등급으로 인정받는다.

(4) 골격조직

골격조직은 사골, 도가니, 꼬리뼈, 잡뼈 등을 말하며 칼슘과 인의 공급원이 된다. 성숙한 동물의 뼈나 앞다리 뼈는 어린 동물의 뼈나 뒷다리 뼈에 비해 운동량이 많고 골격의 조직이 치밀하며 인지질이 많아 진하고 맛있는 국물이 우러난다.

2) 수조육류의 영양성분

수조육류의 영양성분은 주로 수분, 단백질, 지질과 소량의 무기질, 비타민으로 이루어져 있다([표 12-1]). 탄수화물은 간 조직을 제외하고는 극히 미량이 함유되어 있으며, 섬유소나 비타민 C는 거의 함유되어 있지 않다.

[표 12-1] 수조육류의 영양성분

성분		수분 (%)	열량 (kcal)	단백질 (g)	지질 (g)	당질 (g)	회분 (g)	무기질					비타민					
								칼슘 (mg)	인 (mg)	철 (mg)	나트륨 (mg)	칼륨 (mg)	A (RE)	B_1 (mg)	B_2 (mg)	니아신 (mg)	C (mg)
쇠고기	등심	55.3	298	15.61	26.30	–	0.69	11	147	2.24	56	241	26	0.019	0.345	1.754	0.80
	사태	71.2	137	24.04	4.86	0	1.02	5	204	2.84	57	338	1	0.060	0.187	0.911	0.70
	안심	66.6	193	19.17	13.14	0	0.98	5	197	2.78	45	337	5	0.070	0.215	2.122	0.38
	양지	61.0	240	18.58	18.59	0	0.83	5	163	1.92	55	265	12	0.009	0.245	2.301	0.93
	우둔	69.0	155	23.08	7.29	0	0.96	48	189	–	48	325	6	0.05	0.36	1.9	–
돼지고기	갈비	65.0	223	17.77	17.06	0	0.88	9	185	0.73	64	287	4	0.610	0.176	3.092	0.87
	뒷다리	73.4	113	21.30	3.34	0	1.11	3	216	0.74	57	374	2	0.377	0.349	3.411	0.31
	삼겹살	50.3	373	13.27	35.70	0	0.69	6	143	0.42	55	231	19	0.489	0.163	1.192	0.44
	안심	74.4	114	22.21	3.15	0	1.17	3	211	0.78	46	373	3	0.868	0.298	3.954	0.26
닭고기		74.0	109	22.0	2.6	0.2	1.2	11	169	1.0	63	59	21	0.21	0.17	3.2	0
오리고기		63.3	251	21.6	21.6	0.2	0.5	15	111	1.8	48	289	–	0.21	0.23	3.8	0

(1) 단백질

수조육류는 약 20%가 단백질로 이루어져 있는 아주 우수한 단백질 급원식품이다. 수조육류 단백질에는 각종 염 용액에 대한 용해도에 따라 세 종류로 나누어진다([표 12-2]).

수조육류 단백질은 미오겐과 단백질 분해효소 등으로 구성된 근장 단백질(구상 단백질, globular protein), 액틴과 미오신, 트로포닌 등으로 구성된 근원섬유 단백질(섬유상 단백질, fibrous protein), 콜라겐과 엘라스틴, 레티쿨린 등으로 구성된

결합조직 단백질(stoma protein)로 이루어져 있다.

[표 12-2] 수조육류 단백질의 종류

종류	구성	성질
근장 단백질 (약 30%)	미오겐, 미오글로빈, 헤모글로빈, 해당과정 관여 효소 등	• 근장에 용해된 수용성 단백질 • 저농도의 염 용액에 추출되며 55~65℃에서 응고 • 고기의 사후변화, 색의 변화, 조리 시 변화에 직접 관여
근원섬유 단백질 (약 60%)	액틴, 미오신, 트로포미오신, 트로포닌 등	• 미오신은 굵은 필라멘트에 존재하고, 약산성 용액에서 근육으로부터 쉽게 추출 • 액토미오신은 액틴과 미오신이 혼합되어 형성된 것으로 육제품의 보수성·결착성에 관여
결합조직 단백질 (약 10%)	콜라겐, 엘라스틴, 레티쿨린 등	• 콜라겐은 근육에서 근섬유와 근섬유의 다발을 둘러싸고 있으나 근육 끝부분에서는 한데 모여 건을 형성하여 뼈에 부착 • 고기의 질긴 정도에 관여 • 동물의 나이가 많아짐에 따라 함량이 높아짐

(2) 지질

수조육류의 지질은 약 5~30%를 함유하며, 조직지질과 축적지질로 나누어진다. 조직지질은 주로 근육세포의 막을 구성하는 인지질, 당지질, 스테롤류 등으로 에너지원으로 사용되지 않는다. 축적지질은 대부분 중성지질으로 팔미트산, 올레산, 스테아르산, 리놀레산 등의 지방산으로 이루어져 있다.

필수지방산인 리놀레산의 함량은 동물에 따라 다른데, 쇠고기보다 돼지고기에 더 많이 들어 있다([표 12-3]). 수조육류 지질의 약 5~10%인 인지질은 고기 산패의 원인으로 가열 시 풍미 저하를 가져온다.

수조육류 지질의 융점은 [표 12-4]와 같으며 고기를 입에 넣었을 때의 촉감과 관계가 높다. 돼지고기의 융점은 사람의 체온과 가까워서 입에서의 촉감이 좋으며 닭고기 기름의 융점은 더욱 낮아서 차게 먹어도 좋다. 그러나 양고기나 쇠고기는 지질의 융점이 높아 상당히 뜨겁게 조리해야 맛이 좋다.

[표 12-3] 수조육류 지질의 함량(가식부 100g 기준)

식품명			콜레스테롤 (mg)	총지방산 (g)	총필수지방산 (g)	총단일불포화 지방산(g)	총다중불포화 지방산(g)
쇠고기	한우	등심	78.96	23.95	0.55	11.72	0.62
		살코기	60.73	12.19	0.31	6.40	0.36
		양지	65.49	14.03	0.34	7.45	0.38
돼지고기	갈비		76.22	11.75	1.54	5.51	1.65
	등심		53.48	3.44	0.45	1.61	0.49
	살코기		62.82	9.40	1.70	3.90	1.82
	삼겹살		68.55	34.12	3.90	15.37	4.17
	안심		67.85	3.00	0.55	1.23	0.58
닭고기	가슴살		56.11	0.92	0.18	0.36	0.20
	날개		94.76	10.06	1.69	5.06	1.73
	넓적다리		80.32	11.30	1.86	5.60	1.90
	다리		91.96	7.33	1.25	3.67	1.28
오리고기	껍질 포함		91.45	18.15	3.38	8.39	3.45
	살코기		97.86	2.94	0.49	1.22	0.53
양고기	미국산	갈비	76	31.98	–	14.13	2.69
		다리	67	12.41	–	5.53	1.08
		살코기	66	5.06	–	2.39	0.54
		어깨살	72	19.78	–	8.79	1.71

출처: 농촌진흥청 국립농업과학원 국가표준식품성분 DB 9.2(2020)

[표 12-4] 수조육류 지질의 융점

지질의 종류	융점
쇠고기	40~50℃
돼지고기	33~46℃
양고기	44~55℃
닭고기	30~32℃

(3) 탄수화물

근육 중의 탄수화물은 주로 글루코오스의 중합체인 글리코겐으로, 간이나 근육에 0.5~1.0% 이하로 존재한다. 글리코겐은 동물의 종류, 고기의 부위, 도살 당시 동물의 환경, 사후시간의 경과 등에 따라 함량이 달라진다. 글리코겐은 고기의 pH, 사후경직 및 숙성과 밀접한 관련이 있다.

(4) 무기질

근육 중의 무기질 함량은 1% 내외이며 인과 황, 칼륨이 들어 있다. 칼슘, 마그네슘 등이 적어 산성식품으로 분류된다. 철의 함량은 다른 무기질에 비해 적은 편이나, 흡수율이 높아 철의 좋은 공급원이다. 또한 칼슘, 마그네슘, 아연 등의 2가 금속이온은 전하를 띠어 물과 결합하므로 고기의 보수성과 밀접한 관계가 있어 고기의 품질에 영향을 준다.

(5) 비타민

수조육류는 비타민 B 복합체를 골고루 함유하고 있다. 비타민이 근육보다는 내장기관에 더 많이 저장되어 있으며, 간에는 비타민A, B_1, B_2, C, D 등이 풍부하다. 특히 돼지고기는 다른 수조육류보다 비타민 B_1 함량이 높다.

3) 수조육류의 색소

수조육류 근육의 색은 미오글로빈(myoglobin) 색소단백질에 의해 적색을 띠며, 동물의 종류와 연령, 고기의 부위에 따라 다르다. 운동을 많이 한 근육일수록 붉은색이 진하다. 미오글로빈은 붉은색을 내는 헴 1분자와 글로빈 단백질 1분자가 결합한 것으로 혈액 내에서 각 조직에 산소를 운반한다.

미오글로빈은 근육조직에 존재하면서 헤모글로빈이 운반해 온 산소를 받아 선홍색의 옥시미오글로빈(oxymyoglobin)이 되었다가 포도당이 연소할 때 산소가 필요하면 넘겨 주고 다시 미오글로빈으로 돌아간다.

산소의 공급이 부족하면 산소와 미오글로빈의 복합체에서 산소가 분리되고 철은 2가에서 3가로 산화되어 적갈색의 메트미오글로빈(metmyoglobin)이 된다. 고기를 장기간 저장하면 표면이 어두워지는 것은 이 때문이다.

수조육류를 계속 가열하면 글로빈 단백질이 변성되어, 철은 2가에서 3가로 산화되고 변성 글로빈과 회갈색의 헤마틴(hematin)이 되므로 수조육류의 색은 회갈색으로 변한다.

햄, 소시지, 베이컨 등의 가열한 소금 절임 육제품이 선명한 분홍색을 띠는 것은 미오글로빈이 발색제인 아질산염과 반응하여 니트로소미오글로빈(nitrosomyoglobin)으로 변화하였기 때문이다([그림 12-2]).

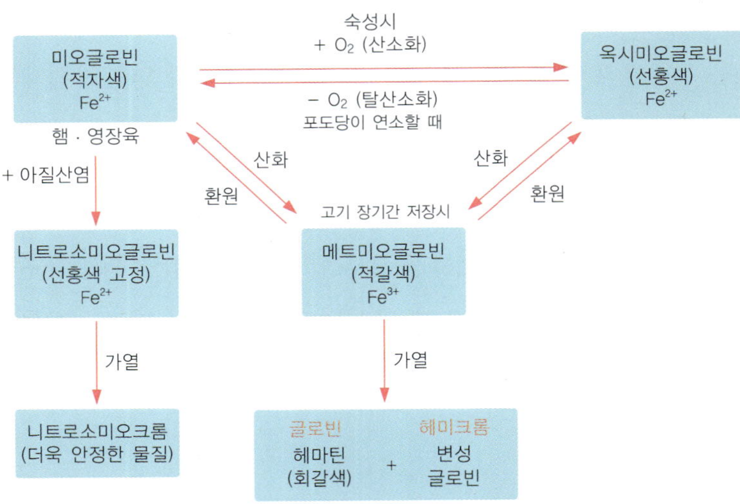

[그림 12-2] 수조육류의 색 변화

4) 수조육류의 사후경직과 숙성

(1) 사후경직

동물은 도살 후 시간이 지나면 근육이 수축하여 단단하게 굳어지는데, 이것을 사후경직(사후강직, rigor mortis)이라고 한다.

동물이 도살되어 산소의 공급이 중단되면 최초 1~3시간 동안 ATP의 수준이 높게 유지되는데, 이것은 크레아틴인산염(creatin phosphate, CP)과 글리코겐으로부터 ATP가 생성되기 때문이다. ATP 수준이 높게 유지되는 동안 근육은 유연하고 신축성이 높은 상태로 유지된다. 그러나 도살 후 시간이 경과됨에 따라 혈액순환이 중지되어 근육이 혐기적 상태가 되면 ATP 생성이 급격히 저하된다. 근육조직의 글리코겐이 혐기적 대사인 해당과정을 거쳐 젖산이 생성되면 근육조직의 pH가 7.0~7.2에서 6.5 정도로 떨어지게 된다. 근육의 pH가 6.5가 되면 산성에서 활성화되는 포스파타아제(phosphatase)에 의해 크레아틴인산염(CP)의 인산이 분해되고, ATPase에 의해 ATP가 분해되어 ADP와 인산이 된다. 근육의 pH는 인산에 의해 더욱 낮아져 pH가 5.4 정도가 되면, 액틴과 미오신이 결합하여 액토미오신이 생성되어 경직을 일으키게 된다. 사후경직이 일어나면 근육의 부드럽고 유연하던 성질은 없어지고 단단하고 뻣뻣하게 된다([그림 12-3]).

사후경직이 일어나는 시기와 기간은 동물의 종류, 도축 방법, 도살 후 환경, 온도 등에 따라 다르나 어류 1~4시간, 조류 6~12시간, 말과 소는 12~24시간, 돼지는 2~3일 만에 최대 경직상태에 도달한다.

사후경직 상태에서는 조리하여도 부드러워지지 않으므로, 시간이 더 지나서 사후경직이 풀리고 숙성된 후 부드러울 때 조리해야 한다.

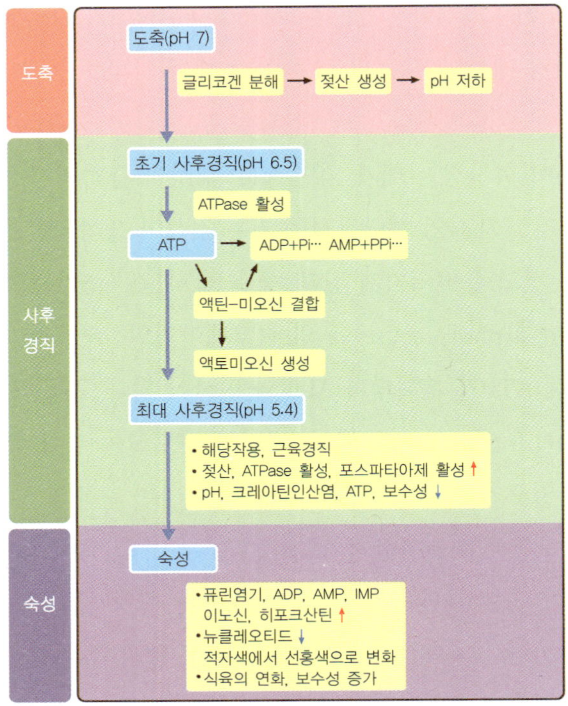

[그림 12-3] 수조육류의 사후경직과 숙성

(2) 숙성

수조육류는 0~4℃의 냉장고에 저장하면 근육 자체 내에 존재하는 단백질 분해효소에 의해 경직된 수조육류 단백질이 분해되어 연해지고 풍미가 높아진다. 근육은 pH 5.4 정도가 되면, 근육 내 젖산생성이 정지되고, 산성에서 활성을 갖는 단백질 분해효소에 의해 단백질이 분해되기 시작하는데, 자체의 성분이 자체의 효소에 의해 분해되는 현상을 자가소화(autolysis)라고 한다. 자가소화가 일어나면 가용성 단백질, 펩티드, 각종 아미노산 등 수용성 질소화합물이 증가하여 고기가 부드러워지고 맛이 좋아진다. 이러한 과정을 숙성(ripenning, aging)이라고 한다. 이때 생성된 아미노산과 칼슘, 칼륨 이온의 농도 변화는 고기의 보수성을 높여 준다.

쇠고기는 4℃에서 10일, 2℃에서 2주가 숙성에 적당하며, 돼지고기는 4℃에서 3~5일, 닭고기는 4℃에서 2일이 적당하다.

수조육류의 숙성은 일종의 연화이며 숙성 중 뉴클레오티드(nucleotide)가 분해되어 퓨린 염기(purine base)가 생성되고, ADP(adenosine diphosphate)는 AMP(adenosine monophosphate)로 분해된 후 IMP(inosine monophosphate)를 거쳐 이노신(inosine), 히포크산틴(hypoxanthine)으로 분해되기 때문에 맛이 좋아진다.

고기를 숙성시키면 공기 중의 산소가 수조육류 조직에 침투해서 적자색의 고기를 선명한 적색으로 변화시킨다.

5) 수조육류의 분류

(1) 쇠고기

① 성분

쇠고기의 수분함량은 60~80%로 돼지고기에 비해 조금 많은 편이며, 특히 붉은 살 부위에 수분이 많다. 도살 후 시간이 경과함에 따라 수분함량도 감소한다. 단백질 함량은 약 20% 정도이며 대부분 근육단백질이다. 아미노산 조성은 대단히 우수하나, 트립토판과 메티오닌이 부족하므로 트립토판이 많은 채소류와 함께 조리하면 보충효과를 얻을 수 있다. 지방 함량은 부위에 따라 차이가 커서 적은 부위는 4~6%, 많은 부위는 40% 이상이고 중성지질, 인지질, 콜레스테롤 등을 함유하고 있다. 탄수화물은 대부분 글리코겐이며, 소가 도살되기 직전이나 추운 곳에 있었거나 굶주린 때에는 글리코겐 함량이 적다. 무기질인 인, 황, 칼륨의 함량이 높아 대표적인 산성식품이고, 비타민 A, B_1, B_2, C, D, E가 근육보다 간에 많이 함유되어 있으며, 특히 비타민 A와 철이 다른 수조육류에 비해 풍부하다.

② 부위별 명칭과 특징 및 조리용도

수조육류의 부위별 명칭은 우리나라, 서양, 일본 등 나라마다 다르다. 수조육류의 조직과 성분 및 맛은 부위에 따라서 각각 특수성이 있으므로 조리의 용도에 따라 알맞게 선택해야 한다.

쇠고기의 부위별 명칭과 특징 및 조리용도는 [그림 12-4], [표 12-5]와 같다.

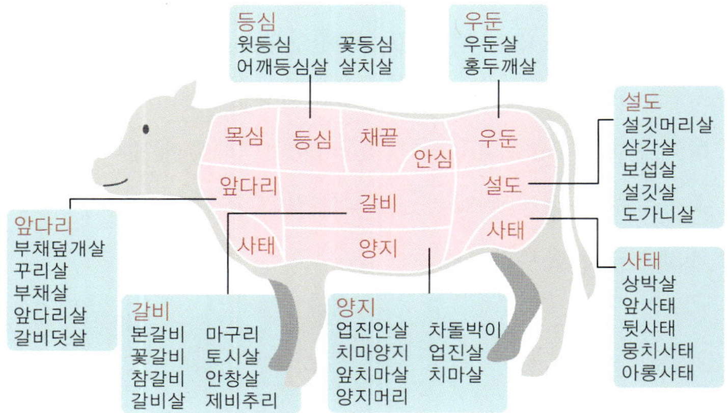

[그림 12-4] 쇠고기의 부위별 명칭

출처: 축산물품질평가원(www.ekape.or.kr).

[표 12-5] 쇠고기의 부위별 특징 및 조리용도

부위별 명칭		특징	조리용도
한국	미국		
목심	Chuck	결합조직이 많아 육질이 질기고 지방이 적다.	조림, 편육, 미트볼, 햄버거, 스튜, 수프, 스톡
등심	Loin	살이 두껍고 근내지방이 있으며 풍미가 좋다.	구이, 전골, 찜, 탕, 로스트, 스테이크, 바비큐
갈비	Rib		
안심	Tenderloin	운동량이 적어 조직이 연하다.	구이, 찜, 전골, 스테이크, 바비큐, 브로일
채끝	Striploin	조직이 연하고 풍미가 좋다.	구이, 전골, 스테이크, 로스트, 바비큐
우둔	Round	지방층이 있으나 질기다.	편육, 탕, 조림, 구이, 스튜, 브레이즈
사태	Fore Shank	골질이 많고 지방이 적다.	조림, 탕, 스튜, 수프, 스톡, 찜
양지	Brisket Flank	결합조직이 많아 육질이 질기고 지방이 적다.	편육, 탕, 스튜, 햄버거, 수프, 스톡

③ 등급

쇠고기 육질 등급은 근내지방도, 육색, 지방색, 조직감, 성숙도에 따라 고기 품질을 1^{++}, 1^{+}, 1, 2, 3 등급 및 등외로 구분한다. 육량 등급은 도체중량, 등지방량 두께, 등심 단면적을 종합적으로 고려하여 고기량의 많고 적음을 표시하는 기준으로 A · B · C 등급 및 등외 등급으로 구분한다.

(2) 돼지고기

① 영양성분

돼지고기의 수분함량은 55~70%, 단백질 함량은 17~22%로 안심이나 등심이 삼겹살에 비해 높으므로 외국에서는 선호도가 높으나, 우리나라에서는 지방 함량이 높은 삼겹살을 선호한다. 돼지고기는 쇠고기에 비해 올레산, 리놀레산이 풍부하며 돼지고기 지방의 융점은 쇠고기 지방의 융점보다 낮아 입안에서 비교적 잘 녹는다.

돼지고기의 근육섬유는 섬세하여 고기가 부드럽고 아미노산 조성은 쇠고기와 마찬가지로 필수 아미노산이 풍부하다. 무기질은 고기의 보수성과 관계가 깊어, 고기에 소금이나 인산염을 적당히 첨가하면 보수성과 결착성이 커진다. 돼지고기의 비타민 B_1 함량은 쇠고기의 10배 정도이며 특히 안심과 등심 부위에 많다. 돼지고기의 복부 삼겹살은 지방이 많으므로 베이컨으로, 뒷다리살은 지방이 적고 단백질과 수분이 많으므로 햄으로 가공한다.

② 부위별 조리용도

돼지고기의 분할 부위 및 명칭과 부위별 특징 및 조리용도는 [그림 12-5], [표 12-6]과 같다.

[그림 12-5] 돼지고기의 분할 부위 및 명칭

출처: 축산유통종합정보센터(http://www.ekapepia.com).

[표 12-6] 돼지고기의 부위별 특징 및 조리용도

부위별 명칭		특징	조리용도
한국	미국		
목심	Boston Butt	등에서 목으로 이어지는 부위로 지방이 근육막 사이에 끼어 있어 풍미가 좋다.	구이, 수육
등심	Loin	등쪽의 두터운 지방층에 덮여 있고 고기의 결이 곱다.	구이, 폭찹, 스테이크
안심	Tenderloin	갈비 안쪽에 붙어 있으며 지방이 약간 있고 고기가 연하다.	구이, 스테이크, 탕수육
갈비	Rib	근육 내에 지방이 함유되어 풍미가 좋다.	숯불구이, 찜
삼겹살	Belly or Bacon	복부에 근육과 지방이 삼겹으로 된 것으로 풍미가 좋다.	구이, 베이컨
앞다리	Picinic Shoulder	앞다리 위쪽 부위로 어깨 부위에 해당한다.	불고기, 찌개, 수육
뒷다리	Ham	볼기 부위로 지방이 적고 살이 두텁다.	튀김, 불고기, 장조림

출처: 축산유통종합정보센터(http://www.ekapepia.com).

(3) 닭고기

① 영양성분

근육섬유가 미세한 닭고기는 조리 시 부위에 따라 고기의 색이 달라진다. 닭고기는 73%의 수분, 21%의 단백질, 5%의 지방으로 이루어져 있으며 다른 식수조육류보다 비타민 A를 3배 많이 함유하고 있다.

② 부위별 조리용도

닭고기의 분할 부위 및 명칭과 부위별 특징 및 조리용도는 [그림 12-6], [표 12-7]과 같다.

[그림 12-6] 닭고기의 분할 부위 및 명칭

출처: 축산유통종합정보센터(http://www.ekapepia.com).

[표 12-7] 닭고기의 부위별 특징 및 조리용도

부위명	특징	조리용도
가슴살	지방이 적어 열량이 낮고 맛이 담백하다.	구이, 카레, 커틀릿, 샐러드
다리살	색과 맛이 진하고 씹힘성이 좋다.	구이, 튀김, 훈제, 조림
날개살	지방, 콜라겐 함량이 많고 맛이 부드럽다.	구이, 튀김, 조림

(4) 양고기

양고기는 근육세포가 미세하여 암갈색을 띠며, 특유의 냄새가 있으나 육질이 단단하며 소화가 잘된다. 다른 고기보다 융점이 높아 가열 후 냉각되면 지방이 굳어지므로 가열 중에 먹는 것이 좋다.

우리나라에서는 호주나 뉴질랜드 등에서 냉동 양고기를 수입하여 소시지의 원료로 사용하고 있으나, 외국에서는 어린 양고기를 바비큐, 불고기, 스튜 등으로 만들어 즐겨 먹는다. 생후 6~10주 된 양고기는 베이비 램(baby lamb), 생후 1년 미만의 양고기는 램(lamb), 생후 12~20개월의 양고기는 이어링 머튼(yearling mutton)이라고 한다.

(5) 오리고기

오리고기는 단백질이 풍부하며 인체에 유익한 불포화지방산, 칼슘, 철, 칼륨, 비타민 B_1, 비타민 B_2 등이 다른 수조육류보다 많이 들어 있다. 고를 때는 선홍색에 가깝고, 반드시 냉장이나 냉동 보관된 육질의 것을 선택해야 한다. 주로 백숙, 구이, 탕, 훈제 등으로 만들어 먹는다.

2. 어패류

최근에는 국민소득의 증가와 건강에 대한 관심 증대로 소비자들에게 저지방 · 고단백 건강식품으로 인식되는 어패류의 소비가 계속 증가하고 있다. 특히 등푸른생선에 많이 함유된 EPA와 DHA는 혈전이나 동맥경화의 예방, 콜레스테롤 저하, 노인성 치매 예방 및 두뇌를 좋게 하는 작용이 있다고 알려져 어류에 대한 관심이 점점 높아지고 있다.

1) 어류

(1) 어류의 구조

어류의 피부는 결합조직으로 표피와 진피로 구성되어 있다. 표피에는 점액을 분비하는 점액선이 있고, 진피의 일부분은 석회질화되어 비늘을 만들어 표면을 덮고 있다.

어류는 붉은살 생선과 흰살생선이 있는데, 보통 활동성이 있는 생선은 붉은살이 많고, 운동성이 적은 생선은 흰살이 많으며, 민물고기는 거의 흰살이 많다. 모두 근육조직에는 미오글로빈이 있는데, 이 미오글로빈의 함량에 따라 어류의 살 색깔에 차이가 난다.

근육은 근섬유가 모인 다발로 구성되어 있으며 식용으로 이용되는 것은 몸통에 이르는 측근이다. 등뼈 양쪽에 대칭적으로 결합되어 있고 근절들로 이루어지며, 근절은 얇은 막으로 연결되어 있다.

(2) 어류의 영양성분

어류의 일반성분은 수조육류와 비슷하여 수분 70~80%, 단백질 15~20%, 지질 1~10%, 탄수화물 0.5~1%, 무기질 1~2%로 구성된다.

① 단백질

어류의 단백질은 근장 단백질, 근원섬유 단백질, 결합조직 단백질로 되어 있다. 어육은 수조육류 단백질에 비해 근장 단백질의 함량이 높고 결합조직 단백질의 함량이 낮아서 부드러우며, 필수 아미노산을 많이 함유하고 있다.

근원섬유 단백질은 전체 단백질의 약 75%이며, 액틴, 미오신, 트로포미오신 등으로 되어 있다. 액틴과 미오신은 2~6%의 염 용액에서 액토미오신을 형성한다. 생선살에 소금을 넣어 반죽하여 만드는 어묵 제조 시 독특한 탄력은 액토미오신의 성질에 의한 것이다.

근장 단백질은 어육 전체 단백질의 16~22%를 차지하는 수용성의 구형단백질로 1% 이하의 염 용액에 의해 용출된다. 이 단백질에는 미오겐, 글리코겐 생성 및 분해효소, 단백질 분해효소 등이 있다.

결합조직 단백질에는 콜라겐과 엘라스틴이 있다. 어육 콜라겐의 아미노산 조성은 수조육류와 비슷하나 세린과 프롤린을 더 많이 함유하고, 프롤린과 히드록시프롤린을 더 적게 함유하고 있다.

② 지질

어류의 지질 함량은 입안에서의 촉감, 맛에 영향을 미치는 중요한 요소로 일반적으로 붉은살 생선의 지질 함량이 흰살생선의 지질 함량보다 많고, 큰 생선이 작은 생선보다 지질 함량이 많다.

어류의 지질은 대부분 실온에서 액체이며 대부분 중성지질이고, 그 외에 인지질, 콜레스테롤, 알코올, 탄화수소 등을 함유한다. 어유의 포화지방산은 20~30%를 차지하며 주로 팔미트산이고, 불포화지방산은 20~40%를 차지하는데 올레산,

리놀레산, 리놀렌산 등으로 구성되어 있다. 또한 고등어, 참치, 꽁치 같이 등푸른 생선에는 고도불포화지방산인 ω_3 계열 지방산의 EPA와 DHA가 많이 함유되어 있다. 이들은 동맥경화, 심근경색, 고혈압, 뇌졸중 등의 만성 퇴행성 질환의 예방효과가 있는 것으로 알려져 있다.

어류의 지질은 불포화도가 높아서 가공 또는 저장하는 동안에 산패하기 쉽다.

③ 비타민

어류의 비타민 A와 D는 지방 함량이 많을수록, 산란기에 가까울수록 많아진다. 비타민 A는 주로 간에 많이 들어 있으며, 연어, 고등어, 뱀장어 등에 많이 함유되어 있다. 비타민 D는 정어리, 삼치, 꽁치 등에 많이 들어 있으며, 어육보다는 간에 많다.

④ 무기질

어류의 무기질 함량은 1~2%이다. 나트륨, 칼륨, 마그네슘, 칼슘, 구리, 인, 황 등이 들어 있다. 해수어는 인과 요오드의 함량이 높다.

(3) 어류의 사후변화

어류는 수조육류에서처럼 사후 산소의 공급이 중단되면 해당과정에 의해 글리코겐이 분해되어 젖산이 생성되고, 어류가 죽은 직후 pH 7.0~7.5에서 사후경직이 일어나면 pH가 6.0~6.6으로 낮아진다. 어류는 포유동물에 비해 몸체가 작아 저장된 글리코겐의 양이 적으므로 사후경직의 시작과 지속시간이 짧다. 결합조직이 적고 수분을 많이 함유하며, 근섬유가 부드러우므로 회로 바로 먹을 수 있다.

① 사후경직

어류의 사후경직은 죽은 뒤 1~7시간에 시작되어 5~22시간 동안 지속되며 어류의 종류, 어류가 죽기 전의 상태, 죽은 후의 방치온도, 내장의 유무 등에 따라 차이가 크게 난다. 붉은살 생선이 흰살생선보다 사후경직이 빨리 시작되며 지속시간도 짧다. 죽기 전에 오랫동안 격렬하게 운동한 어류는 저장한 글리코겐을 사용하므로 사후경직이 빨리 시작되고 경직의 지속시간도 짧다. 어획 후에 바로 냉동하지 않고 실온에 오래 방치할수록 사후경직이 빠르다.

② 자기소화 및 부패

사후경직이 끝나면 자기소화(자가소화, autolysis)에 이어 부패가 일어나는데, 어육은 수조육류에 비해 자기소화 과정이 빠르다. 자기소화는 여러 가지 영향을 받지만 어종, 온도, pH에 의해 가장 크게 영향을 받는다. 자기소화가 진행된 생선은 조직이 허물어져 회로 먹기보다는 가열조리하는 것이 좋다.

자기소화는 효소가 관여하는 반응이므로 냉장시키면 억제할 수는 있으나 완전히 정지시킬 수는 없다. 그러나 어류를 잡은 즉시 얼음에 저장하거나 동결시키면 조직의 글리코겐이 보존되고 사후경직의 개시가 연장되므로 어류의 저장수명이 길어진다.

일반적으로 어류는 어획 직후부터 사후경직 중에 있는 것까지를 선도가 좋다고 말하며, 가능한 한 자기소화가 일어나지 않도록 처리하고 있다.

자기소화가 끝나면 pH가 중성으로 되어 세균이 번식하기에 알맞은 환경이 된다. 트리메틸아민옥사이드(TMAO)가 세균에 의해 트리메틸아민(TMA)으로 환원되는데 이것이 좋지 못한 비린내의 주요 성분이다.

(4) 어류의 신선도 판정법

어류의 신선도는 어류의 가치를 결정하는 가장 중요한 요인이며, 신선도 판정에는 관능적 방법, 이화학적 방법, 미생물학적 방법 등이 있다([표 12-8]).

[표 12-8] 어류의 신선도 판정법

방법		내용
관능적 방법	탄력성	• 사후경직 중에 있어 약간만 눌러도 살이 빨리 되돌아오는 것
	안구	• 안구가 밖으로 튀어나오고 투명한 것
	피부	• 어종 특유의 피부색을 가지며 광택이 있는 것
	아가미	• 밝고 진한 붉은색을 띠는 것 • 선도가 떨어지면 회색 또는 암녹색으로 점착성이 증대, 부패취 발생
	복부	• 복부를 눌렀을 때 탄력이 있어 팽팽하고 내장·뼈 등이 노출되지 않은 것
	냄새	• 해수나 담수 본래의 독특한 갯내음을 가진 것
	비늘	• 비늘이 윤택하며 탈락되지 않은 것
이화학적 방법	휘발성 염기질소	• 30~40mg%은 초기 부패, 50mg% 이상이면 부패
	암모니아 및 아미노산	• 암모니아는 30mg%, 아미노산은 80mg% 이상이면 부패
	트리메틸아민	• 질소로 2~3mg%은 초기 부패, 4~6mg% 이상이면 부패
	pH	• 신선한 생육의 pH는 7.0 전후, 사후 pH 6.0~6.2는 초기 부패, pH 6.2~6.5는 부패
미생물학적 방법	세균수	• 어육 1g 중에 10^3 이하이면 신선, 10^5~10^6이면 초기 부패, 107 이상이면 부패

(5) 어류의 분류

① 해수어

해수어의 종류는 [그림 12-7]과 같다.

- 명태: 생태, 동태, 황태, 코다리 등의 명칭으로 불린다. 다양한 필수 아미노산을 함유한 저칼로리 식품으로 비타민 A, B_1, B_2, D 등이 함유되어 있다. 명태의 알로 명란젓, 창자로 창란젓, 아가미로 아가미젓을 만든다.
- 갈치: 필수 아미노산이 골고루 함유되어 있고 지질도 많다. 단일불포화지방산인 올레산이 많아 지질이 많은 것에 비해 맛이 느끼하지 않다.

- 조기: 우리나라 사람들이 많이 먹는 생선 중의 하나이다. 살이 부드럽고 단백질과 지질이 풍부하다. 종류로는 참조기, 부서 등이 있으며 소금에 절여 말린 것이 굴비이다.
- 고등어: 단백질과 지질이 많은 등푸른생선이다. EPA와 DHA를 많이 함유하고 있어 동맥경화, 심장질환 예방에 효과적이며 콜레스테롤 저하, 치매 예방에도 좋다.
- 도미: 고단백 · 저지방 생선으로 참돔, 감성돔, 옥돔 등이 있으며 필수 아미노산 함량이 많다. 회, 구이, 찜, 조림, 튀김 등으로 조리하여 먹는다.
- 민어: 조기와 비슷한 성분을 지닌 생선으로, 8월이 제철이다. 회, 전, 구이, 탕으로 조리하여 먹는다.
- 다랑어(참치): 고등어과에 속하며 참치라고도 한다. 참다랑어는 주로 횟감으로, 기타 종류는 통조림 원료로 이용된다.
- 대구: 참대구와 명태가 있는데 모두 겨울에 가장 맛이 좋다.
- 꽁치: 봄, 가을에 많으며 특히 가을 산란기에 기름이 많고 가장 맛이 있다.
- 멸치: 수온이 20~25℃인 남해안의 통영 연안에 많이 서식하고 주로 건제품으로 가공한다.

[그림 12-7] 해수어의 종류

② 담수어

담수어의 종류는 [그림 12-8]과 같다.

- 미꾸라지: 논이나 개울물에서 자라며 가을이 제철이고 추어탕을 만든다.
- 뱀장어: 여름이 제철이며 지질과 비타민 A가 많이 들어 있다.
- 잉어: 암회색의 온수성 물고기로 여름에 많이 잡힌다.
- 붕어: 잉어과에 속하나 입 주위에 수염이 없는 것이 잉어와 다르다.
- 메기: 머리가 크고 입가에 수염이 있다. 고기는 담백하고 겨울에서 봄에 걸쳐 맛이 좋다.

미꾸라지 뱀장어 잉어 붕어 메기

[그림 12-8] 담수어의 종류

2) 패류

(1) 패류의 구조

패류는 단단한 껍질로 둘러싸고, 그 내부에 가식부의 근육이 있는 것과, 한 개의 껍질만 있어 바위에 붙어서 가식부를 보호하고 있는 것이 있다.

갑각류에 속하는 새우와 게는 머리, 가슴, 배의 세 부분으로 구별된다.

(2) 패류의 종류

① 갑각류

갑각류의 종류는 [그림 12-9]와 같다.

- 새우류: 크기에 따라 대하, 중하 등으로 나누어지며, 보리새우류에는 보리새우, 점새우, 곤쟁이 등이 있다.

- 게류: 왕게는 동해안에 분포하며 영덕게로 알려져 있다. 꽃게는 서해안에서 많이 잡히며, 산 것을 구입해 꽃게장을 만들어 먹는다.

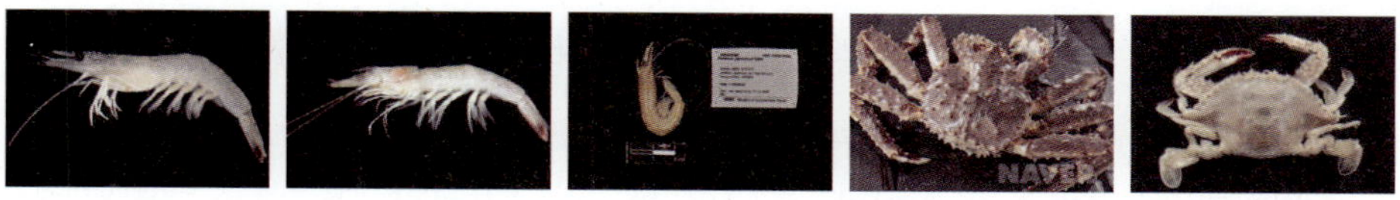

대하 중하 보리새우 왕게 꽃게

[그림 12-9] 갑각류의 종류

② 연체류

연체류의 종류는 [그림 12-10]과 같다.

- 문어류: 겨울에 제맛이 나며 우리나라 전 연안에 분포한다. 꼴뚜기는 이른 봄에 난소가 찼을 때 젓을 담근다.
- 오징어류: 동해안에 분포하며 내장을 제거한 후 건조시키기도 한다.
- 해삼: 청해삼, 흑해삼, 홍해삼 등이 있다. 체표면에 뾰족한 돌기가 오이처럼 올라와 있다. 회, 무침, 탕으로 이용된다.
- 멍게: 우리나라 전 연안의 암초에 분포한다. 당뇨 예방에 좋은 바나듐을 함유하며 뒷맛이 쓰면서도 달콤하다. 회, 숙회, 젓갈, 무침, 비빔밥 등으로 이용된다.

문어 꼴뚜기 오징어 해삼 멍게

[그림 12-10] 연체류의 종류

③ 조개류

조개류의 종류는 [그림 12-11]과 같다.

- 패류: 백합과에 속하는 바지락, 피조개, 꼬막, 홍합, 굴 등이 있다. 어류보다

글리코겐이 많으며 비타민 A, B_1, B_2, C 등이 들어 있다. 굴은 서해안에서 많이 잡히며 11월에서 4월까지 제철로 비타민 A, B_1, C, 아연, 철 등이 많이 들어 있다. 모시조개, 대합 등에는 비타민 B_1의 분해효소인 아네우리나아제(aneurinase)가 들어 있어 생것으로 먹기보다는 가열하여 효소를 불활성화시키는 것이 좋다. 패류는 내장의 자기소화가 빨라 섭취 시 신선도 유지에 주의해야 한다.

- 전복류: 전복과 소라가 있다. 루신(leucine), 아르기닌(arginine), 글루타민산(glutamic acid) 등을 많이 함유하여 감칠맛을 낸다.

바지락 꼬막 홍합 전복 소라

[그림 12-11] 조개류의 종류

3. 난류

달걀, 오리알, 메추리알 등을 포함하는 난류는 단백질이 약 10~15% 들어 있는 중요한 단백질 공급원이다. 달걀은 대표적인 난류식품으로 흰자에는 지질이 거의 없으나 노른자에는 약 30% 정도 지질이 들어 있다. 달걀은 여러 가지 영양소를 많이 함유하고 있는 단일식품으로 영양 가치가 우수하다.

1) 달걀의 구조

달걀은 크게 난각, 난백, 난황으로 구분된다([그림 12-12]). 난각은 달걀 내용물을 싸고 있으며 전체 무게의 10% 정도 된다. 난각막은 겉에 많은 구멍이 있고 두 층으로 되어 산란 직후 차가워짐에 따라 두 층이 분리되어 기실을 형성하며 시일이 지남에 따라 기실은 점점 커진다.

난백은 달걀 전체 무게의 60% 정도이며, 양쪽 끝에는 생성과정에서 생긴 알끈이 있어서 난황이 달걀의 중심부에 위치하도록 지지하고 있다. 난황은 난황막에 둘러싸여 있고 전체 무게의 30% 정도이며, pH는 6.2~6.5이고 가열하면 유동성이 없어진다.

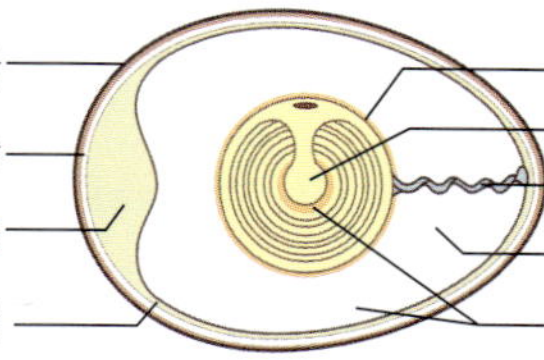

[그림 12-12] 달걀의 구조

(1) 난각

난각의 약 94%는 무기염류인 탄산칼슘으로 이루어져 있다. 백색란과 갈색란의 색깔 차이는 닭의 품종에 따른 영향으로 품질, 맛, 영양가의 차이가 거의 없다.

(2) 난백

난백은 유동성을 가진 투명한 액체로 점도에 따라 묽은 난백(수양난백), 된 난백(농후난백)으로 이루어져 있다. 오래된 달걀일수록 된 난백의 점도가 낮아져 묽은 난백으로 변한다.

(3) 난황

난황은 한가운데 백색 난황을 중심으로 황색 난황층을 가지고 있다. 난황은 탄력성 있는 비텔린막으로 둘러싸여 있는데, 알끈으로 고정되어 달걀의 중앙에 위치한다. 난황의 색은 카로티노이드 색소의 일종인 잔토필(xanthophyll)에 의한 것이며, 그 함량은 닭의 먹이에 의해서 영향을 받는다.

2) 달걀의 영양성분

(1) 수분

전란의 수분함량은 약 76%, 난백은 약 88%, 난황은 약 51%이다.

(2) 단백질

달걀은 단백가가 100인 완전 단백질 식품으로 메티오닌을 비롯한 필수 아미노산과 함황 아미노산인 시스틴 함량이 높다.

① 난백 단백질

난백의 단백질은 약 10%로 수분을 제외하면 주성분이다. 난백의 단백질은 오브알부민이 대부분을 차지하며, 콘알부민, 오보글로불린, 오보뮤코이드, 오보뮤신, 아비딘, 리소짐(lysozyme) 등이 함유되어 있다. 난백 단백질의 종류에 따라 특성이 달라진다([표 12-9]).

[표 12-9] 난백 단백질의 종류 및 특성

종류	특성
오브알부민	• 난백 단백질의 약 60%를 차지하는 당단백질로 소화가 용이하다. • 64~67℃의 열에 쉽게 응고한다.
콘알부민	• 난백 단백질의 약 10%를 차지하며 철, 구리와 결합력이 강하며 금속과 결합한 콘알부민은 안정화되므로 결정화가 되기 쉽다. • 약 55~60℃의 열에 쉽게 응고한다. • 난백 단백질 중 열에 가장 불안정하여 변성이 쉽게 일어나 난백의 기포성을 약화시킨다.
오보글로불린	• 난백 단백질의 약 0.4%를 차지하며 난백의 거품 형성에 기여하는 단백질이다. • 65℃의 열에 쉽게 응고한다.
오보뮤코이드	• 난백 단백질의 약 10%를 차지하는 당단백질로 단백질 분해효소 트립신의 작용을 억제시키는 트립신 저해작용이 있다. • 열에는 응고하지 않는다.
오보뮤신	• 약 10~12%의 글루코사민을 함유하는 당단백질이며 용액 중에서 높은 점성을 보인다. • 난백의 기포성과 관계가 있어 거품을 안정시키는 역할을 한다. • 내열성이 강하다.
아비딘	• 비타민 B복합체의 일종인 비오틴과 결합하여 비오틴을 불활성화시킨다. • 열에 쉽게 변성되므로 달걀을 85℃에서 5분간 가열하면 완전히 소실된다.
리소짐	• 항균성을 지닌 열에 안정한 글로불린 단백질로 난백 기포 안정화에 기여한다. • 신선한 달걀의 난백에서는 리소짐이 오보뮤신과 결합하여 된 난백의 고점도의 특수 망상구조를 형성하는 골격 구실을 한다.

② 난황 단백질

난황 단백질은 인과 결합된 인단백질이며, 결합된 지질의 양에 따라 밀도가 달라진다. 난황 단백질의 주성분은 리포비텔린(lipovitellin), 리포비텔레닌(lipovitellenin), 리베틴(livetin), 포스비틴(phosvitin) 등이 있다([표 12-10]).

[표 12-10] 난황 단백질의 구성성분

종류		함량	특성
비텔린	리포비텔린	43~44%	• 레시틴 인지질과 결합된 인단백질로 유화성을 나타낸다.
	리포비텔레닌	30~31%	
리베틴		10%	• 글로불린에 속하는 수용성 단백질로, 95℃ 이상으로 가열하면 거의 완전히 응고된다. • 난황효소의 대부분은 리베틴에 속한다.
포스비틴		14~15%	• 인단백질로 약 10%의 인을 함유하고 있다. • 철분을 운반하는 기능이 있다.

(3) 지질

달걀의 지질은 난백에는 거의 없고, 중성지질, 인지질, 스테롤 및 당지질로 난황에 함유되어 있다. 중성지질을 구성하는 지방산으로 올레산이 약 50%로 가장 많고 팔미트산, 리놀레산, 스테아르산 등이 있다. 달걀의 인지질은 레시틴과 세팔린이며 이들은 유화제로 작용하여 수중유적형(O/W)의 유화액을 만든다.

(4) 비타민

난황에는 비타민 A, B_1, B_2, D, E가 풍부하다. 난백에는 비타민 B_1, B_2, 판토텐산이 있으며 비타민 B_2가 풍부하나, 비타민 C는 부족한 편이다.

(5) 무기질

난황은 칼슘, 인, 철이 비교적 많이 들어 있다. 삶은 달걀의 난황 표면이 흑녹색을 띠는 것은 난백 중에 들어 있는 황화합물이 가열 중에 황화수소를 발생하고 이들과 난황 중에 철(Fe)이 반응하여 황화제1철(FeS)을 생성하기 때문이다.

3) 달걀의 품질판정법

달걀의 품질을 판정하는 방법으로 외관을 보고 판정하는 방법과 달걀을 깬 후 내용물 중 난황과 난백의 상태를 관찰하는 판정 방법이 있다.

(1) 외관에 의한 판정

① 중량에 의한 분류

달걀은 중량에 따라 분류하여 판매되고 있다. 왕란(68g 이상), 특란(60~67g), 대란(52~59g), 중란(44~51g), 소란(44g 미만)으로 분류한다.

② 외관판정법

달걀껍데기의 광택의 정도, 균열의 유무 등에 의해 평가한다. 신선한 달걀은 껍데기가 꺼칠꺼칠하다.

③ 투광판정법

일명 '캔들링'(candling)이라고도 하는데, 투광기를 사용하여 달걀에 빛을 투사하여 달걀의 기실의 크기 측정, 난백의 결착력, 난황의 위치와 흔들림 정도, 껍질의 상태 등을 평가하여 A, B, C, D의 등급으로 판정한다([그림 12-13]).

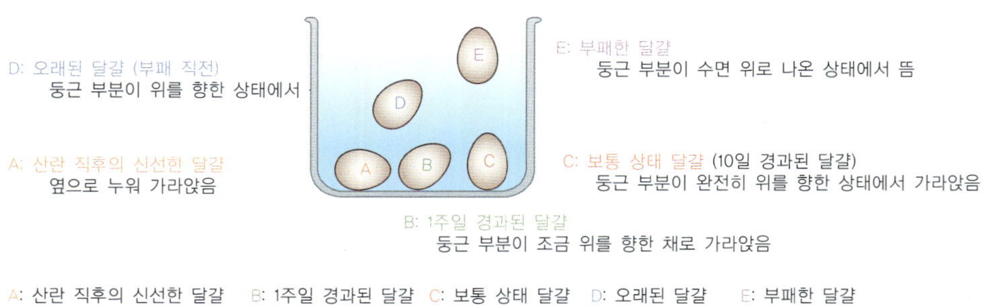

[그림 12-13] 식염수로 달걀의 신선도 판정하는 법

④ 비중판정법

산란 직후 달걀의 비중은 1.08~1.09이지만 저장 중 내부의 수분이 난각의 기공을 통해 외부로 증발하기 때문에 무게가 감소하여 비중이 낮아진다. 신선한 달걀은 10% 식염수에 가라앉지만, 오래된 달걀은 수분이 증발하여 비중이 낮아지므로 위로 떠오른다.

(2) 내용물에 의한 판정

달걀을 깨뜨려 난백과 난황의 상태를 평가하며, '할란판정법'이라고 한다.

① 난백계수

달걀을 편평한 판 위에 깨뜨린 후 난백의 가장 높은 부분의 높이를 난백의 평균 직경으로 나눈 것이 난백계수이다. 신선한 달걀의 난백계수는 0.14~0.17이며, 20~30℃에서 달걀을 보관할 경우 난백계수가 급격히 감소한다.

$$\text{난백계수} = \frac{\text{난백의 가장 높은 부분의 높이}}{\text{난백의 평균 직경}}$$

② 난황계수

달걀을 편평한 판 위에 깨뜨렸을 때 난황의 가장 높은 부분의 높이를 난황의 평균 직경으로 나눈 것이 난황계수이다. 신선한 달걀의 난황계수는 0.36~0.44이며 0.3 이하는 신선하지 않은 달걀이다.

$$\text{난황계수} = \frac{\text{난황의 가장 높은 부분의 높이}}{\text{난황의 평균 직경}}$$

③ 호우단위 측정

호우단위(Haugh Unit, HU)란 달걀의 무게와 진한 흰자(농후난백)의 높이를 측정하여 다음 식에 따라 계산한 값이다.

$$\text{호우단위(HU)} = 100 \times \log(H + 7.57 - 1.7W^{0.37})$$

H: 난백 높이(mm)

W: 달걀의 무게(g)

④ 농후난백의 비

전 난백의 무게에 대한 농후난백의 중량의 백분율로, 신선한 달걀의 농후난백은 전 난백 무게의 약 60%이다.

⑤ pH 검사

산란 직후 난백의 pH가 7.5~7.6에서 저장기간에 따라 달걀 내에서 CO_2 가스 외부 방출에 의해 산란 1일에 pH 8.6~8.7로 증가하고, 10일에 이르면 pH 9.5~9.7까지 증가한다. 따라서 초기의 pH 측정은 달걀의 신선도 측정에서 중요한 지표로 활용한다.

4) 달걀의 저장법

달걀의 저장 목적은 부패를 방지하기 위한 것이며, 다음과 같은 달걀 저장법이 있다.

- 냉장법: 미생물 오염을 막기 위해 5℃에서 저장하면 일주일은 충분히 품질 보장
- 냉동법: 달걀을 깨뜨려 큰 그릇에 함께 담거나 한 개씩 종이에 싸서 큰 그릇에 담고 −18℃ 이하에서 급속히 얼렸다가 −15℃에 저장하는 방법
- 도포법: 껍데기에 기름·파라핀 등을 코팅하여 구멍을 막아 호흡을 멈추게 하는 방법
- 침지법: 달걀을 3%의 규산나트륨 용액이나 산화칼슘 포화용액에 담가 저장하는 방법
- 건조법: 달걀 전체 또는 난백과 난황을 구분하여 살균 건조한 후 밀봉하여 저장하는 방법

- 피단법: 중국에서 개발한 달걀 저장법. 소금이 들어간 알칼리성 풀을 쑤어 달걀껍데기에 바른 후 밀폐용기에 저장하여 껍데기를 통해 알칼리 및 소금 성분을 침투시키는 방법

5) 달걀의 조리가공 특성

달걀의 난백 단백질은 열에 응고되기 쉽고, 기포 형성 및 안정화에 기여하고, 난황 단백질인 레시틴은 인지질로, 친수성기와 소수성기를 모두 보유하여 유화성을 나타낸다. 이러한 달걀의 기능성은 조리 시 다양한 요리를 만드는 데 활용된다([표 12-11]).

[표 12-11] 달걀의 조리 기능성과 역할

조리 기능성	역할	조리 예
응고성	농후제	알찜, 커스터드, 푸딩
	청정제	콩소메, 커피, 맑은 장국
	결합제	만두소, 전, 크로켓, 커틀릿
기포성	팽창제	엔젤케이크, 시폰케이크, 머랭
	간섭제	캔디, 셔벗, 아이스크림
유화성	유화제	마요네즈, 케이크 반죽
기타	색깔	지단(흰자, 노른자)
	향기	각종 음식

4. 우유 및 유제품

1) 우유의 성분

우유의 성분은 소의 품종, 나이, 계절과 사료 등에 따라 달라지지만 일반적으로 수분 87~88%, 지방 3~4%, 단백질 3~4%, 유당 4~5%, 무기질 0.5~1% 정도를 함유하고 있다. 우유는 유백색에 독특한 향미가 있어 선호되는 식품이다.

(1) 영양성분

① 단백질

우유는 필수 아미노산이 풍부한 양질의 단백질을 3~4% 함유하고 있다. 우유 단백질의 약 80% 정도는 카제인(casein)이며, 약 20%는 락트알부민(lactalbumin)과 락토글로불린(lactoglobulin)으로 구성된 유청단백질(whey protein)이다.

pH 6.6 정도의 신선한 우유에는 카제인이 칼슘, 인과 결합한 칼슘포스포카제이네이트(calcium phosphocaseinate)로 안정한 콜로이드를 이룬다. 그러나 카제인은 pH 4.6의 산이나 레닌에 응고된다.

유청단백질은 α-락트알부민과 β-락토글로불린 등으로 구성되어 있다. 유청단백질은 산이나 레닌에는 응고되지 않으나 약 65℃ 이상으로 가열하면 응고되어 피막을 형성하고 냄비 바닥에 침전된다.

② 지질

우유에는 지질이 3~4%로 대부분 중성지질이고 인지질, 당지질, 스테롤 등도 조금 들어 있다. 우유에는 4~10개의 저급 및 중급 지방산이 포함되어 있으며 소화·흡수가 잘되고 우유나 유제품의 풍미를 좋게 해 준다.

③ 탄수화물

우유에는 탄수화물이 4~5% 포함되어 있으며 대부분 유당이고, 포도당과 갈락토오스 등도 일부 들어 있다. 유당을 분해하는 락타아제(lactase)가 부족한 사람은 우유를 먹고 속이 거북할 수 있는데, 이러한 증상을 유당불내증(lactose intolerence)이라고 한다.

④ 무기질과 비타민

우유는 칼슘의 좋은 급원이며 흡수율도 높다. 마그네슘, 칼륨, 나트륨 등도 많이 들어 있는데, 철과 구리는 적게 들어 있는 편이다. 비타민 A, 리보플라빈 등이 많고 비타민 C는 적은 편이다. 비타민 D는 소량 들어 있으며 프로비타민인 에르고스테롤 및 7-디히드로콜레스테롤의 형태로 들어 있다. 비타민 A는 카로틴의 형태로 우유의 색에 영향을 주며 사료 중의 카로틴 함량에 따라 그 함량이 달라진다.

(2) 색과 향미

① 색

우유의 카제인과 인산칼슘은 콜로이드 용액으로 분산되고 빛에 반사되면 유백색을 띠며, 카로티노이드 색소에 의한 황색과 수용성인 리보플라빈에 의해 형광빛을 띠게 된다. 우유를 가열하면 메일러드 반응에 의해 갈변된다.

② 향미

신선한 우유는 유당에 의해 약간의 단맛을 낸다. 우유는 아세톤, 아세트알데히드, 디메틸설파이드, 락톤, 저급지방산 등에 의해 독특한 향을 내는데 오래되면 유지방이 리파아제에 의해 가수분해되어 저급지방산이 생성되거나 우유의 인지질이 산화되어 불쾌한 냄새가 난다. 우유는 빛에 노출되면 리보플라빈이 파괴되므로, 불투명한 용기에 포장해야 한다.

2) 우유의 가공

(1) 살균

우유는 영양소를 최대한 보존하면서 유해 미생물을 제거하기 위하여 살균과정을 거친 후 급속히 4℃ 이하로 냉각시켜 보관한다. 충분히 살균된 우유는 포스파타아제(phosphatase) 시험에서 음성반응을 보인다. 우유의 살균법은 [표 12-12]와 같다.

[표 12-12] 우유 살균법의 종류와 특성

종류	살균온도	살균시간	특성
저온 장시간 살균법 (Low Temperature Long Time pasteurization; LTLT)	62~65℃	30분	• 우유의 영양소 파괴를 최소화 • 병원성 미생물은 완전히 사멸되지만, 유산균의 일부는 존재
고온 단시간 살균법 (High Temperature Short Time pasteurization; HTST)	72~75℃	15~20초	• 유산균도 거의 대부분 사멸됨
초고온 순간 살균법 (Ultra High Temperature pasteurization; UHT)	120~135℃	2~3초	• 대량으로 많은 우유를 안전하게 순간 처리함

(2) 균질화

우유의 균질화(homogenization) 목적은 생유 중의 지방구가 시간이 지남에 따라 뭉쳐서 크림층을 형성하는 것을 방지하는 데 있다. 우유를 살균처리한 후 압력을 가하여 균질기의 작은 구멍을 통하여 나가도록 하고 지방구의 크기를 작게 분쇄시켜 0.1~2.2mm 정도로 작고 균일하게 만든다. 또한 우유를 균질화하면 촉감이 부드러워지고, 열이나 산에 쉽게 응고되어 소화가 잘되지만, 지방구의 표면적이 증가하여 산패되기 쉽다.

3) 유제품

(1) 시유

시유(city milk)란 원유를 바로 마실 수 있도록 균질 및 살균 또는 멸균 처리한 우유를 말한다. 유가공품으로 원유 성분과 유사하게 환원하여 살균 또는 멸균 처리한 것 중 무지유고형분 8% 이상의 것은 환원유라고 하는데 대표적인 환원유로는 딸기맛 우유, 바나나맛 우유 등이 있다. 그리고 원유의 유당을 분해 또는 제거한 유당분해우유, 우유에 비타민이나 무기질을 강화하여 살균 또는 멸균한 강화우유 등이 있다.

지방의 함량에 따라 유지방 3% 이상인 것을 일반 우유, 지방을 0.2~2.6%로 줄인 것을 저지방 우유, 공정상 지방을 완전히 제거하여 지방을 0.5% 이하로 줄인 것을 무지방우유로 구분하기도 한다.

(2) 농축우유(연유)

농축우유(condensed milk)는 원유를 그대로 농축한 것이다. 원유의 유지방분을 0.5% 이하로 줄여 농축한 것은 탈지농축우유, 원유에 당류를 가하여 농축한 것은 가당연유, 원유의 지방분을 0.5% 이하로 줄인 후 당류를 넣어 농축한 것은 가당탈지연유라고 한다. 원유 또는 우유류에 식품 또는 식품첨가물을 첨가하여 농축한 것은 가공연유라고 한다. 연유는 살균 및 저장하는 동안 메일러드 반응에 의해 갈변이 일어난다.

(3) 분유

분유(dry milk)는 시유를 농축 건조시켜 분말로 만든 것이며 전지분유, 탈지분유, 조제분유 등이 있다.

전지분유(full-fat dry milk)는 원유를 60~65℃에서 30분간 가열 살균하고 1/2~1/3로 농축시킨 다음 80~120℃에서 분무 건조시킨 것을 통에 담아 질소 가스를 넣고 밀봉한 것인데 가스충전을 하므로 지방의 산화가 방지되고 우유의 향기와 비타민 A를 보존할 수 있다. 전지분유는 지방이 26% 이상이고 수분은 5% 이하이다.

탈지분유(nonfat dry milk)는 살균처리한 탈지유를 진공하에서 수분의 2/3를 증발시킨 후 뜨거운 공기 속에서 분무하여 건조시킨 것이다. 지방의 산화로 인한 이취 발생이 전지분유에 비해 적으므로 많이 이용되고 있다.

(4) 발효유

발효유(fermented milk)는 주로 탈지유에 당류를 첨가하고 저온 살균한 후 젖산균을 첨가하여 배양해서 만든 음료이며, 액상발효유와 호상발효유가 있다. 발효유 제품은 젖산균에 의해 우유에 있는 유당을 분해하여 젖산을 만들고, 다른 유해한 세균을 자라지 못하게 하여 저장성이 좋아진다. 또한 향미 물질을 생성하며, 콜레스테롤의 흡수를 적게 하고 비타민을 합성할 뿐만 아니라 혈청 면역반응과 지방 가수분해효소의 활성을 촉진하고 항암작용에 효과가 있다. 대표적인 발효유가 요구르트(yoghurt)이다.

요구르트는 락토바실러스 불가리쿠스(*Lactobacillus bulgaricus*), 스트랩토코커스 써모필러스(*Streptococcus thermophilus*) 등의 유산균을 만든다. 체내에서 건강에 좋은 효과를 나타내는 살아있는 유산균은 프로바이오틱스(probiotics)라고 부른다.

(5) 유크림

크림은 원유 또는 우유류에서 유지방을 분리한 것으로, 18% 이상의 유지방을 포함하고 있다. 유크림(milk cream)은 유지방의 함량에 따라 풍미와 용도가 달라진다. 유지방이 18~20%로 커피의 풍미를 좋게 하는 것을 커피크림, 유지방이 약 40%로 케이크나 디저트 제조에 사용되는 것을 휘핑크림이라고 한다. 유지방이 80% 이상으로 아이스크림이나 버터의 원료로 사용되는 것은 플라스틱크림이라고 부른다.

(6) 버터

버터(butter)는 원유나 우유 등에서 유지방을 분리하거나 발효시킨 것으로, 18% 이하의 물과 80% 이상의 유지방이 함유된 유중수적형 식품이다. 소금 첨가 여부에 따라 소금을 첨가하지 않은 무염버터와 소금을 첨가한 가염버터로 나눌 수 있다.

(7) 치즈

치즈(cheese)는 원유 또는 유가공품에 유산균, 응유효소, 유기산 등을 가하여 응고시킨 것으로 자연치즈와 가공치즈로 나눌 수 있다. 자연치즈는 원유나 유가공품에 유산균, 응유효소, 유기산 등을 넣어 응고시킨 후 유청을 제거하여 만든 것으로 시간이 지나면서 발효가 계속되어 맛이 변하므로 다양한 맛을 즐길 수 있다. 가공치즈는 자연치즈를 원료로 하여 유가공품과 다른 식품 또는 식품첨가물을 넣고 유화 또는 유화시키지 않고 가공한 것으로 더 이상 발효가 진행되지 않아 맛이 거의 일정하다.

치즈는 수분함량에 따라 [표 12-13], [그림 12-14]와 같이 구분할 수 있다.

[표 12-13] 수분함량에 따른 치즈의 종류

구분	수분함량(%)	치즈의 종류
연질치즈	50~75	브리(brie), 모차렐라(mozzarella), 카망베르(camembert), 코티지(cottage)
반경질치즈	40~50	고르곤졸라(gorgonzola), 브릭(brick), 로크포르(roquefort), 블루(blue)
경질치즈	30~40	고다(gouda), 예담(edam), 에멘탈(emmenthal), 체다(cheddar)
초경질치즈	30~35	로마노(romano), 파르메산(parmasan)

브리　모차렐라　카망베르　코티지　크림

[그림 12-14] 다양한 자연치즈

식품 속의 독성물질

13

1. 자연식품에 존재하는 독성물질(자연독)
2. 생물학적 독성물질
3. 화학물질에 의한 독성물질
4. 조리 · 가공 중에 생성되는 독성물질

FOOD SCIENCE

식품과 관계있는 독성물질에는 식품 또는 식품 재료에 본래 들어 있어 조리 시 혼입되거나 섭취하는 재료의 독 등이 있다. 이외에 환경이나 조리가공 또는 저장 중에 독성물질이 형성되어 식품에 혼입되는 것도 있다.

식품 중에 존재하는 독성물질은 다음과 같이 네 가지로 분류할 수 있다.

첫째, 천연 유독 성분으로 자연식품에 존재하는 경우인데, 여기에는 식물성 독성물질과 동물성 독성물질이 해당한다. 둘째, 생물학적 원인에 의해 식품 중에 존재하는 유독 성분으로 세균성 독성물질과 곰팡이독을 들 수 있다. 셋째, 식품에 화학물질이 첨가되어 인위적 원인에 의하여 생성되는 유독 성분으로 유해 중금속에 의한 중독과 농약 중독을 들 수 있다. 넷째, 조리가공 또는 저장 과정 중에 생성되는 유해 물질이 있다.

1. 자연식품에 존재하는 독성물질(자연독)

1) 식물성 독성물질

(1) 솔라닌

솔라닌(solanine)은 자외선, 미생물, 상처 등에 의한 스트레스에 반응하여 감자가 발아할 때 싹에서 많이 생성되는 독성분이다. 이 독성분은 감자의 싹 부위, 녹색 부위, 썩거나 상처가 난 부위에 많이 함유되어 있으며, 특히 감자껍질에 많이 분포되어 있다. 솔라닌은 글루코오스, 람노오스, 갈락토오스가 솔라니딘(solanidine)에 결합되어 있는 글리코알칼로이드(glycoalkaloids) 배당체이다([그림 13-1]).

솔라닌은 일반적인 조리법으로는 파괴되지 않으므로, 감자는 껍질과 싹 부분을 제거한 후에 조리하여 섭취하고, 감자는 신문지를 덮어 서늘한 장소에 보관한다.

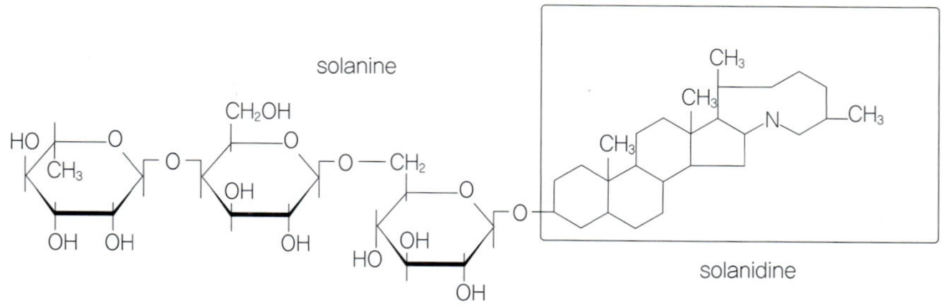

[그림 13-1] 솔라닌의 구조

(2) 시안 배당체

아미그달린(amygdalin)은 대표적인 시안 배당체로 청매실, 살구씨, 복숭아씨, 자두씨 등의 식물에 함유되어 있다. 시안 배당체는 시안이 당과 결합된 물질로 그 자체로는 인체에 전혀 해가 없으나 가수분해되어 시안으로 바뀌었을 때 독성을 나타낸다. 현재 발견된 20개의 시안 배당체 중에서 아미그달린, 리나마린(linamarin), 두린(dhurrin)이 가장 많이 알려져 있다. 아미그달린은 식품의 건조 또는 조리과정에서 파괴되지 않지만, 가열 처리에 의해 시안화수소를 생성하는 효소가 불활성화되기 때문에 시안화수소의 생성을 억제할 수 있다.

(3) 고시폴

고시폴(gossypol)은 주로 면실유와 목화씨 및 그 껍질에 존재하는 독성물질이며 천연 항산화제 능력이 있는 폴리페놀 화합물이다. 고시폴은 면실유의 정제과정에서 대부분 제거되지만, 정제가 불충분한 경우에는 면실유에 고시폴이 남아 중독을 일으킬 수 있다. 고시폴의 중독증상으로는 출혈, 부종, 간 손상 등이 있다. 고시폴은 알데히드, 헤미아세탈 및 퀴노이드형이 존재한다.

(4) 사포닌

사포닌(saponin)은 쓴맛을 가지며 용액에서는 거품을 발생하고, 적혈구의 분해, 담즙산, 콜레스테롤 등과 같은 스테롤과의 반응 가능성을 가진 화합물이다. 사포닌은 콩, 팥, 또는 시금치와 같은 여러 가지 식물에 함유되어 있다.

(5) 버섯독

자생버섯은 수천 종이 존재하는데, 약 30종은 독성이 있는 것으로 알려져 있다. 맹독성을 나타내는 독버섯은 극히 소량으로도 인체에 치명적인 위해를 줄 수 있고 조리, 냉동, 절임 등의 가공 처리에도 독성분이 파괴되지 않으므로 의심스러운 독버섯은 섭취하지 않도록 한다. 아마니타톡신(amanitatoxin)은 알광대버섯에 들어 있는 가장 맹독성분이고, 무스카린(muscarine)은 광대버섯, 땀버섯 등에 함유되어 맹독성을 나타낸다.

2) 동물성 독성물질

(1) 복어독

복어의 유독 성분인 테트로도톡신(tetrodotoxin)은 복어의 알, 난소, 간장 등에 분포하며, 피부와 근육조직에도 미량 함유되어 있다. 5~6월의 산란기에는 그 함량이 많아지며 매우 강한 독성을 가지게 된다. 복어독에 의한 중독증상은 먼저 입술과 혀의 마비, 두통과 복통, 구토, 운동성 마비, 호흡곤란 등이며, 호흡곤란으로 인하여 사망하는 경우도 있다. 이 독소는 열에 강하여 120℃에서 1시간 이상 가열해도 파괴되지 않기 때문에 복어 전문 조리사가 복어를 조리해야 한다.

(2) 조개류 유독 성분

모시조개, 바지락, 굴의 유독 성분은 베네루핀(venerupin)이며, 증상으로는 구토, 두통, 황달, 혈변 등이 있다. 섭조개나 대합조개 등의 유독 성분은 삭시톡신(saxitoxin)으로, 이 중독의 특징은 마비 증상을 보인다.

2. 생물학적 독성물질

1) 세균성 독소

(1) 엔테로톡신

엔테로톡신(enterotoxin)은 황색포도상구균 등의 독소형 식중독을 유발하는 미생물이 생산하는 장독소로 식품에 오염되어 생장한 경우 식품을 오염시킨다.

이 장독소는 내열성이 커서 100℃에서 30분 동안 가열하여도 독성을 나타내며, 210℃ 이상에서 30분 동안 가열하면 완전히 파괴된다. 원인 식품으로 우유, 크림, 버터, 치즈, 육류, 달걀, 도시락, 떡, 빵, 과자류 등 전분질 식품에서 생성된다.

(2) 보툴리늄

보툴리늄(botulinum)은 혐기성 포자 형성 간균인 클로스트리디움 보툴리늄(*Clostridium botulinum*)이 생성하는 신경독소에 의해 일어나는 식중독 증상이다. 이 독소들은 단백질로 80℃에서 20분, 100℃에서 1~2분 이상 열처리하면 독성이 소실된다. 보툴리늄 독소는 독성이 매우 강하여 신경전달을 저해, 근육 마비, 심하면 호흡 마비에 의한 질식으로 사망한다. 원인 식품으로 햄, 소시지 등의 식육제품, 불완전한 통조림과 병조림, 생선 가공품 등이 포함된다.

2) 곰팡이독

곰팡이독(mycotoxin)은 곰팡이에 의해 생성된 유독 대사산물로 진균독(mycotoxin)이라고도 불린다. 작용하는 부위에 따라 간장독, 신장독, 신경독 또는 피부독 등으로 나누기도 하며, 주요 생산균류 또는 분자구조에 따라 나누기도 한다. 곰팡이독의 특징은 계절과 관계되어 봄, 여름에는 아스퍼질러스(*Aspergillus*) 속, 겨울에는 푸사리움(*Fusarium*) 속이 발생한다. 고온다습하면 많이 발생하고, 약제 요법이나 항생물질에 의한 효과가 없다. 전염성이 없으며, 주로 탄수화물이 풍부한 곡류에 많이 발생한다.

3. 화학물질에 의한 독성물질

1) 유해 중금속

유해 중금속은 장기간의 축적 또는 한 번에 다량 섭취함으로써 장해를 일으킨다. 동·식물에 유해성이 큰 유해 금속은 대부분 중금속으로 수은, 납, 카드뮴, 비소, 주석, 크롬, 구리 등과 그 외 셀레늄 등으로 생체와 친화성이 높은 것이 많다.

(1) 납

납(Pb)은 배터리나 탄약, 납땜 및 파이프 등 금속 제품과 엑스레이 기기의 제조 등에 다양한 용도로 사용되고 있다. 납 섭취원은 식품과 음료수나, 납이 들어 있는 조리 도구, 통조림 용기, 에나멜 등도 산성식품과 접촉할 경우 오염원이 될 수 있다.

(2) 비소

비소(As)는 산소, 염소, 황 등과 결합하여 무기비소화합물을 생성하고 동·식물에서는 탄소 및 수소와 결합하여 유기비소화합물을 생성한다. 무기비소화합물은 주로 목재 방부제로 사용되고 유기비소화합물은 살충제로 사용된다. 일반적으로 무기비소가 유기비소에 비해 독성이 높다. 비소는 해산물, 곡물, 버섯, 가금류 등에 높게 존재한다.

(3) 수은

수은(Hg)은 방부제, 살균제, 온도계 및 기압계, 건전지, 형광등의 제조에 사용된다. 환경에 방출된 무기수은은 물속에서 미생물에 의해 메틸수은으로 전환된 후 물속에 사는 생물에 빠르게 확산되어 플랑크톤과 어패류의 체내에 농축되며, 먹이사슬에 의해 먹이 피라미드 상위에 있는 어류나 사람이 섭취함으로써 생체 축적이 일어난다. 어패류 및 해산물에는 90% 이상이 메틸수은으로 존재한다.

(4) 카드뮴

카드뮴은 니켈-카드뮴 전지, 금속 판금, 플라스틱, 금속 합금 제조 등에 사용된다. 카드뮴(Cd)은 반감기가 20~30년으로 매우 길어서 섭취된 카드뮴은 체내에 장기간 남아 있기 때문에 더욱 문제가 되고 있다. 카드뮴은 수은이나 납과 달리 식물체에 쉽게 흡수되어 전 조직에 고루 분포한다.

(5) 크롬

크롬(Cr)은 크롬산염 제조공정, 도금 및 합금, 시멘트 제조, 잉크, 페인트 및 플라스틱의 제조에 사용된다. 크롬은 여러 가지 산화형으로 존재하는데 자연계에 주로 존재하는 3가 크롬은 흡수율이 0.5~2%로 매우 낮기 때문에 독성도 미비한 편이다.

2) 농약류

농약류에는 살충제, 살균제, 제초제 등이 있으며, 구성성분에 따라 유기염소계, 유기인계, 카바메이트계, 유기수은계 등으로 분류한다. 농작물 재배에 사용되었던 농약이 수확 후에도 식품에 남아 있거나 자연계에 남아 토양과 수질을 오염시켜 동·식물로 옮겨질 수 있다.

(1) 유기염소계

유기염소계는 분자 내에 염소를 포함하는 화합물이다. 유기인계에 비해 사람과 동물에 대한 급성독성이 낮은 편이지만, 산과 빛에 안전화된 화합물이기 때문에 환경에 잔류하여 농작물이나 우유를 통해 사람이 다시 노출되기도 한다. 대표적으로 유기염소계로는 DDT, BHC, 헵타클로르, 엔도설판, 알드린, 디엘드린 등이 있다.

(2) 유기인계

유기인계는 분자 내에 인을 포함하는 화합물로 독성이 매우 강하다. 대표적인 유기인계인 파라티온, 말라티온, 디아지논은 살충제로 사용되었으며, 유기염소계의 사용이 금지된 후 사용량이 증대되었다.

(3) 카바메이트계

카바메이트계는 카밤산의 기본 구조를 갖는 농약을 총칭하는 것으로 살충제인 알디카브, 카바릴 등이 있다. 유기인계와 유사하여 콜린에스터라아제 활성을 억제하지만 독성과 증상이 약하고 대사속도가 빠른 편이다.

4. 조리·가공 중에 생성되는 독성물질

1) 니트로사민

햄, 소시지, 베이컨 등과 같은 육가공품의 제조 과정에서 클로스트리디움 보툴리눔과 같은 미생물 생장 억제 및 발색의 목적으로 질산염이나 아질산염을 첨가제로 사용하고 있다. 질산염은 미생물의 작용에 의해 아질산염으로 환원되어 육가공품에 흡수되며 유리 아미노산의 탈탄산반응의 결과 1급 또는 2급 아민류와 반응하여 니트로사민(nitrosamine)을 형성할 수 있다. 흔히 검출되는 화합물은 디메틸니트로소아민으로 니트로사민 중 가장 강력한 발암물질이다.

2) 아크릴아미드

아크릴아미드(acrylamide)는 감자, 시리얼, 보리 등과 같은 탄수화물 식품에 자연적으로 존재하는 유리 아미노산 아스파라진의 아미노 그룹과 환원당의 카르보닐 그룹 사이의 160℃ 이상의 가열반응에 의해 생성되는 것으로 보고되고 있다. 아크릴아미드는 신경계와 생식계에 독성을 일으키며, 유전자 변형 및 암을 유발한다. 아크릴아미드의 생성을 억제하려면 튀김 온도는 160℃를 넘지 않게 하고, 오븐에서도 200℃를 넘지 않도록 조리 방법을 개선하는 것이 좋다.

3) 트랜스 지방산

트랜스 지방산(trans fatty acid)은 액체 상태의 기름에 수소를 첨가하여 경화시키는 과정에서 생성되며 지방을 가열하거나 지방이 자동산화하였을 경우 일부 생성된다. 액체 상태의 기름에 존재하는 시스 지방산에 수소를 첨가하면 포화지방산으로 완전히 전환되지 않고, 이중결합이 일부 남아 트랜스 형태를 이루는 것이 트랜스 지방이며, 트랜스 지방이 많이 함유된 유지를 부분 경화유라고 한다. 소량 존재하는 트랜스 지방이 심혈관계질환에 영향을 준다고 보고되고 있고, 암, 비만, 당뇨병 등과의 연관성에 대한 연구가 진행되고 있다.

4) 에틸카바메이트

에틸카바메이트(etylcabamate)는 무취의 백색 결정으로 알코올 음료를 포함한 발효식품에 존재하는 동물성 발암물질이다. 에틸카바메이트는 식품 저장 및 숙성 과정 중에서 자연적으로 생성되기 때문에 발효과정을 거쳐 제조 및 가공되는 식품에 존재한다. 포도주, 청주, 위스키 등의 알코올 음료에는 높은 농도로 존재하며, 된장, 청국장, 요구르트, 치즈, 김치, 간장에 미량 함유되어 있다.

5) 아크롤레인

유지를 가열하여 일정 온도에 도달하면 지방이 지방산과 글리세롤로 분해되며, 글리세롤에서 물이 제거되면서 아크롤레인(acrolein)을 생성한다. 아크롤레인은 엷은 푸른색의 휘발성 물질로 자극성이 강한 냄새와 맛을 나타내며 유지를 고온에서 장시간 가열하면 생성량이 급격히 증가한다.

아크롤레인은 DNA의 변이를 유발하며, 세포의 수복 능력을 감소 및 종양억제 유전자에 결합하며 폐암의 주요 원인으로 작용하는 것으로 알려져 있다.

6) 다환방향족 탄화수소

벤조피렌, 벤조안스라센, 플루오르안센을 포함한 다환방향족 탄화수소(polycyclic aromatic hydrocarbons, PAHS)는 300~600℃에서 화석연료나 식품의 유기물이 불완전 연소될 때 생성된다. 환경오염으로 인해 농산물 어패류 등 조리·가공하지 않은 식품에서 벤조피렌이 발견되기도 하며, 식품의 주성분인 탄수화물, 단백질, 지방 등이 조리·가공 중에 분해되어 생성되기도 한다.

대표적으로 식용유지류, 볶음 견과류, 훈제식품, 숯불구이 등 훈연한 식품에서 이들 성분이 검출되고 있다. 이 성분들은 잔류기간이 길고 독성도 강한 내분비계 장애물질이면서 인체에 장기간 노출되었을 때는 신경계와 생식계에 독성을 일으키며 암을 유발한다.

식품첨가물

1. 식품첨가물의 정의
2. 식품첨가물의 필요성
3. 식품첨가물의 분류

14

FOOD SCIENCE

1. 식품첨가물의 정의

식품첨가물은 식품제조과정에서 가공상의 목적 또는 보존상의 목적으로 사용하며, 식품 제조공정의 능률화와 품질안정 효과, 식품의 기호성을 높이는 효과, 영양강화 효과, 식품의 손실을 방지시키는 효과 등이다. 우리나라는「식품위생법」제2조에서 "식품첨가물"이란 식품을 제조, 가공, 조리 또는 보존하는 과정에서 감미, 착색, 표백 또는 산화방지 등을 목적으로 식품에 사용되는 물질을 말한다. 이 경우 기구(器具) · 용기 · 포장을 살균 · 소독하는 데 사용되어 간접적으로 식품으로 옮아갈 수 있는 물질을 포함한다.

2. 식품첨가물의 필요성

첫째, 식품의 풍미나 외관을 좋게 하는 것이다. 식품의 색을 좋게 하기 위하여 착색료, 발색제, 표백제 등이 사용되고 맛을 좋게 하기 위하여 산미료, 감미료, 조미료가 사용되며 향을 위해서는 착향료 등의 식품첨가물이 사용된다.

둘째, 식품의 보존성을 향상시키고, 식중독을 예방하는 것이다. 미생물의 증식을 억제하거나 살균제 등으로 식품 중의 미생물을 사멸시켜야 한다. 살균제나 보존료는 식품에 부착된 미생물을 살균하거나 미생물의 발육을 정지시켜 미생물의 증식을 느리게 하는 작용을 한다.

셋째, 식품의 품질을 향상시키는 것이다. 식품의 품질을 향상시키는 식품첨가물로는 유화제, 안정제, 호료 등이 대표적이다. 유화제는 마가린 등 물과 기름을 원료로 사용하는 제품의 물과 기름의 분리를 막아 잘 혼합되게 하고, 안정제나 호료는 아이스크림의 모양을 유지하거나 입안에서의 감촉을 좋게 하며 젤리나 푸딩 등에 부드러운 식감을 부여한다.

넷째, 영양소의 보충 및 강화이다. 천연자원을 원료로 하는 식품은 품종, 산지,

기후 등의 조건에 따라 외관뿐 아니라 영양소에도 현저한 품질의 차이를 일으키는 경우가 있다. 그래서 일정량 이상의 영양소를 확보하고 영양소의 균형을 위하여 비타민, 아미노산, 미네랄의 특정 영양소를 영양 강화제로 첨가한다.

다섯째, 식품의 제조에 필요한 것이다. 많은 식품의 제조나 가공에 없어서는 안 될 식품첨가물로 두부의 응고제, 비스킷이나 쿠키의 팽창제, 유지의 용출제가 있다. 예를 들어 콩을 갈아서 비지를 제거한 두유를 두부로 응고시키기 위해서는 염화마그네슘, 염화칼슘 등이 사용되며, 식물의 종자로부터 기름을 추출하기 위한 용제로 핵산 등을 사용한다.

3. 식품첨가물의 분류

1) 감미료

식품의 단맛을 내기 위해 첨가되는 물질을 감미료라 하는데, 설탕에 비해 단맛이 강하고, 가격이 저렴하며, 열량원이 거의 되지 않기 때문에 가공식품에 다양하게 이용되고 있다.

고감도 감미료는 삭카린나트륨, 아스파탐, 글리실리진산이나트륨, 수크랄로스 및 아세설팜칼륨이며, 이는 명칭과 용도를 함께 표시해 주어야 한다.

천연물에서 얻어지는 스테비올배당체, 감초추출물, D-리보오스, D-자일로오스, 토마틴, 효소처리스테비아 등이 있다.

2) 고결방지제

고결방지제는 여분의 수분을 흡수하거나, 분말 입자 표면을 코팅하여 수분이 표면에 결합하지 않도록 하여 식품의 입자가 서로 응집하는 것을 감소시킨다. 규산마그네슘, 규산칼슘, 이산화규소, 실리코알루민산나트륨 등이 있다.

3) 거품제거제

거품이 생성되는 것을 방지하거나 감소시키는 것으로 규소수지, 미리스트산, 올레인산이 있다. 거품이 생성되면 작업이 어렵고 발효 미생물의 호기 조건을 방해하여 미생물 생육이 억제되기 때문에 발효나 농축 등 식품 제조과정에서 발생하는 불필요한 거품의 생성을 억제 또는 제거하는 용도로 사용된다. 또한 거품제거제는 계면활성제로 두부 제조 시 거품 생성을 억제하기 위하여 사용되기도 하였으나, 최근에는 거품제거제를 사용하지 않는 두부 공정이 개발되기도 하였다.

4) 껌기초제

껌기초제는 적당한 점성과 탄력성을 갖는 비영양성 씹는 물질로 껌 제조의 기초원료가 되는 식품첨가물이다. 초산비닐수지, 폴리부텐, 폴리이소부틸렌, 에스테르검, 검레진, 로진 등의 합성 고분자화합물이 사용된다.

5) 밀가루개량제

밀가루 제분 직후에는 카로티노이드 색소에 의해 황색을 띠고, 분해효소가 존재하여 글루텐 형성을 억제하여, 제면과 제빵에 좋지 않다. 일반적으로 숙성기간을 두면 자연스럽게 제거되나, 숙성을 단축시켜 표백과 제빵 효과를 높이기 위해 사용된다. 아조디카르본아마이드, 과산화벤조일(희석), 과황산암모늄, L-시스테인염산염, 염소, 인산화염소(수) 등이 있다.

6) 발색제(색도유지제)

식품의 색깔을 안정, 유지 또는 강화시키는 것으로 화학적합성품으로 아질산나트륨, 질산나트륨 및 질산칼륨 등이 있다. 아질산염은 육류의 색도 유지라는 주 용도 외에도 보툴리누스세균의 생육을 억제하는 보존료로서의 기능을 한다. 아질산나트륨은 식육가공품, 어육소시지, 명란젓, 연어알젓 등에 사용 가능하다.

채소와 과일의 발색제로는 황산제일철, 황산알루미늄칼륨, 황산알루미늄암모늄, 황산동이 사용된다.

7) 보존료

보존료는 미생물에 의한 품질 저하를 방지하여 식품의 보존 기간을 연장시킨다. 보존제의 종류로는 히드로초산나트륨, 소르빈산, 소르빈산칼륨, 소르빈산칼슘, 안식향산, 안식향산나트륨, 안식향산칼륨, 안식향산칼슘, 파라옥시안식향산에틸, 파라옥시안식향산메틸, 프로피온산, 프로피온산나트륨, 프로피온산칼슘 등이 있으며 이 13종의 보존료는 명칭과 용도를 함께 표시해 주어야 한다. 식품 유형에 따른 합성 보존료의 사용기준을 보면 과일 · 채소류 음료(비가열 제품 제외), 기타 음료(분말 음료 제외), 인삼 · 홍삼 음료, 간장에는 안식향산류, 파라옥시안식향산메틸 및 파라옥시안식향산에틸을 사용할 수 있고, 과실주에는 소르빈산류만을, 탄산음료류에는 안식향산류만을 사용할 수 있다. 식육가공품(포장육, 양념육류, 분쇄가공육제품, 갈비가공품, 식육추출가공품 등 제외)이나 어육가공품에는 소르빈산류가 사용된다. 안식향산, 소르빈산 및 프로피온산의 항미생물 작용은 pH가 낮을수록 효과가 크다.

8) 분사제

분사제는 용기에서 식품을 방출시키는 가스이며, 산소, 이산화질소, 이산화탄소 및 질소가 사용된다.

9) 산도조절제

식품의 산도 또는 알칼리도를 조절하는 식품첨가물로, 구연산, 글루코노-δ-락톤, 글루콘산, 주석산, 빙초산, 사과산, 푸마르산, 다이프산, 젖산, 인산, 이타콘산, 호박산, 이산화탄소, 인산염, 세스퀴탄나트륨 등이 있다.

산도조절제 중에는 산미료의 기능을 하는 것이 있어 신맛을 주고 청량감과 상쾌한 자극을 준다. 한편, 신맛뿐 아니라 미생물의 증식을 억제하는 역할을 하고, 산화방지제의 기능도 있다.

10) 산화방지제

지방질을 함유하고 있는 식품은 가공이나 저장 중에 산패가 일어난다. 지방질이 산패가 되면 이취가 발생하고, 유해 물질이 생성되며, 영양학적 가치도 떨어진다. 산화방지제는 지방질이 산화에 의해 식품의 품질을 저하시키는 것을 방지하는 식품첨가물이다.

산화방지제는 지용성과 수용성으로 분류할 수 있다. 지용성 산화방지제는 유지와 유지함유식품에 사용되고, 부틸히드록시톨루엔, 디부틸히드록시아니솔, 터셔리부틸히드로퀴논, 아스코빌스테아레이트, 아스코빌팔미테이트 및 비타민 E 등이고, 수용성 산화방지제는 색소의 산화방지에 사용되며, 에리토브산, 비타민 C, EDTA, L-아스코르브산 나트륨 등이다.

11) 살균제

살균제는 식품 표면의 미생물을 단시간 내에 사멸시키는 작용을 하는 식품첨가물이다. 살균제의 종류로는 오존수, 이산화염소(수), 차아염소산나트륨, 고도표백분(차아염소산칼슘), 차아염소산수 및 과산화수소가 있고 식품의 살균 목적 이외에 사용하여서는 안 되며, 최종식품의 완성 전에 제거하여야 한다.

12) 습윤제

습윤제는 식품이 건조되는 것을 방지하는 식품첨가물로, 글리세린, 프로로필렌글리콜, 폴리덱스트로스 등이 있다.

13) 안정제

두 가지 또는 그 이상의 성분을 일정한 분산 형태로 유지시키는 식품첨가물이다. 시클로덱스트린, 시클로덱스트린시럽, 옥시스테아린, 글리세린, 프로필렌글리콜, 폴리글리시톨시럽, 폴리덱스트로스, 젤라틴, 에스테르검 등이 있다.

14) 여과보조제

물, 식품 및 첨가물 등의 불순물을 제거하거나 정제하는 데 사용되는 물질을 말하며 불용성의 광물성 물질이 많다. 규조토, 메사규산나트륨, 백도토, 벤토나이트, 산성백토, 탤크, 퍼라이트, 폴리비닐폴리피로리돈, 활성탄이며, 이들 여과보조제는 식품의 제조 또는 가공상 여과보조제(여과, 탈색, 탈취, 정제 등)의 목적 이외에 사용하여서는 안 된다.

15) 영양강화제

(1) 비타민류

비타민은 일반적으로 인체 내에서 만들어지지 않으므로 외부로부터 섭취해야 한다. 비타민류 강화제로는 분말 비타민, 유성비타민 A지방산에스테르, 비오틴, 비타민C, L-아스코르브산 나트륨, 니코틴산아마이드, 엽산, 이노시톨, 헤스페리딘 등이 있다.

(2) 아미노산류

단백질의 구성단위가 되는 아미노산은 피부, 근육, 혈액의 성분으로 인체에 중요한 역할을 한다. 식품 중의 아미노산은 종류에 따라 다르지만 조리 · 가공 때 소모되므로 이를 강화하여 영양가를 높이고 질을 향상시킨다. 아미노산류 강화제로는 L-리신 염산염, DL-메티오닌, L-메티오닌, L-발린, DL-트레오닌, L-트레오닌, L-시스테인염산염, L-이소루신, DL-트립토판 등이 있다.

(3) 칼슘염류

체내에서 인산염 또는 탄산염을 만들어 골격, 치아를 형성하고 혈액 중에서는 유기산염으로 세포의 활력을 유지시킨다. 칼슘염류 강화제로는 구연산칼슘, 젖산칼슘, 제1인산칼슘, 탄산칼슘, 황산칼슘, 판토텐산칼슘, 산화칼슘, 스테아린산칼슘 등이 있다.

(4) 철염류 및 기타

철은 광물질의 일종으로 필요량은 적으나 역할은 크다. 식품 안에 존재하는 철분의 흡수율은 식품에 따라 다르며, 철염류 및 기타 강화제로는 구연산철, 구연산철암모늄, 인산철, 전해철, 환원철, 젖산철, 황산아연, 염화콜린, 황산망간 등이 있다.

16) 유화제

유화제는 기름과 물처럼 서로 섞이지 않는 2가지 이상의 물질을 균일한 혼합물로 만들어 주거나 이를 유지시켜 주는 것이다. 탄수화물의 노화를 방지하고, 거품을 안정화시키며, 빵 반죽의 글루텐 활성화를 도와 반죽의 부피를 유지시켜 준다.

글리세린지방산에스테르, 소르비탄지방산에스테르, 프로필렌글리콜지방산에스테르, 자당지방산에스테르, 폴리소르베이트, 스테아릴젖산나트륨, 스테아릴젖산칼슘, 트리아세틴, 레시틴, 유카추출물, 퀼라야추출물, 카제인, 카제인나트륨 등이 있다.

17) 이형제

이형제는 식품의 형태를 유지하기 위해 원료가 용기에 붙는 것을 방지하여 분리하기 쉽도록 하는 식품첨가물이다. 빵의 제조 과정에서 빵 반죽을 분할기에서 분할할 때나 구울 때 달라붙지 않게 하고 모양을 유지하기 위하여 사용한다. 이형제로는 유동파라핀, 피마자유가 있다.

18) 응고제

식품성분을 결착 또는 응고시키거나, 과일 및 채소류의 조직을 단단하거나 바삭하게 유지시키는 식품첨가물이다. 글루코노-δ-락톤은 콩물을 응고시켜 두부 응고제로 사용된다. 조제해수염화마그네슘은 두부류 제조 시 응고제 이외의 용도로 사용하여서는 안 된다. 그 외에 염화마그네슘, 염화칼슘, 황산마그네슘, 황산칼슘이 있다.

19) 제조용제

식품의 제조·가공 시 촉매, 침전, 분해, 청징 등의 역할을 하는 가공보조제이다. 메톡사이드나트륨, 수산, 스테아린산, 염산, 지베렐린산, 카프릭산, 카프릴산, 황산 등이 있다.

20) 젤형성제

젤형성제는 젤을 형성하여 식품에 물성을 부여하는 식품첨가물로 염화칼륨과 젤라틴이 있다. 염화칼륨은 소금 대용으로도 사용되며, 향미 증진 및 영양강화제로 사용된다. 젤라틴은 동물의 뼈, 피부 등에서 얻은 콜라겐 성분을 가수분해하여 얻은 것으로, 뜨거운 물에 잘 녹고, 냉각시키면 젤리를 형성한다.

21) 증점제

식품의 점도를 증가시키는 것으로 식품의 점착성 및 유화안정성을 증가시키고, 식품의 촉감을 좋게 한다. 식물에서 얻어지는 고분자화합물은 가티검, 구아검, 아리미아검, 글루코만난 등이고, 해조류에는 카라기난 등이 있다. 알긴산나트륨 등이 있으며, 천연첨가물로 구아검, 카라기난, 펙틴 등이 있다.

22) 착색료

착색료는 식품에 색깔을 부여하거나 원래의 색깔을 다시 재현시킬 때 사용한다. 식품의 색은 식욕을 증진시켜 줄 뿐 아니라, 식품의 기호도에 영향을 미친다. 그러나 식품의 색은 조리, 가공 및 저장 중에 변하여, 품질을 저하시키는 요인이 되기도 한다. 따라서 상품의 가치를 높이기 위하여 착색료를 사용한다.

인공적으로 합성한 대표적인 색소가 타르색소이다. 합성타르 색소는 사용이 간편하고, 가격이 저렴하여 식품 가공에 다양하게 이용되고 있다. 알루미늄레이크는 타르색소의 알루미늄착화합물로 수용성 타르색소를 사용할 경우, 시간이 오래 걸리거나 균일하게 착색되기 어려운 분말 식물, 유지식품, 알사탕 및 추잉검 등에 사용한다. 타르색소는 영유아용 곡류조제식, 기타 영유아식, 조제유류, 영아용 조제식, 성장기용 조제식에는 사용할 수 없고, 천연식품, 면류, 단무지, 김치, 고춧가루 등에는 사용할 수 없다. 특히 적색2호와 적색102호는 어린이 기호식품에 사용하지 못하도록 규정하고 있다.

식용색소녹색제3호, 식용색소녹색제3호알루미늄레이크, 식용색소적색제2호, 식용색소적색제2호알루미늄레이크, 식용색소적색제3호, 식용색소적색제40호, 식용색소적색제40호알루미늄레이크, 식용색소적색제102호, 식용색소청색제1호, 식용색소청색제1호 알루미늄레이크, 식용색소청색제2호, 식용색소청색제2호알루미늄레이크, 식용색소황색제4호, 식용색소황색제4호알루미늄레이크, 식용색소황색제5호, 식용색소황색제5호알루미늄레이크, 동클로로필, 동클로로필린나트륨, 철클로로필린나트륨, 이산화티타늄, 삼이산화철, 수용성안나토, 카르민 등이 있다. 천연색소에는 감색소, 치자적색소, 치자황색소, 캐러멜 색소 등이 있다.

23) 청관제

식품에 직접 접촉하는 스팀을 생산하는 보일러 내부의 결석, 물때 형성, 부식 등을 방지하기 위하여 투입하는 식품첨가물이다. 그 종류는 구연산삼나트륨, 메타인산나트륨, 메타중아황산나트륨, 변성전분, 산성아황산나트륨, 산성피로인산나트륨, 수산화나트륨, 수산화칼륨, 아황산나트륨, 알긴산나트륨, 알긴산암모늄, 알긴산칼륨, 에리토브산 에리토브산나트륨, 이디티에이이나트륨, 이산화규소, 제삼인산나트륨 제일인산나트륨, 질산나트륨, 초산나트륨, 카복시메틸셀룰로스나트륨, 탄닌산, 탄산나트륨, 탄산수소나트륨, 탄산칼륨(무수), 폴리아크릴산나트륨, 폴리에틸렌글리콜, 폴리인산나트륨, 폴리인산칼륨, 피로인산나트륨 , 황산나트륨, 황산마그네슘 등이다.

24) 추출용제

추출용제는 유용한 성분 또는 건강기능식품의 기능성 원료를 추출하거나 용해시키는 식품첨가물이다. 용제는 독성이 약하고 각종 첨가물을 잘 용해하고 식품의 풍미, 외관에 영향을 주지 않는 것으로 물과 잘 혼합되거나 유지에 잘 녹는 성질을 가진 물질이 좋다. 추출제는 일종의 용제로서 어떤 성분을 추출하는 목적으로 쓰이는데, 독성이 낮고 원하는 성분을 잘 녹이며 식품에서 제거하기 쉬운 물질이 좋다. 메틸알코올, 부탄, 아세톤, 이소프로필알코올, 초산에틸, 헥산이 있다.

25) 충전제

산화나 부패로부터 식품을 보호하기 위해 식품의 제조 시 포장 용기에 의도적으로 주입시키는 가스 식품첨가물이다. 산소, 수소, 아산화질소, 이산화탄소, 질소가스가 있다.

26) 팽창제

빵, 과자의 제조 때 제품을 부풀게 하여 연하고 맛이 좋고 소화가 잘되도록 하기 위해 첨가하는 물질을 말하는데 가열, 가공 때 사용하면 열에 의해 분해되어 탄산가스나 암모니아가스가 발생하고 밀가루 반죽이 팽창된다. 팽창제로는 탄산나트륨, 탄산수소나트륨, 탄산암모늄, 탄산수소암모늄 등이 사용되는데, 이들은 가열에 의해 분해되어 탄산가스나 암모니아가스를 발생시켜 팽창제로 작용하게 된다.

27) 표백제

식품의 색소를 파괴하여 흰 식품으로 만들거나 착색료로 착색하기 전에 표백시키는 데 사용하는 첨가물이다. 아황산은 환원표백제로 환원력이 매우 강하여 아황산이 황산으로 산화될 때 색소 물질을 환원작용으로 파괴시켜 강한 표백작용을 나타낸다. 아황산나트륨, 산성아황산나트륨, 메타중아황산나트륨, 메타중아황산칼륨, 차아황산나트륨, 무수아황산 등이 있다.

28) 표면처리제

식품의 표면을 매끄럽게 하거나 정돈하기 위해 사용되는 식품첨가물로 탤크가 주로 사용된다. 탤크는 추잉검의 재료와 여과보조제로도 사용된다. 그 외에 칸델릴라왁스, 석유왁스, 쉘락, 폴리비닐 알코올이 있다.

29) 피막제

피막제는 식품의 표면에 광택을 내거나 보호막을 형성하는 식품첨가물이다. 담마검, 몰포린지방산염, 밀랍, 석유왁스, 쉘락, 쌀겨왁스, 칸델릴라왁스, 폴리비닐알코올, 폴리비닐피로리돈, 폴리에틸렌글리콜, 풀루란, 유동파라핀, 피마자유, 초산비닐수지가 있다. 유동파라핀, 피마자유은 이형제로도 사용된다.

30) 향미증진제

향미증진제는 식품의 맛 또는 향미를 증진시키는 식품첨가물이다. 핵산계의 향미증진제로는 5’–구아닐산이나트륨, 5’–이노신산이나트륨, 5’–리보뉴클레오티드이나트륨, 5’–리보뉴클레오티드칼슘이며, 아미노산계 향미증진제는 L–글루탐산, L–글루탐산나트륨, L–글루탐산암모늄, L–글루탐산칼륨, 글리신과 베타인이다.

유기산계 향미증진제는 호박산 및 호박산이나트륨이다. 나린진과 카페인은 쓴맛을 내게 한다.

31) 향료

향료는 식품에 특유한 향을 부여하거나 제조공정 중 손실된 식품 본래의 향을 보강시키는 식품첨가물이다. 상온에서 휘발성이 있어서 특유의 향기를 느끼게 하여 식욕을 증진할 목적으로 사용한다. 향료는 착향의 목적에 한에서만 사용된다.

32) 효소제

효소제는 특정한 생화학 반응의 촉매 작용을 하는 식품첨가물이다. 식품을 제조하거나 가공할 때 효소는 다양하게 쓰일 수 있다. 우리나라에서 지정된 효소는 국, 종국, β-글루카나아제, α-글루코시다아제, 글루코아밀라아제, 글루코오스 산화효소, 글루코오스이성화효소, 글루타미나아제, 덱스트라나아제, 5'-디아미나아제, 디아스타아제, 락타아제, 리소짐, 리파아제, 말토게닉아밀라아제, 말토트리오히드로라아제, 베타글리코시다아제, 셀룰라아제, α-아밀라아제, α-아세토락테이트카복실라아제, 아스파라지나아제, 알파갈락토시다아제, 엑소말토테트라히드로라아제, 우유응고효소, 인베르타아제, 자일라나아제, 카탈라아제, 키토사나아제, 탄나아제, 트랜스글루코시다아제, 트랜스글루타미나아제, 트립신, 판크레아틴, 펙티나아제, 펩신, 포스포디에스테라아제, 포스포리파아제, 프로테아제 및 헤미셀룰라아제이다.

식품의 물성

15

1. 식품의 물성
2. 콜로이드
3. 식품의 텍스처
4. 식품의 리올로지

물성이라는 것은 일반적으로 물질이 가지고 있는 전기적, 자기적, 광학적, 역학적 특성과 같은 물리적 특성(physical properties)을 의미한다. 식품이 가지는 물리적 성질은 식품을 조리하거나 가공할 때 중요하게 고려해야 하는 요인으로 조리방법이나 가공공정을 결정하고 사람들이 식품을 섭취할 때 관능적인 기호도에서 크게 영향을 미친다. 따라서 식품을 조리하거나 가공하기 위해서는 식품이 가지고 있는 물리적인 성질에 대해서 알아야 한다.

1. 식품의 물성

식품의 물성이라는 것은 화학적 수단보다는 물리적 수단에 의해 숫자나 식 또는 설명하는 방법으로 표시할 수 있는 물리적 성질을 말한다. 이러한 물리적 성질은 식품 재료의 수확에서부터 제조, 가공하고 소비자가 구매하여 소비하는 때까지 관련된 성질이다. 물성이라는 용어는 물질의 기본적 구성요소들이 모여서 생기는 물질의 성질, 즉 물질의 구조, 역학적, 열적, 전기적, 자기적인 여러 성질 등을 의미한다. 식품 물성은 식품 재료를 대상으로 하기 때문에 식품에 대한 기초적인 지식에 대한 이해가 있어야 하며, 이를 근거로 하여 식품이 가지고 있는 물성을 이해해야 한다.

사람들은 식품을 여러 가지 감각, 즉 색, 냄새, 촉감, 맛 그리고 입안에서의 감각 등을 통해서 평가하게 된다. 식품을 평가하는 데 있어서는 본능적인 감각으로 느끼는 1차 반응, 경험에 의해서 습득한 감각으로 느끼는 2차 반응이 있다. 1, 2차 반응이 모두 중요하지만 사람들은 경험에 의한 2차 반응으로 식품을 평가하는 경우가 많다([표 15-1]).

식품에서 가장 중요한 것은 조직감으로 조직감은 식품을 섭취할 때 느끼는 감각과 관계가 깊은데, 씹을 때 작용하는 물리적 요인으로 구조의 상태, 조직, 점성 등이 있다.

식품의 물성을 이해하기 위해서는 소비자의 기호도, 식품의 품질, 즉 양적(무게 및 성분 등), 질적(영양가 등), 관능(외관, 모양, 향미 등)을 이해하여야 한다.

[표 15-1] Sherman의 조직 분류

씹기 전의 느낌	1차 특성	기하학적 모양, 크기, 관능적 느낌, 조리 특성, 사용 편의성
입에 넣었을 때 첫 느낌	1차 특성	녹는 정도, 맛에 대한 선입감, 기분 상태, 부드러움 또는 딱딱함
	2차 특성	탄성, 점도, 입안 점착성
씹을 때의 느낌	역학적, 기계적 특성	hard, soft, brittle, crisp, plastic, rubbery, spongy, smooth, coarse, powdery, lumpy, pasty, creamy, watery, soggy, sticky, tacky
씹은 후 입안 느낌	역학적, 물리적 특성	greasy, gummy, stringy, cool, warm

2. 콜로이드

용액은 입자(용질)의 크기에 따라서 크게 세 종류로 나눌 수 있다. 첫째는 진용액(또는 참용액, solution)으로 원자, 이온 등 매우 작은 입자(1nm 이하)로 구성된 것으로 물에 설탕이나 소금이 녹아 있는 형태이다. 두 번째는 현탁액(suspension)으로 용질이 100nm 이상으로 저어 주면 잠시 섞여 있다가 바로 용매와 분리가 된다. 세 번째로는 용질이 진용액과 현탁액 사이의 입자 크기(1~100nm) 사이를 가진 것으로 미세한 입자가 균일하게 혼합되어 녹지도, 가라앉지도 않고 잘 분산되어 있는 형태로 콜로이드라 불리우며, 콜로이드는 용매(solvent) 대신 분산매(dispersing medium), 용매(solute) 대신 분산질(dispersing phase), 콜로이드계(colloid system)라고 표현한다.

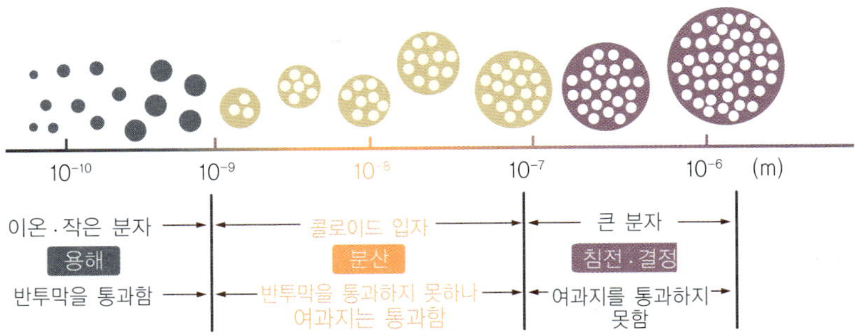

[그림 15-1] 각 용액별 입자의 크기 비교

1) 교질의 종류

교질은 분산매와 분산질의 물리적 상태에 따라 다르게 되며, 거품, 졸, 겔, 에멀젼 등으로 구분할 수 있다([표 15-2]). 교질은 분산매와 분산질에 따라 성질이 달라지게 되는데 물(또는 액체)과 친화력이 강한 친수성(또는 친액성)과 반대로 물과 친화력이 낮은 소수성(또는 소액성)으로 구분될 수 있으며, 교질의 구조는 콜로이드 입자의 모양, 분산성에 따라 달라질 수도 있다.

[표 15-2] 교질의 종류

분산매	분산질	명칭	예
기체	액체	에어로졸, 안개	안개, 스프레이, 향기부여스모그
기체	고체	에어로졸, 연기	밀가루, 전분, 설탕
액체	기체	리오졸, 거품	휘핑크림, 사이다, 콜라, 맥주
액체	액체	리오졸, 에멀젼	마요네즈, 우유, 버터, 마가린, 생크림
액체	고체	리오졸, 졸	된장국, 수프, 죽, 소스
고체	기체	고체 포말질	빵, 케이크, 쿠키
고체	액체	겔, liquid inclusion	양갱, 젤리, 치즈, 두부
고체	고체	solid sols	캔디, 과자

2) 유화액(emulsion)

유화액은 분산매인 액체 속에 분산질인 액체의 입자가 분산하여 교질 상태로 있는 것으로, 물속에 고분자의 작은(또는 미세한) 입자가 안정되게 분산되어 있는 상태를 말한다. 유화액은 우유나 마요네즈처럼 소량의 기름이 물속에 분산되어 있는 수중유적형(O/W, oil in water)과 버터나 마가린처럼 소량의 물이 기름 속에 분산되어 있는 유중수적형(W/O, water in oil)으로 나눈다([그림 15-2]). 이처럼 서로 섞이기 어려운 두 액체를 잘 섞기 위해서는 두 액체가 접촉하는 계면에 존재하는 계면 장력을 낮추기 위한 유화제를 사용하여야 한다. 유화제는 친수성기와 소수성기를 모두 가지고 있어 물과 기름이 잘 섞일 수 있도록 하는데, 친수성기와 소수성기 종류가 어떤 것인가에 따라서 유화 능력이 달라진다. 유화제의 친수성기 부분의 말단에 음이온을 가지면 음이온계 유화제, 양이온을 가지면 양이온계 유화제, 양성을 가지면 양성계 유화제, 어떠한 이온도 갖지 않으면 비이온계 유화제라고 부른다. 유화제의 성질은 친수성과 친유성기의 비율(HLB value, hydrophilic-lipophilic balance)에 의해서 판단되는데, 이 값이 큰 유화제(수용성 유화제, HLB 8~18)를 이용하면 수중유적형(O/W형), 작은 유화제(지용성 유화제, HLB 4~6)를 사용하면 유중수적형(W/O형)이 형성된다. 유화액의 형태는 유화제의 종류, 분산매의 종류와 상태, 온도, 압력, 분산매와 분산질의 비율, 분산매와 분산질의 섞는 순서, 전해질의 유무 등에 따라 결정한다.([그림 4-12] 참고).

3) 졸과 겔

졸(sol)은 분산매가 액체이고 분산질이 고체 또는 액체로 전체가 액체 상태를 띠고 있는 것이다. 졸이 냉각되어 굳거나 물의 증발로 분산매가 줄어들어 반고체 상태로 굳어진 것은 겔(gel)이라 한다. 졸은 우유, 된장국, 수프, 달걀흰자, 토마토퓌레, 한천이나 젤라틴의 가열용액 등이며, 겔은 양갱, 치즈, 어묵, 젤리, 삶은 달걀, 두부, 묵 등이 있다. 졸 상태의 용액 중 호화전분이나 젤라틴의 수용액과 같이 분산매와 분산질 사이에 친화성이 있는 것은 서로 친하게 결합하고 있어 전해질을 넣어도 안정한 상태를 유지하는데 이를 친수성 졸(hydrophilic sol)이라 한다. 분산상과 분산질이 서로 친화성이 적은 경우 전해질을 넣으면 침전이 생기는데 이를 소수성 졸(hydrophobic sol)이라고 부른다. 일단 생성된 졸은 안정화를 위해 친수성

졸을 첨가하는 경우가 있는데 이를 보호 교질이라고 한다. 용해도 감소나 응고에 의해 형성되는 겔은 겔을 형성할 때 고체상의 그물망 구조에 액체가 고정되어 일정한 모양을 가지게 된다. 겔 형성은 졸의 농도가 높을수록, 입자의 용매성이 클수록, 입자 모양이 비대칭의 직선 모양일수록 커지며, 온도가 낮을수록, 방치시간이 길어질수록 커진다.

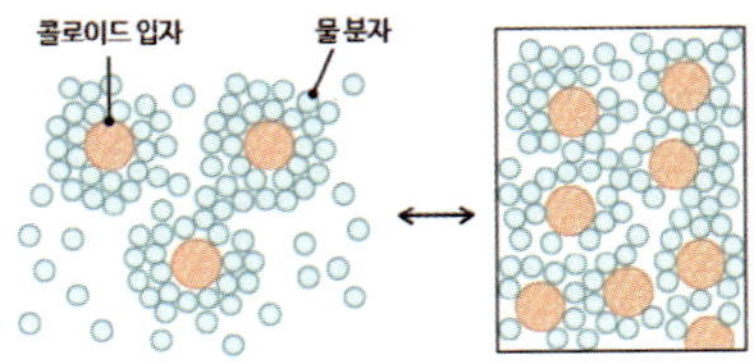

[그림 15-2] 졸과 겔

4) 거품

거품(포말질)은 분산매는 액체 또는 고체, 분산질은 기체인 교질상태의 것으로 식품을 부드럽고 매끄럽게 하며, 상쾌하거나 청량감을 부여하고 향기 분산을 증가시켜 강한 향기를 내게 하는 기체형 물질이다. 거품을 이용한 식품은 빵, 케이크, 카스테라, 아이스크림, 휘핑크림, 맥주 등이 있다. 거품은 액체 속에 기체가 잘 분산되어 있는 것으로 대부분의 거품이 가볍기 때문에 액체 위로 떠올라 공기와 접촉하게 되면 쉽게 사라진다. 따라서 거품을 안정적으로 유지하기 위해서는 다양한 요인을 고려해야 한다. 첫째, 거품은 중력, 압력차, 증발 등에 의해 거품막이 얇아지면 쉽게 파괴가 되며, 거품 내부막 내부의 액체의 점도가 높으면 거품이 안정화된다. 둘째, 작은 거품에서 큰 거품으로 기체가 확산되면 거품이 쉽게 사라진다. 셋째, 표면장력이 작을수록 거품 형성이 쉽다. 넷째, 기포 입자가 작을수록 안정하며, 기포 입자가 클수록 밀도체에 의해 물 위로 잘 떠올라 쉽게 파괴된다. 거품은 때때로 식품의 가공 공정에서 열전달 또는 물질이동을 방해하여 전분, 단백질, 설탕 등의 추출, 농축, 용액의 혼합, 교반, 수송 과정에서 작업 능률을 저하시키기 때문에 소포제를 사용하여 거품 발생을 억제해야 하는 경우도 있다. 단백질의 거품에 영향을 미치는 인자로는 pH, 염 농도, 당류, 지질 외 단백질의 용해도 및 농도 등이 있는데, pH는 고 알칼리, 산성 pH 조건하에서 안정적이며, 염은 기포력을 증가시키는 반면, 포말 안정성은 낮춘다. 설탕이나 기타 당류, 다당류를 첨가하면 용액의 점도 상승에 의해 기포의 생성은 어려워지나 생성된 기포의 안정성은 좋아진다. 기름(지질)을 첨가하면 기포 발생 및 거품 안정성이 모두 낮아진다.

5) 교질용액의 성질

교질용액은 진용액과 다르게 입자의 크기 때문에 특유의 성질을 가지게 되는데, 반투성, 브라운 운동, 흡착성, 틴들현상을 보이며, 콜로이드 입자가 가지는 전기적 성질에 의해 염석과 응석 현상이 나타나게 된다.

(1) 흡착성(Adsorption): 교질입자는 질량에 비해 표면적이 커서 표면에 용매 또는 다른 물질을 흡착하려는 성질을 가지고 있는데 이를 흡착이라고 하며, 콜로이드 입자의 크기는 교질의 안정도나 광학적인 현상에 직접적인 영향을 끼친다.

(2) 반투성(Semipermeability): 교질입자의 크기가 크기 때문에 반투막을 통과하지 못하는 성질을 반투성이라고 하며, 혼합물을 분리하는 투석(dialysis)에 활용된다.

(3) 브라운 운동(Brown movement): 교질 상태에서 분산매가 불규칙적인 운동을 하고 있어 교질용액 내에 떠도는 교질입자와 분산매가 서로 충돌하여 불균일한 힘의 작용을 받아 직선운동을 한다. 이러한 브라운 운동에 의해 입자는 침전하지 않고 분산매 속에 떠돌아다니게 되면서 교질용액을 안정화시킨다. 이 운동은 입자가 작을수록 더 크게 일어난다.

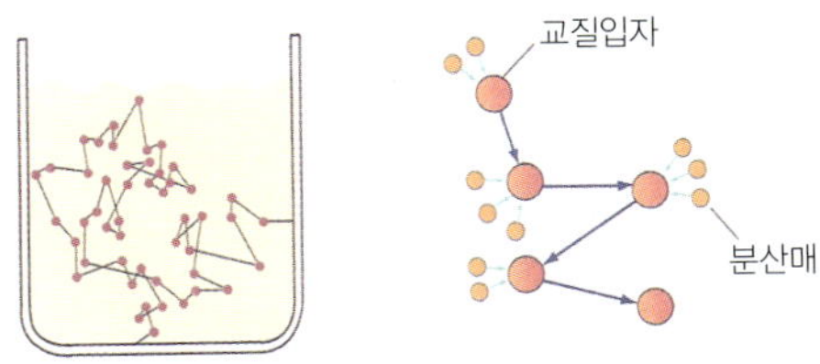

[그림 15-3] 브라운 운동

(4) 틴들현상(Tyndall phenomenon): 콜로이드 용액에 강한 빛을 비치면 빛의 통로가 희게 보이는 현상으로 콜로이드 입자에 의해 빛이 회절, 산란되기 때문에 나타나는 현상이다. 틴들현상에 의해 콜로이드 용액이 탁하게 보이며 콜로이드 입자가 일정한 크기를 가지고 있을 때 혼탁도가 최대가 된다.

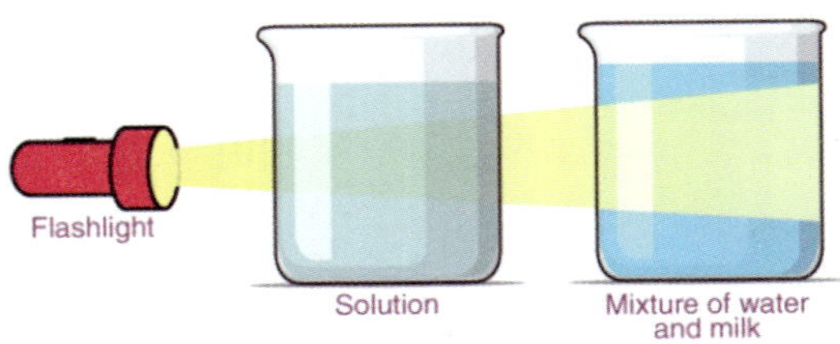

[그림 15-4] 틴들현상

(5) 염석(Salting out): 친수성의 콜로이드 용액에 다량의 전해질을 가하게 되면 침전되는 현상으로, 염석이 일어나는 이유는 친수성 콜로이드에 다량의 전해질을 가할 때 콜로이드 입자에 붙어 있던 물 분자들이 이온들에 의해 떨어져 나가기 때문이다. 단백질을 분리할 때 단백질 용액에 다량의 황산암모늄을 넣어 침전시키는 것이 염석의 원리를 이용한 것이다.

(6) 응석 또는 응집(Coagulation): 콜로이드 용액에 소량의 전해질을 가하면 콜로이드 입자가 침전하게 되는데, 이는 콜로이드가 주변에 존재하는 반대 전하를 가진 이온에 의해 콜로이드에 흡착된 이온을 잃어버리고 입자 간 반발력이 사라져 입자들이 엉켜 일어나는 현상이다.

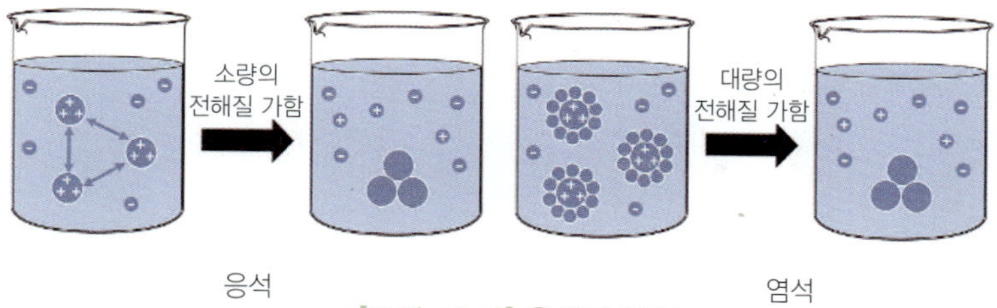

[그림 15-5] 응석과 염석

3. 식품의 텍스처

텍스처(texture)는 물건이나 섬유를 손으로 만졌을 때 느껴지는 감촉으로 정의되지만 식품에서의 텍스처(texture)는 식품을 입에 넣었을 때 입안에서 느껴지는 구강점막과 치아에 닿아 느껴지는 물리적 감각을 의미하며, 이를 식품의 조직감이라고 하기도 한다. 즉, 감자칩이나 비스킷과 같은 것의 바삭함, 백설기나 쿠키를 씹으면 가루처럼 부서지는 입안의 느낌, 절편이나 찹쌀떡과 같이 치아에 들러붙는 느낌, 미역 등의 해조류에서 느껴지는 미끌거림 등을 모두 텍스처라고 한다. 여러 참고문헌에서 정의된 텍스처의 개념은 다음과 같다

- 식품의 구조에서 유래된 물리적 특징, 특히 기계적(mechanical), 물성학적(rheological) 특성
- 하나의 물리적 특성이 아닌 여러 가지 물리적 특성의 복합적인 작용
- 특정한 식품이 아닌 다양한 식품에 보편적으로 적용되는 특성

텍스처는 식품의 종류에 따라 다르기도 하지만, 식품을 먹는 사람의 관점에 따라서 다르기도 하다. 그래서 텍스처는 관능 평가를 통해 측정하기도 하며 객관적인 수치로 나타내기 위해 텍스처 분석기(texture profile analyser)로 측정하기도 한다. 식품의 텍스처를 표현하는 일반적인 용어와 정의는 [표 15-3], 텍스처 프로파일 분석 곡선(TPA, texture profile analysis curve)은 [그림 15-7]과 같다.

[표 15-3] 텍스처의 특성과 정의

특성, 단위	정의	예
경도(hardness), N first high peak	식품을 변형시키는 데 필요한 힘	부드럽다(soft), 굳다(firm), 단단하다(hard)
응집성 (cohesiveness), A2/A1	식품 내부 결합의 강도를 나타내는 지표, 식품을 구성하고 있는 같은 성분끼리의 결합력, 다른 물질 간의 결합력은 점착성(stickiness)이라고 함.	
씹힘성 (chewiness), J	고체식품을 삼킬 때까지 씹는 데 필요한 에너지	연하다(tender), 씹히다(chewy), 질기다(tough)
검성 (gumminess), N	반고체식품을 삼키기 위한 상태가 될 때까지 분해하는 데 필요한 힘	바삭바삭하다(short), 눅진눅진하다(mealy), 죽 같다(pasty)
부서짐성 (brittleness), N first shoulder	식품이 현저한 흐름이 일어나기 전에 변형 없이 부서지는 성질 경도, 응집성과 관련이 있음. 잘 부서지는 식품이 응집성은 낮으나 경도는 클 수도 작을 수도 있음	부서지기 쉽다(crumbly), 아삭아삭하다(crunchy), 잘 깨지다(brittle), 바삭하다(crispy)
점성(viscosity), $N \cdot s/m^2$	흐름을 일으키는 외부 힘에 대한 유체의 저항력, 내부 마찰력	묽다(thin), 끈적거리다, 걸쭉하다(viscous)
탄성(elasticity), N/m^2, L2/L1	외부에서 작용하는 힘에 의하여 변형된 후 그 힘을 제거하였을 때 원 상태로 회복하는 성질	탄성(elasticity), 가소성(plasticity)
점탄성 (viscoelasticity)	점성과 탄성이 겹쳐서 나타나는 현상으로 대부분의 식품은 점탄성 성질을 가지고 있음	
부착성 (adhesiveness), J, A3	식품의 표면이 혀, 치아, 입천장 등과 붙어 있는 상태에서 떼어 내는 데 필요한 힘	끈적끈적하다(sticky), 들러붙다(tacky), 찐득거리다(gooey)

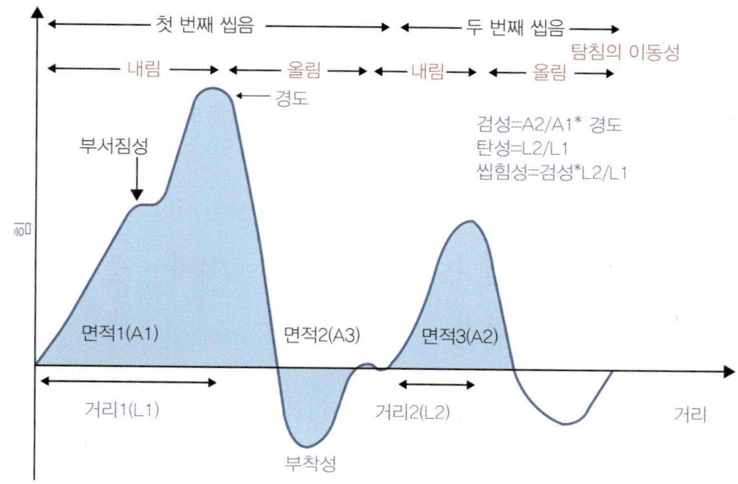

[그림 15-6] 텍스처 프로파일 분석 곡선

[표 15-4] 텍스처의 표현 용어

텍스처 특성	표현 용어
역학적 특성	부드럽다(soft), 굳다(firm), 단단하다(hard), 부서지기 쉽다(crumbly), 아삭아삭하다(crunchy), 잘 깨지다(brittle), 부드럽다(tender), 씹히다(chewy), 거칠다(tough), 바삭바삭하다(short), 눅진눅진하다(mealy), 죽 같다(pasty), 묽다(thin), 끈적거리다(viscous), 가소성의(platic), 탄성의(elasticity), 끈적끈적한(sticky), 들러붙다(tacky), 찐득거리다(gooey)
기하학적 특성	가루 같은(gritty), 알갱이가 있는(grainy), 거친(coarse), 섬유상의(fibrous), 세포조직 모양의(cellular), 결정성의(crystalline), 박편성의(flaky), 덩어리가 있는(clumpy)
수분, 지방 함량	마른(dry), 물기가 있는(moist), 젖은(wet), 질퍽질퍽한(watery), 다즙성의(juicy), 윤기 있는(glossy), 기름기가 있는(oiliness), 매끄러운(greasy)

4. 식품의 리올로지

리올로지(rheology)는 고체의 변형(deformation)과 액체의 흐름(flow)에 관한 것으로 식품의 물리학적 특성을 객관적으로 표현하고자 하는 학문으로 유변학이라고도 한다. 특히 리올로지는 식품의 조리 및 가공에 있어서 식품의 조직에 관한 정보를 얻고, 조리 및 가공공정과 관련된 역학적 특성을 이해하는 데 필요한 학문으로 다음과 같은 목적을 위해 사용된다.

- 식품의 가공에 있어서 열과 물질의 이동 이해
- 가공 원료의 제조과정 중 중간제품, 최종제품의 품질관리
- 관능평가와 관련된 소비자의 품질평가
- 식품의 구조와 구성 및 가공 중 구조 변화의 분석
- 제품의 개발과 유통기한의 설정을 위한 물성의 변화

1) 리올로지의 특성

(1) 힘(force, N): 어떤 식품에 변화를 일으키는 데 필요한 에너지 또는 어떤 상태를 유지하는 데 필요한 에너지로 정의된다. 힘은 인장력(tension), 압축력(compression) 및 전단력(shear force) 등으로 구분할 수 있다. 인장력은 물체를 잡아 당겨 늘리는 힘, 압축력은 물체를 눌러 수축시키는 힘, 그리고 전단력은 물체의 표면에 평행하게 작용하는 힘으로 정의된다.

(2) 응력(stress, N/m^2): 힘의 세기, 즉 물체에 작용하는 힘의 강도로, 물체에 수직으로 표면을 누르는 방향으로 작용하는 압착응력, 물체의 수직으로 잡아당기는 방향으로 작용하는 인장응력, 물체의 면에 평행하게 작용하는 전단응력 등이 있다.

(3) 변형(strain or deformation): 물체가 힘을 받아 크기 또는 형태가 변하게 되는 것으로, 보통 액체는 strain, 고체는 deformation이라는 용어를 사용한다.

(4) 탄성(elasticity) 또는 탄력성(springiness): 고무줄이나 용수철처럼 힘을 가해 잡아당긴 후 힘을 제거하면 원상태로 복귀하는 특성을 탄성이라 한다. 탄성과 탄성력은 비슷한 뜻으로 사용되지만 식품의 조직에서는 탄력성을 사용하는 경우가 많다. 식품에는 완전한 탄성체가 존재하지 않으며 젤리, 묵, 양갱과 같은 식품이 탄력성을 보인다.

(5) 점성 또는 점도(viscosity): 흐름을 갖는 식품, 예를 들어 시럽, 기름, 소스, 스프 등과 같은 식품들을 그릇에 넣고 저으면 강도는 다르지만 저항감을 느낄 수 있는데 이러한 흐름에 대한 저항의 힘을 점도라고 하며, 대부분의 액체 식품은 점도를 갖는다. 점도는 온도가 올라가면 감소하며, 액체의 농도가 높아지면 점도도 올라간다. 또한 용질의 분자량이 클수록 점도가 증가하며, 압력이 증가하면 점도도 증가하지만 대부분의 식품에서 압력과 점도는 별다른 관계가 없다.

(6) 소성(plasticity): 외부의 힘에 의해 변형된 것이 힘을 제거해도 원상태로 복귀하지 않는 성질로, 일정 이상의 힘(항복응력, yield stress)을 가했을 때 변형이 영구적으로 남는 성질을 말한다. 소성을 가진 식품은 항복치를 갖기 때문에 일정 이상의 힘을 가할 때까지는 변형이 일어나지 않는다. 버터, 생크림, 마가린은 소성을 가진 대표적인 식품이다.

(7) 점탄성(viscoelasticity): 액체와 고체의 중간적인 성질, 즉 점성과 탄성을 동시에 가진 물체의 성질을 점탄성이라고 한다. 대부분의 식품은 점성과 탄성의 성질을 모두 갖고 있는 경우가 많다. 어묵, 젤리, 밀가루 반죽, 떡과 같은 식품이 대표적인 점탄성체이다.

2) 유체의 점성 특성

유체(fluids)는 흐를 수 있는 물체를 일컫는 말로 대부분의 식품은 유체에 해당된다. 유체는 그 흐름의 특성에 따라 뉴턴유체와 비뉴턴유체로 구분할 수 있다.

(1) 뉴턴유체(newtonian fluid): 외부에서 가하는 힘과 유체의 흐르는 정도가 비례하는 유체를 뉴턴유체라고 한다. 뉴턴유체는 구조적, 화학적으로 순수하고 물리적으로 균일한 물질로 구성되어 있으며, 물, 차, 커피, 맥주, 탄산음료, 설탕시럽, 꿀, 식용유, 우유 등의 식품이 뉴턴유체에 대당된다.

(2) 비뉴턴유체(non-newtonian fluid): 비뉴턴유체는 모든 성질이 혼합된 혼합형 유체로서 외부에서 가하는 힘에 유체의 흐름의 정도가 비례하지 않는 유체를 말한다. 버터, 마가린, 사과소스, 토마토케첩, 마요네즈, 푸딩 등이 대표적인 비뉴턴유체이다.

① 유사가소성유체(pseudoplatic fluid): 유체가 흐르기 위해서 초기에는 많은 힘이 필요하지만 일단 흐름이 시작되면 필요한 힘이 줄어드는 유체를 말하며, 전단희석(shear thining)이라고도 한다. 샐러드드레싱, 야채수프, 케첩, 한천, 젤라틴 용액 등이 이에 해당된다.

②팽창성유체(dilatant fluid): 유체가 흐르기 위해서 초기에 많은 힘이 필요하지 않지만 유체의 흐름이 진행되고 흐름이 커지면서 더 많은 힘을 요구하는 유체를 말하며, 전단농화(shear thickening)라고도 한다. 이러한 현상은 흔하게 일어나지는 않지만, 고농도(60% 이상)의 전분 현탁액, 모래와 물의 혼합물 등에서 주로 나타난다.

③ 가소성유체(plastic fluid or bingham plastic fluid): 외부에서 작용하는 힘에 대하여 어느 정도까지 버틸 수 있는 저항력을 가지고 있어 힘이 가해져도 흐르지 않고, 일정 이상의 힘이 가해지면 흐르기 시작하는 특성을 가진 유체이다. 흐르기 위한 최소한의 힘을 항복응력(yield stress)이라고 한다. 토마토케첩,

마요네즈, 휘핑크림, 고추장 등이 이에 해당된다.

(3) 시간 의존성 유체(time depedent fluids): 대부분의 유체는 측정하는 시간에 따라 점도가 바뀌지 않는 시간 비의존적 유체이지만 시간을 달리하여 측정할 경우 점도가 일정하지 않고 계속 변하는 유체가 있는데 이를 시간 의존성 유체라고 한다.

① 의액성 유체(thixotropic fluid): 유체에 일정한 힘을 가했을 때 시간에 따라 점도가 감소하는 유체로 time thinning 유체라고도 한다. Gum 용액과 전분 paste 등이 이에 해당되는데 전분으로 점증 효과를 낸 유아식이나 요구르트를 먹을 때 스푼으로 저으면 처음에는 점도가 높아 힘이 좀 필요하지만 시간이 지남에 따라 점도가 감소하여 저어 주는 힘이 적게 드는데 이와 같은 현상을 time thinning이라고 한다.

② 레오펙틱 유체(rheopectic fluid): 외부에서 가해지는 힘은 일정한데 시간에 따라 점도가 증가하는 유체로 time thickening 유체라고도 한다. 달걀흰자나 진한 크림을 휘저으면 시간이 지남에 따라서 점도가 증가하는 것이 한 예이다.

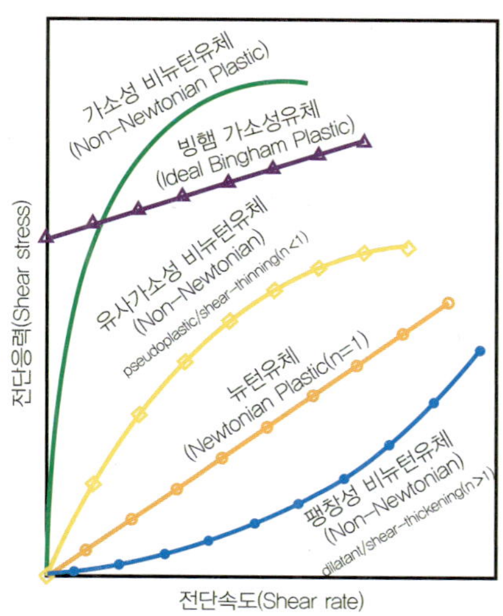

[그림 15-7] 유체의 종류

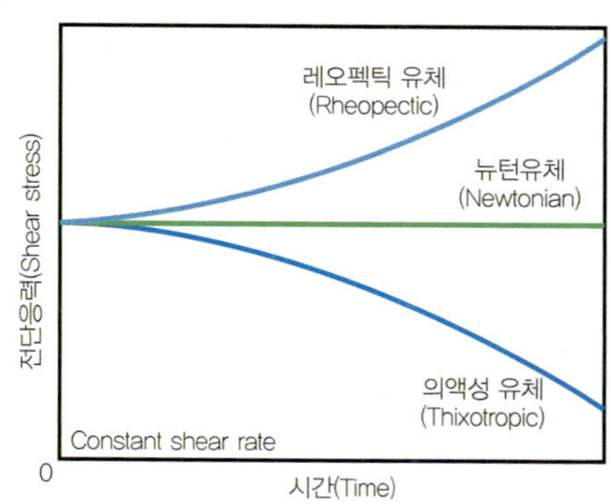

[그림 15-8] 시간 의존성 유체

참고문헌

김동훈(2010). 식품화학. 서울: 탐구당.

남궁석(1990). 식품학총론. 서울: 진로연구사.

농촌진흥청 국립농업과학원 농식품종합정보시스템(2020). 국가표준식품성분표 DB 9.2

박춘란 · 한경선 · 김현정(2011). 조리과학. 서울: 문운당.

사단법인 한국영양학회(2015). 한국인 영양섭취기준.

송태희 · 주난영 · 박혜진 · 김일남 · 차윤황 · 한규상 · 박명수 · 한명륜 · 서영호 · 이상준 · 박희정(2019). 식품학. 경기: 교문사.

송효남, 박복희, 박영희, 이근종, 이성호, 최병범(2019). 식품화학. 서울: 창지사.

안명수(2009). 식품과 조리과학. 서울: 신광출판사

안명수(2009). 식품화학. 서울: 신광출판사.

안명수 · 현영희 · 이양순 · 김희주 · 우나리야 · 김현정 · 조윤준 · 김찬희 · 서미숙(2011). 식품학. 서울: 신광출판사.

이경애 · 구난숙 · 김미정 · 윤혜현 · 고은미(2014). 이해하기 쉬운 식품학. 경기: 파워북.

이수정 · 이현옥 · 조경옥 · 이광수 · 김종희 · 최향숙 · 이석원(2019). 식품학. 파워북.

이주희 · 김미리 · 민혜선 · 이영은 · 송은승(2019). 식품과 조리원리. 경기: 교문사.

조신호 · 조경련 · 강명수 · 송미란 · 주난영(2019). 식품학. 경기: 교문사.

조신호 · 조경련 · 강명수 · 송미란 · 주난영(2020). (새로 쓰는) 식품학. 경기: 교문사.

한국대학식품영양관련학과 교수협의회(2008). 식품학. 서울: 문운당

황인경 · 김정원 · 변진원 · 한진숙 · 김수희 · 박찬경(2013). 기초가 탄탄한 식품학. 서울: 수학사.

황인경 · 김정원 · 변진원 · 한진숙 · 김수희 · 박찬경(2018). 스마트 식품학. 서울: 수학사.

참고사이트

국립생물자원관 https://species.nibr.go.kr/index.do

두산백과 https://terms.naver.com/entry.naver?docId=1129373&cid=40942&categoryId=32495

음식백과 https://terms.naver.com/entry.naver?docId=1993148&cid=48180&categoryId=48250

한국민족문화대백과 https://terms.naver.com/entry.naver?docId=554130&cid=46639&categoryId=46639

동물백과 https://terms.naver.com/entry.naver?docId=1977431&cid=46692&categoryId=46692

저자소개

신정규

연세대학교 생명공학과 박사
연세대학교 식품생물공학과 석사
연세대학교 식품공학과 학사
현 전주대학교 한식조리학과 교수
현 현장실습지원센터장
현 스마트식품융합기술ICC 센터장

박영희

전남대학교 식품영양학과 이학박사
전남대학교 식품영양학과 이학석사
전남대학교 식품영양학과 이학사
현 동신대학교 식품영양학과 교수
현 동신대학교 보건복지대학 학장
현 장흥군어린이급식관리지원센터장

김현정

성신여자대학교 식품영양학과 박사
성신여자대학교 식품영양학과 석사
상지대학교 식품영양학과 학사
전 수원여자대학교 호텔조리과 교수
현 (주) 캘리스코 R&D 자문이사

우나리야

성신여자대학교 식품영양학과 박사
성신여자대학교 식품영양학과 석사
호서대학교 식품영양학과 학사
현 호서대학교 식품공학과 교수

최은정

가톨릭대학교 식품영양학과 이학박사
충북대학교 가정학과 석사
가톨릭대학교 식품영양학과 학사
현 가톨릭대학교 식품영양학과 강사

정주희

경기대학교 외식조리관리과 박사
경기대학교 외식조리관리과 석사
한국방송통신대학교 식품영양학과 학사
현 수원여자대학교 호텔외식조리학과 교수

식품학

초판 1쇄 인쇄 2021년 9월 8일
초판 1쇄 발행 2021년 9월 14일

지 은 이 | 신정규 · 박영희 · 김현정 · 우나리야 · 최은정 · 정주희
펴 낸 이 | 김기섭
편 집 인 | 이현남 · 조진주
펴 낸 곳 | 창지사 www.changjisa.com
08589 서울시 금천구 가산디지털 1로 83 파트너스타워 1차 9층
전화 (02)719-2211~3
팩스 (02)701-9386
등 록 | 1977년 4월 28일 · 제1-421호

ISBN 978-89-426-1468-4 (93590)

값 23,000원